工程实践训练系列教材（课程思政与劳动教育版）

# 电子技术工艺基础与实训

总主编　蒋建军　梁育科

主　编　郝思思

副主编　胡深奇　方　蕊　王斯卉

西北工业大学出版社

西安

【内容简介】 本书是西北工业大学工程实践训练中心电子工艺教学团队在多年教学改革与实践的基础上编写的电子技术工艺基础教材。其主要内容包括安全用电、电子元器件、印制电路板、Altium Designer 18电路设计与制作、焊接技术、电子测量技术、收音机原理与组装实训、表面安装技术等,涵盖了电子产品设计与制作过程中所涉及的基本电子工艺知识、硬件电路设计、电子装配技术和检测技术等实操技能。本书与产业及生产实践紧密结合,融入电路板制造工艺、现代表面安装技术和工艺标准等现代电子制造工程理念,丰富了内容形式,增强了教材内容的情境性。

本书全面贯彻党的教育方针,落实立德树人的根本任务,将知识内容与课程思政、劳动教育融为一体,是具有中国特色的新时代工程训练教材。

本书可作为高等学校电子实践类课程的实训教材,也可作为电子爱好者电子制作、创新创业活动和课程设计等活动的指导书,同时还可作为高职学生、技术培训人员及电子工程技术人员的参考书。

**图书在版编目(CIP)数据**

电子技术工艺基础与实训 / 郝思思主编. —西安:
西北工业大学出版社,2022.8
ISBN 978 - 7 - 5612 - 8291 - 5

Ⅰ. ①电… Ⅱ. ①郝… Ⅲ. ①电子技术-高等学校-
教材 Ⅳ. ①TN

中国版本图书馆 CIP 数据核字(2022)第 132431 号

DIANZI JISU GONGYI JICHU YU SHIXU
**电子技术工艺基础与实训**
郝思思 主编

| | | | |
|---|---|---|---|
| 责任编辑:孙 倩 | | 策划编辑:杨 军 | |
| 责任校对:李阿盟 | | 装帧设计:李 飞 | |
| 出版发行:西北工业大学出版社 | | | |
| 通信地址:西安市友谊西路 127 号 | | 邮编:710072 | |
| 电 话:(029)88491757,88493844 | | | |
| 网 址:www.nwpup.com | | | |
| 印 刷 者:陕西向阳印务有限公司 | | | |
| 开 本:787 mm×1 092 mm | | 1/16 | |
| 印 张:15 | | | |
| 字 数:394 千字 | | | |
| 版 次:2022 年 8 月第 1 版 | | 2022 年 8 月第 1 次印刷 | |
| 书 号:ISBN 978 - 7 - 5612 - 8291 - 5 | | | |
| 定 价:56.00 元 | | | |

如有印装问题请与出版社联系调换

# 前　言

电子工艺实习是工程训练的重要组成部分。工程训练是近 20 年来在我国发展起来的具有中国特色的工程教育方式,通过工程体验、工程训练、工程实践和工程创新等体现其对学生进行价值塑造与能力提升的教育特征,在高素质拔尖创新人才培养过程中,成为高校实施工程教育以及培养学生工程素质、实践能力和创新能力的有效途径。新时代党的教育方针要求教育必须落实立德树人的根本任务,坚持为人民服务,并且与生产劳动和社会实践相结合,工程训练具有实践性、亲历性,能够发挥其作为实践课程的劳动属性以及工匠精神的育人优势,是培养学生严谨规范、责任担当、职业道德、创新意识、协作精神和劳动素养等素质的重要教育环节。

在此背景下,本书编写团队以教育部印发的《高等学校课程思政建设指导纲要》(教高〔2020〕3 号)和《大中小学劳动教育指导纲要(试行)》(教材〔2020〕4 号)为指导,率先进行将工程训练实践教学与课程思政及劳动教育相融合的探索与实践。本书内容贯彻"大工程观"的理念,以典型电子产品为对象,涵盖设计、仿真、制造、测试、安全和质量等工程实施的各流程和要素。在相应的章节中结合专业知识,植入专业深度与价值高度相统一的思政和劳动教育素材。每一章开篇引经据典,将名言名句和章节主题紧密关联。在相应章节中通过讲述中国故事,引导学生树立正确的理想信念,厚植爱国主义情怀;通过讲科学家故事,激发读者求实创新,勇攀科技高峰的科学精神;通过讲大国工匠故事,勉励学生精益求精、专注坚守、推陈出新,支撑"中国制造"的强国梦⋯⋯本书的显著特色在于"思政寓于知识,知识承载思政",服务于学生专业知识的兴趣及终身学习。

近年来制造工艺理论和技术发展飞快,新技术、新工艺、新型材料不断涌现,本书本着以价值塑造为魂、能力培养为要、知识传授为重的原则,涵盖电子元件认知、电路原理图的绘制和仿真、印制电路版的设计和制作、元器件的检测和焊接以及整机安装调试、质量检测等内容。本书作为电子工艺实习的配套教材,能够帮助学生建立理论与工程实践之间的桥梁,使学生初步掌握电子产品的设计和制造方法,为学习后续课程和毕业设计、科研等其他教学环节,以及从事实际工作奠定基础。

本书的主要特点如下:

（1）与工业界密切结合。第3、6、8章中针对电子制造业的新发展,结合企业先进设备的使用,介绍现代化电子产品生产制造的全过程以及目前电子产品生产制造中的先进技术和设备;第5章结合国内外标准体系介绍焊点质量检测。全书通过国之重器、文字、图片和视频等展现现代科技及工业技术的发展及最新应用,让学生在书中与工业界"握手"。

（2）强调绿色制造与生态文明建设。党的十八大把生态文明建设纳入"五位一体"布局,本书在第3、5、8章融入了科学发展、绿色环保的理念,将新材料、环保指令、行业规范等与《中国制造2025》(国发〔2015〕28号)战略任务相结合。

（3）与科技前沿相融合。电子制造工艺理论和技术发展飞快,新技术、新工艺、新型材料不断涌现,教学内容也应与时俱进,让学生了解科技发展潮流、最新研究成果与技术痛点,这一特点在第7章和其他有关章节中有体现。

（4）拓展国际化视野。科学技术正在重构全球创新版图,鉴古知今,知己知彼,引领未来,大学生要用国际视野和世界眼光去思考和判断时代发展和社会需求,成为具有中国情怀和国际视野的国际化人才。第3章印制电路板发展历史、第5章标准制定抢夺国际发言权、第6章测量仪器的国内外差距等的介绍中均有该思想的体现。

（5）有机融入课程思政与劳动教育。教材是落实立德树人根本任务的重要载体,本书在编写过程中结合时代特点与各章节知识点充分挖掘相关的思政元素和劳动元素,如论科技自立自强,生态文明思想,精益求精的大国工匠精神,品牌强国国家战略等,将这些育人资源通过名言导引、案例植入、主题升华、金句总结等形式有机融入专业知识中,打造新时代中国特色工程训练教材。

本书由西北工业大学郝思思担任主编,负责全书的结构设计、内容策划及统稿。具体编写分工如下:陈澜和陶朝辉编写第1、7章;郝思思编写第2、5章,附录及课程思政素材;方蕊编写第3、4章;胡深奇编写第6章;王斯卉编写第8章。

在编写本书的过程中得到了西北工业大学工程实践训练中心领导和电子教学部各位教师的大力支持,得到了乐普科(天津)光电有限公司、普源精电科技股份有限公司、广东木几智能装备有限公司、捷豹自动化设备有限公司和西安安泰测试设备有限公司的支持和帮助,在此表示衷心感谢。在编写本书的过程中参考了很多文献资料,限于篇幅未能一一列出,特别是有些图片和资料经过多次传播已经无法找到原作者与出处,在此特向本书引用的所有资料原作者表示敬意和感谢。

电子技术的发展日新月异,教学改革任重道远。受学识水平限制,书中难免有疏漏和不完善之处,恳请读者和各位同仁批评指正,邮件可发送至 haosisi1990@nwpu.edu.cn。

编　者

2021年7月

# 目　录

先其未然谓之防,发而止之谓之救,行而责之谓之戒。防为上,救次之,戒为下。

——荀悦《申鉴·杂言》

# 第1章 安全用电

安全是人类生存最基本的需求之一,也是人类从事各项活动的基本规律。用电安全则是现代人无可回避的安身立业的基本常识。电是现代物质文明的基础,同时又是危害人类的肇事者之一,如同现代交通工具把速度和效率带给人们的同时,也让交通事故这个恶魔闯入现代文明一样,电气事故是现代社会不可忽视的灾害之一。在长期实践中,人们总结积累了安全用电的经验,因此应汲取前人的经验教训,掌握必要的知识,防患于未然。

## 1.1 人身安全

### 1.1.1 触电危害

人体是导电的,电流经过人体会造成人身伤害,这就是触电。

1. 电伤

电伤是由于发生触电而导致的人体外表创伤。电伤有灼伤、电烙伤和皮肤金属化等,电伤一般是非致命的。

2. 电击

电击是指电流通过人体,严重干扰人体正常生物电流,造成肌肉痉挛(抽筋)、神经紊乱,导致呼吸停止、心脏室性纤颤,严重危害生命安全。决定电击强度的因素是电流而不是电压。

### 1.1.2 触电危险程度的主要因素

1. 电流大小

人体内是存在生物电流的,给人体加一定限度的电流不会对人造成损伤。一些电疗仪器就是利用电流刺激达到治疗目的的。

2. 电流种类

直流电一般会引起电伤,而交流电则会引起电伤与电击同时发生,特别是 40～100Hz 的交流电对人体的危害最大。当交流电频率达到 20kHz 时对人体危害很小,用于理疗的一些仪器采用的就是这个频段。

**3. 电流作用时间**

用电流与时间乘积(电击强度)来表示电流对人体的危害,其单位是 mA·s。触电保护器的一个主要指标就是额定断开时间与电流乘积小于 30mA·s。例如 30mA×0.1s 的保护器指的是从电流达到 30mA 起到,主触点分离止的时间不超过 0.1s。

**4. 人体电阻**

人体是一个不确定的非线性电阻。皮肤干燥时电阻可在 100kΩ 以上,而皮肤湿润时,电阻可降到 1kΩ 以下,且随着电压升高,电阻值减小。

### 1.1.3 触电方式

**1. 单相触电**

单相触电是常见的触电形式。人体的某一部分接触带电体的同时,另一部分又与大地或中性线相接,电流从带电体流经人体到大地,如图 1.1.1 所示。在我国相电压是交流 220 V,这种电压触电是非常危险的,可导致生命危险。

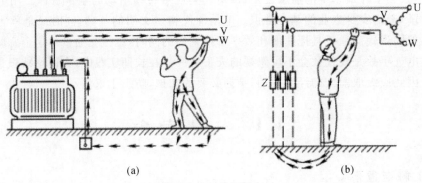

(a)　　　　　　　　　　　　　　　　(b)

图 1.1.1　单相触电

**2. 双相触电**

双相触电是指人体的不同部分同时接触两相电源时造成的触电,此时人体承受的是 380V 线电压,如图 1.1.2 所示。对于这种情况,无论电网中性点是否接地,人体所承受的线电压都比单相触电时高,危险更大。

**3. 静电触电**

静电触电是指在电器设备断开电源后,接触设备某些部位时发生的触电。在电气设备中由于高压大容量电容器上存储有很高的电荷而产生放电时非常危险,特别是质量好的大电容器能长期储存电荷,其用电安全不可忽视。

静电电位可高达数万伏至数十万伏[1],可能发生放电,

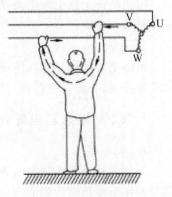

图 1.1.2　双相触电

---

① 亚历山德罗·朱塞佩·安东尼奥·安纳塔西欧·伏特(Count Alessandro Giuseppe Antonio Anastasio Volta,1745—1827),意大利物理学家,国际单位制中的电压以他的名字命名。

产生电火花,引起爆炸、火灾,也可能造成对人体的电击伤害。

4. 跨步触电

当输变电导线带电断落在地面时,在断落点周边由近及远形成由强到弱的电场,如果人或牲畜站在距离电线落地点 8~10m 以内,当人跨进这个区域时,人体因跨步引起电势差而形成跨步电压使人触电。在这种电压作用下,电流从接触高电位的脚流进,从接触低电位的脚流出,从而形成触电,此时应单足跳跃远离电线断落点,如图 1.1.3 所示。

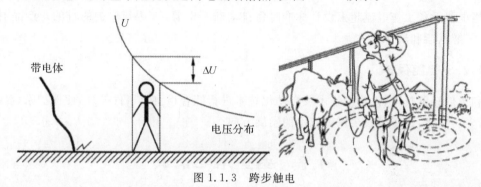

图 1.1.3　跨步触电

5. 高压电击

若靠近带电高压设备的距离小于安全距离,高压设备会对人体放电而产生电击。在进入高压输变电区域时,一定要注意安全提示标识,不得随便进入。

## 1.2　安全保护措施

### 1.2.1 接地保护

在中性点不接地的配电系统中,电器设备宜采用接地保护。该保护设备一般是通过金属体埋入大地,并保证接地电阻小于 $4\Omega$。

### 1.2.2 接零保护

对变压器中性点接地系统(三相四线制电网),应采用保护接零,即将金属外壳与电网零线相接。家用电器一般都采用接零保护。

### 1.2.3 漏电保护开关

漏电保护开关是一种保护切断型的安全保护装置,当检测到漏电达到某一限度时,控制开关便自动切断电源以达到保护的目的。

### 1.2.4 过限保护

由于电器内部元器件、部件因电网电压升高引起电气设备电流增大、温度过高,超过一定限度而导致电器损坏及电气火灾等事故,所以产生了多种保护功能的装置,如以下几种。

1. 过压保护

过压保护是一种安全限压自控部件,当电器设备的工作电压超过保护阈值时,过压保护进行自动断电。该产品有集成过压保护器等。

2．温度保护

电器设备的工作温度超出设计标准会引起绝缘失效，导致漏电或火灾的发生。温度保护就是当电器设备工作温度超出设计标准值时将自动断开电源的部件，以免危险发生。产品有温度继电器和热熔断器等。

3．过流保护

当电器设备工作电流超出设计标准时将自动断开电源，以达到保护的目的。产品有熔断丝、电子继电器和聚合开关等。

### 1.2.5 智能保护

利用传感器技术、计算机技术及自动化技术进行综合检测及事件处理，使保护系统实现智能化、多功能化，这将是安全保护技术的发展方向。

## 1.3　安全用电常识

1．安全用电观念

防止触电是安全用电的核心，没有一种措施或保护是万无一失的，提高安全意识与警惕性是非常必需和重要的。

用电安全格言：

**只要用电就存在危险。**

**侥幸心理是事故的催化剂。**

**投向安全的每一分精力和物质永远保值。**

2．基本安全常识

(1)自觉遵守安全用电规章制度，不私拉乱接用电设备，用电要安装漏电保护器。

(2)工作环境电源符合电气安全标准，我国工频市电标准为交流220V、频率50Hz。

(3)一般小功率的电气设备，应尽量采用国家规定的36V安全电压。

(4)带电操作时，严禁用手接触带电部位判断是否有电。

(5)各种电气设备等都应有良好的保护接地线。

(6)非安全电压下作业时，应尽可能用单手操作及绝缘保护。

(7)开关上的保险丝应符合规定的容量，不得用铜、铅和焊锡丝等代替。

(8)定期检查所用电气设备，发现破损老化应及时更换。

(9)电气设备在接电前要"三查"：查设备铭牌、查环境电源和查设备本身。

## 1.4　触电急救与电气消防

### 1.4.1 触电急救

发生触电事故，千万不要惊慌失措，必须用最快的速度使触电者脱离电源。要记住当触电者未脱离电源前时本身就是带电体，直接接触同样会使抢救者触电。首先要迅速将触电者脱离电源,然后立即就地进行现场救护,同时拨打电话 120 寻求医生的专业救护。

1. 脱离电源

电流对人体的作用时间愈长,对生命的威胁愈大。因此,触电急救首先要使触电者迅速脱离电源。可根据具体情况,选用以下几种方法。救护人员既要救人也要注意保护自己。

脱离低压电源的常用方法可用"拉""切""挑""拽"和"垫"五个字来概括,如图 1.4.1 所示。

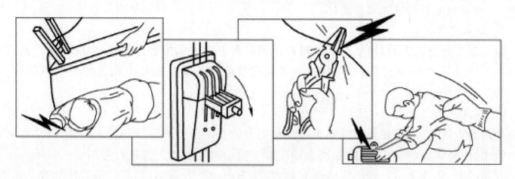

图 1.4.1　使触电者迅速脱离电源的方法

"拉"是指就近拉开电源开关,拔出插头或熔断器。

"切"是指用带有绝缘柄或干燥木柄切断电源。切断时应注意防止带电导线断落碰触周围人体。对多芯绞合导线也应分相切断,以防短路伤害人体。

"挑"是指如果导线搭落在触电者的身上或压在身下,这时可用干燥木棍或竹竿等挑开导线,使其脱离开电源。

"拽"是救护人员戴上手套或在手上包缠干燥衣服、围巾和帽子等绝缘物拖拽触电者,使其脱离开电源导线。

"垫"是指如果触电者由于痉挛手指紧握导线或导线绕在身上,这时救护人员可先用干燥的木板或橡胶绝缘垫塞进触电者身下使其与大地绝缘,隔断电源的通路,然后再采取其他办法把电源线路切断。

☞ 小提示:在帮助触电者脱离开电源时应注意的事项:

(1)救护人员不得采用金属和其他潮湿的物品作为救护工具。

(2)在未采取绝缘措施前,救护人员不得直接接触触电者的皮肤和潮湿的衣服及鞋。

(3)在拉拽触电者脱离开电源线路的过程中,救护人员宜用单手操作。这样对救护人员比较安全。

(4)当触电者在高处时,应采取预防措施防止触电者在解脱电源时从高处坠落。

(5)夜间发生触电事故时,在切断电源时会同时使照明失电,应考虑切断后的临时照明,如应急灯等,以利于救护。

2. 触电急救常识

将触电者脱离电源后,应立即移到通风处,并将其仰卧,迅速鉴定触电者是否有心跳、呼吸。

(1)若触电者神志清醒,并感到全身无力、四肢发麻、心悸、出冷汗、恶心或一度昏迷,但未失去知觉时,应将触电者抬到空气新鲜、通风良好的地方舒适地躺下休息,让其慢慢地恢复正常。要时刻注意保温和观察。若发现触电者呼吸与心跳不规则时,应立刻设法抢救。

(2)若触电者呼吸停止但有心跳,应用口对口人工呼吸法抢救。

(3)若触电者心跳停止但有呼吸,应用胸外心脏挤压法与口对口人工呼吸法抢救。

(4)若触电者呼吸、心脏均已停止跳动,须同时进行胸外心脏挤压法与口对口人工呼吸法抢救。

(5)千万不要给触电者打强心针或拼命摇动触电者,也不要用木板石来压,以及强行挟触电者,以免使触电者的情况更加恶化。

3. 触电急救方法

触电者脱离电源以后,现场救护人员应迅速对触电者的伤情进行判断,对症抢救。同时设法联系医疗急救中心(医疗部门)的医生到现场接替救治。要根据触电伤员的不同情况,采用不同的急救方法。

(1)判断。

判断意识:拍打双肩并大声呼唤来判断触电者的意识是否清醒。如神志清醒,应使触电者就地躺平,严密观察,暂时不要站立或走动。禁止摇动触电者的头部进行呼叫。

判断呼吸:将耳朵贴近触电者的口和鼻,头部偏向触电者胸部,判断意识看胸部有无起伏,听有无呼气声,感觉有无气体排出。

判断心跳:触摸颈动脉搏动,不能用力过大,防止推移颈动脉;不能同时触摸两侧颈动脉,防止头部供血中断;不要压迫气管,造成呼吸道阻塞;检查时间不要超过 10s;要避免触摸位置错误或触摸感觉错误。

(2)心肺复苏急救方法。

畅通气道:触电者因舌肌缺乏张力而松弛,舌根向后下坠,堵塞气道。开放气道是心肺复苏成功的基础,采用仰头抬颌法。用一只手放在触电者前额,另一只手的手指将其下颌骨向上抬起,两手协同将头部推向后仰,舌根随之抬起,气道即可通畅。严禁用枕头或其他物品垫在触电者头下。

口对口人工呼吸:保持呼吸道畅通;捏紧两侧鼻翼,堵住鼻孔;嘴巴尽量张大,包住触电者的嘴;吹气时不能漏气;每次吹气之间要松开鼻翼,离开嘴唇,让体内气流排出;胸部吹抬起为适度、有效;每次吹气时间为 1~1.5s。

胸外按压:心跳停止时间极短时,立即手握空心拳垂直向下捶击心前区 2 次(拳高距离胸壁 20~25cm),每次 1~2s。如果心跳仍然不能恢复应立即进行人工呼吸和胸外心脏按压。

☞ 小提示:正确的按压力度。

按压力度不能过大或过小,垂直将正常成人胸骨压陷 3~5cm(儿童和瘦弱者酌减),按压期间节律平稳不间断,按压不能用冲击式猛压,手掌根部长轴与胸骨长轴确保一致,保证手掌全力压在胸骨上,不要按压剑突,可避免发生肋骨骨折。

## 1.4.2 电气消防

电气设备发生火灾时,为了尽快扑灭火灾又要防止触电事故,一般都在切断电源后才进行扑救。有时为了取得扑救的主动权,扑救就需要在带电的情况下进行,带电灭火时应注意以下几点:

(1)必须在确保安全的前提下进行,应用不导电的灭火剂,如二氧化碳、1211 灭火剂、1301 灭火剂、干粉等进行灭火。不能直接用导电的灭火剂、直射水流、泡沫等进行喷射,否则会造成触电事故。

（2）使用小型二氧化碳、1211 灭火剂、1301 灭火剂、干粉灭火器灭火时，其射程较近，要注意保持一定的安全距离。

（3）在灭火人员戴绝缘手套和穿绝缘靴、水枪喷嘴安装接地线的情况下，可以采用喷雾水灭火。

（4）如遇带电导线落于地面，则要防止跨步电压触电，扑救人员要进入该区域灭火时，必须穿上绝缘鞋，戴上绝缘手套。

---

### 国家安全，就在你我身边

2015 年 7 月 1 日公布施行的《中华人民共和国国家安全法》，规定每年 4 月 15 日为全民国家安全教育日。当代国家安全包括 16 个方面的基本内容：政治安全、国土安全、军事安全、经济安全、文化安全、社会安全、科技安全、网络安全、生态安全、资源安全、核安全、海外利益安全、生物安全、太空安全、极地安全、深海安全。

人民安全是国家安全的宗旨，国家安全，人人有责。安全用电是实验（训）室安全运行的重要基础，实验（训）室安全则是校园安全的重要环节，直接关系到每一位师生的切身利益，同时也关系到社会稳定。每一个人都应强化安全责任意识，掌握安全用电常识及安全防护技能，人人懂安全，人人讲安全，共创良好的教学环境。

不积跬步,无以至千里;不积小流,无以成江海。

——荀子《劝学》

# 第 2 章　电子元器件

电子元器件是电子元件和小型的机器、仪器的组成部分,是构成电子电路的基本单元,了解常用电子元器件的种类、结构和性能,学会正确地选用电子元器件是学习、掌握电子技术的基本功之一。

在电子电路中会遇到两种类型的电子元器件:无需能(电)源的器件即无源器件和需能(电)源的器件即有源器件,也称其为无源元件和有源元件。有源器件一般用于信号放大、变换等,例如晶体管、二极管、集成电路(Integrated Circuit,IC);无源器件用来进行信号传输或者通过方向性进行"信号放大",例如电容器、电阻器和电感器等。

## 2.1　电　阻　器

电阻器(Resistor)是阻碍电路中电流流动的无源元件,其工作原理根据欧姆定律即"施加在电阻器两端的电压与流过电阻器的电流成正比"。

电路中电阻器用符号 R 来表示,常用的电阻器图形符号如图 2.1.1 所示。定义为

$$R=U/I$$

式中:$U$ 是加在电阻两端的电压;$I$ 是流经电阻的电流。电阻的基本单位是欧姆[①](简称欧)用 $\Omega$ 表示。在实际应用中,还常用千欧($k\Omega$)和兆欧($M\Omega$)来表示。兆欧($M\Omega$)、千欧($k\Omega$)与欧姆($\Omega$)之间的换算关系是 $1M\Omega=1\,000k\Omega,1k\Omega=1\,000\Omega$。

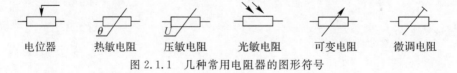

| 电位器 | 热敏电阻 | 压敏电阻 | 光敏电阻 | 可变电阻 | 微调电阻 |

图 2.1.1　几种常用电阻器的图形符号

---

① 电学中有三种电的单位名称:安培、欧姆和伏特。它们都是以发明者的名字命名的,以纪念其对人类做出的伟大贡献。电阻单位是以德国科学家 George Simon Ohm(1787—1854)的姓氏命名的。

### 2.1.1 电阻器的分类

在电子电路中,电阻器主要起限流、降压、分压、负载和偏置等作用,通常分为固定电阻器和可变电阻器,其部分外形如图 2.1.2 所示。

固定电阻器的电阻值是固定不变的,阻值大小就是它的标称阻值。固定电阻器的产品类型繁多,用途广泛,按照其组成材料和结构形式进行分类,主要有碳质电阻器、碳膜电阻器、金属膜电阻器和绕线电阻器等。

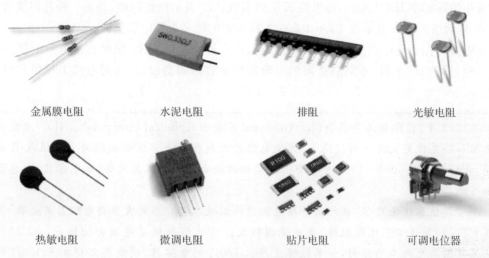

<table>
<tr><td>金属膜电阻</td><td>水泥电阻</td><td>排阻</td><td>光敏电阻</td></tr>
<tr><td>热敏电阻</td><td>微调电阻</td><td>贴片电阻</td><td>可调电位器</td></tr>
</table>

图 2.1.2 部分电阻器外形

可变电阻器即阻值可以调整的电阻器,用于需要调节电路电流或需要改变电路阻值的场合,主要分为电位器、可调电阻,如图 2.1.3 所示。可调电阻通常具有两个端子,滑块连接到电阻器的一端用于调节电流。电位器的名称来源于其可调分压功能,它具有三个端子,通常是由电阻体与转动或滑动系统组成。音频设备的音量控制就是电位器的一种常见应用。

图 2.1.4 所示,是一个去掉外壳的电位器,其中 A 为连接轴,B 为碳膜构成的电阻元件,C是磷青铜滑动臂,D 为转轴,两个固定端 E、G 分别连到电阻体的两端,第 3 个端子 F 端子连接到滑动臂,H 为滑动端。通过手动调节转轴或滑柄,改变滑动触点在电阻体上的位置即可,调节 F 端与 E、G 两端之间的电阻值,从而改变电压与电流的大小。

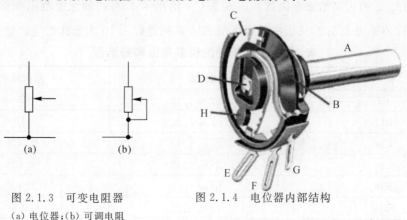

图 2.1.3　可变电阻器　　　图 2.1.4　电位器内部结构
(a)电位器;(b)可调电阻

### 2.1.2 电阻器的主要参数

电阻器的性能参数包括标称阻值及允许偏差、额定功率、极限工作电压、电阻温度系数、频率特性和噪声电动势等。对于普通电阻器,使用中最常用的参数是标称阻值、允许偏差和额定功率。

**1. 标称阻值**

电阻器的标称阻值是指电阻器体表上标注的电阻值。为了便于生产、选购和使用,行业内通常采用国际标准 IEC 60063,即电阻 E 系列阻值,"E"表示指数间距,是由一种几何级数构成的数列,E 后面的数字表示在 100~1 000 之间能够生产多少种电阻值。

电阻值的标准化可以使大规模生产的电阻符合标准化的要求,同时也使电阻的规格不会太多。通过使用标准值,不同制造商的电阻器可兼容相同的设计,这对电气工程师来说是有利的。

> 1952 年,国际电工委员会(International Electrotechnical Commission,IEC)决定将电阻和公差值定义为一种规范,以方便电阻的大规模生产。这些被称为首选值或 E 系列,在标准 IEC 6006—1963 中发布。这些标准值也适用于其他元件,如电容器、电感器和齐纳二极管。
>
> 首选值系统来自 20 世纪初早期电阻器的制造工艺。当时大多数电阻器都是碳-石墨电阻器,制造工艺比较粗糙,误差范围较大。首选值和误差范围密切相关。以 10% 误差范围的生产工艺为例,如果能够生产出 $100\Omega$ 的电阻器,就没有必要生产 $105\Omega$ 的电阻器(原因在于 105 落在了 100 的 10% 范围之内)。因此继 $100\Omega$ 之后下一个可行的数字是 $120\Omega$。对于 $120\Omega$ 的电阻器来说,其阻值变化范围在 $108\sim132\Omega$ 之间,因此下一个可能的选择是 $150\Omega$(一方面原因是取整,另一方面原因是 $150\times90\%=135$,刚好和 $120\times110\%=132$ 不重复)。继续进行下去,就得到了 E12 系列电阻器的取值:100,120,150,180,220,270,330,…。E12 系列电阻器的具体阻值为首选值的 $10^n$ 倍($n=0,1,2,\cdots$)。

电阻的标称阻值分为 E6、E12、E24、E48、E96、E192 六大系列,其中 E24 系列最为常用,E48、E96、E192 系列为高精密电阻数系。表 2.1.1 给出了 E 系列的误差范围和首选值。E24 系列电阻标称值见表 2.1.2,从表中可以看出 E24 系列是以 $\sqrt[24]{10}$ 为公比的等比数列。

**表 2.1.1　E 系列的误差范围和首选值**

| 系 列 | 公 比 | 允许偏差 |
|---|---|---|
| E6 | $\sqrt[6]{10}\approx1.46$ | ± 20% |
| E12 | $\sqrt[12]{10}\approx1.21$ | ± 10% |
| E24 | $\sqrt[24]{10}\approx1.10$ | ± 5% |
| E48 | $\sqrt[48]{10}\approx1.05$ | ± 2% |
| E96 | $\sqrt[96]{10}\approx1.02$ | ± 1% |
| E192 | $\sqrt[192]{10}\approx1.01$ | ± 0.5% |

表 2.1.2　E24 系列电阻标称值

| 允许误差 | 系列代号 | 标称阻值系列 | | | | | |
|---|---|---|---|---|---|---|---|
| ±5% | E24 | 1.0 | 1.1 | 1.2 | 1.3 | 1.5 | 1.6 |
| | | 1.8 | 2.0 | 2.2 | 2.4 | 2.7 | 3.0 |
| | | 3.3 | 3.6 | 3.9 | 4.3 | 4.7 | 5.1 |
| | | 5.6 | 6.2 | 6.8 | 7.5 | 8.2 | 9.1 |

**2. 允许偏差**

电阻器的实际阻值不可能与标称阻值绝对相等,两者之间会存在一定的偏差,该偏差允许范围称为电阻器的允许偏差。允许偏差越小的电阻器,其阻值精度就越高,稳定性也好,但其生产成本相对较高,价格也贵。

$$允许偏差 = \frac{实际值 - 标称值}{标称值}$$

通常,普通电阻器的允许偏差为 ±5%、±10%、±20%,而高精度电阻器的允许偏差则为 ±1%、±0.5%。

**3. 额定功率**

额定功率是指电阻器在交流或直流电路中,在特定条件下(在一定大气压下和产品标准所规定的温度下)长期工作时所能承受的最大功率,即最高电压和最大电流的乘积。一旦功率超过额定功率,电阻阻值将发生改变,严重时甚至烧毁。电阻器的额定功率值一般分为 1/8W、1/4W、1/2W、1W、2W、3W、4W、5W、10W 等,其中 1/4W 最为常见。

对于标注了功率的电阻器,可根据标注的功率值来识别功率大小。对于没有标注功率的电阻器,可根据长度和直径来判别其功率大小。长度和直径值越大,功率越大。在电路图中,为了表示电阻器的功率大小,一般会在电阻器符号上标注一些符号。电阻器上标注的符号与对应功率值如图 2.1.5 所示。

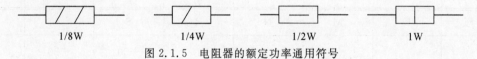

1/8W　　　　　1/4W　　　　　1/2W　　　　　　1W

图 2.1.5　电阻器的额定功率通用符号

**4. 温度系数**

温度系数表示电阻阻值随温度变化而发生变化的物理量,即温度每改变 1℃ 时所引起的电阻值的相对变化值,单位为 ppm/℃。电阻值随温度升高而增大的为正温度系数(PTC),反之为负温度系数(NTC)。温度系数越小,电阻器的热稳定性越好。

**5. 噪声**

噪声是电阻器中产生的一种不规则电压波动,包括热噪声和电流噪声。

热噪声:在高于热力学零度的环境下,在电阻内大量电子做布朗运动而产生的微扰电流脉冲,经过叠加形成电阻的热噪声电流现象,也称为白噪声或约翰逊噪声。

电流噪声:电阻施加直流偏置电压时,由于电阻内部结构非均匀性导致,电流经过时而引起电压涨落现象。电流噪声与电阻工艺有关。

### 2.1.3 电阻器的标识方法

电阻常用的标识方法有直标法、文字符号法、数码表示法和色标法。

**1. 直标法**

直标法是将电阻器的类别、标称阻值、允许偏差及额定功率等直接标注在电阻器的外表面上的方法。直标法主要用于体积较大(功率大)的电阻上,其允许误差用百分数表示,未标误差的电阻为±20%的允许误差。电阻直标法如图2.1.6所示。

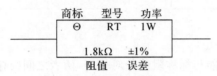

图2.1.6 电阻器直标法示例

**2. 文字符号法**

文字符号法用阿拉伯数字和文字符号两者有规律的组合来表示标称阻值,如图2.1.7所示。符号前面的数字表示整数阻值,后面的数字依次表示第一位小数阻值和第二位小数阻值。文字符号法为了解决数值中的小数点印刷不清楚或被遗漏的问题,常常用电阻的单位来取代小数点。

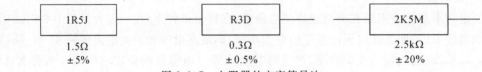

图2.1.7 电阻器的文字符号法

文字符号法的允许偏差也用文字符号表示,其字母代表意义见表2.1.3。

**表2.1.3 允许偏差常用符号**

| 字母 | W | B | C | D | F | G | J |
|------|------|------|------|------|------|------|------|
| 偏差/(%) | ±0.05 | ±0.1 | ±0.2 | ±0.5 | ±1 | ±2 | ±5 |

| 字母 | K | M | N | R | S | Z |
|------|------|------|------|------|------|------|
| 偏差/(%) | ±10 | ±20 | ±30 | +100<br>-10 | +50<br>-20 | +80<br>-20 |

随着电子元器件不断小型化,特别是表面安装元器件的制造工艺不断进步,电阻器的体积越来越小,其元器件表面上标注的文字符号也进行了相应的改革。一般仅用3位数字标注电阻器的数值,精度等级不再表示出来(一般小于±5%)。

示例:5k7=5.7kΩ

　　　3G3=3 300MΩ

当阻值小于10Ω时,以"*R*"表示,将"R"看作小数点。

示例:4R7=4.7Ω

　　　R300=0.30Ω

### 3. 数码表示法

数码表示法是在电阻体的表面用 3 位数字表示标称值的方法,从左至右前两位数字表示有效数字,第三位数字表示倍率即有效数字后面 0 的个数。该方法常用于贴片电阻、排阻等。

示例:$\boxed{562}$ $56 \times 10^2 = 5\ 600\Omega = 5.6\mathrm{k}\Omega$。

### 4. 色标法

色标法是用不同颜色(色环或色点)在电阻器表面标出标称阻值和允许误差的方法,保证在安装电阻时不管从什么方向来安装,都可以清楚地读出它的阻值,数值读取方法如图 2.1.8 所示。

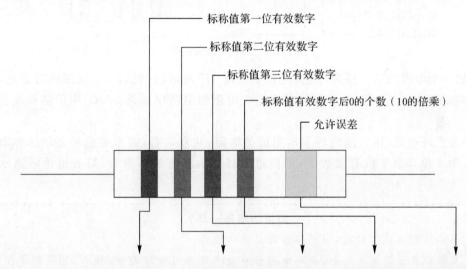

| 色环颜色 | 第一色环 | 第二色环 | 第三色环 | 第四色环 | 第五色环 |
|---|---|---|---|---|---|
|  | 第一位数 | 第二位数 | 第三位数 | 倍乘 | 误差 |
| 黑 | 0 | 0 | 0 | $10^0$ |  |
| 棕 | 1 | 1 | 1 | $10^1$ | ±1% |
| 红 | 2 | 2 | 2 | $10^2$ | ±2% |
| 橙 | 3 | 3 | 3 | $10^3$ | ±3% |
| 黄 | 4 | 4 | 4 | $10^4$ |  |
| 绿 | 5 | 5 | 5 | $10^5$ |  |
| 蓝 | 6 | 6 | 6 | $10^6$ |  |
| 紫 | 7 | 7 | 7 | $10^7$ |  |
| 灰 | 8 | 8 | 8 | $10^8$ |  |
| 白 | 9 | 9 | 9 | $10^9$ |  |
| 金 |  |  |  | $10^{-1}$ | ±5% |
| 银 |  |  |  | $10^{-2}$ | ±10% |
| 无色 |  |  |  |  | ±20% |

图 2.1.8　色标法表示示意图

色环电阻是电子电路中最常用的电子元件,可分为四环电阻器和五环电阻器,其中五环电阻器属于精密电阻器。

(1)四色环电阻:用四条色环表示阻值的电阻,从左向右,前两道色环表示标称阻值的第1位和第2位有效数字,第三道色环表示阻值倍乘的数,第四道色环(与第三道间隔较宽)表示阻值允许的误差。四色环举例如图2.1.9所示。

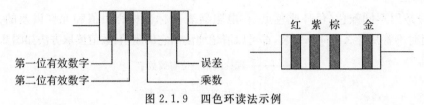

图2.1.9　四色环读法示例

例如一个电阻的第一环为红色(代表2)、第二环为紫色(代表7)、第三环为棕色(代表10倍)、第四环为金色(代表±5%),那么这个电阻的阻值应该是270Ω,阻值的误差范围为±5%。

(2)五色环电阻:用五色色环表示阻值的电阻,从左向右,前三道色环表示标称阻值的第1位、第2位和第3位有效数字,第四道色环表示阻值的倍乘数,第五道色环表示误差范围。

**如何巧辨第一环?**

第一环距离端部较近,误差环距离其他环较远。

从色环表示的意义可知:色环电阻器有效色环不可能有金色、银色,四色环电阻器的误差环不可能是黑、橙、黄、灰和白色等,五色环电阻器的误差环不可能是红、橙、黄、白色。

## 2.2　电　容　器

电容器是一种可以储存电荷的装置。莱顿瓶(Leyden jar)被认为是最早的电容器,它是由1746年荷兰物理学家马森布洛克[①]在荷兰莱顿大学(或莱顿)发明的(见图2.2.1)。典型的莱顿瓶是一个玻璃罐,里外包裹着一层薄薄的金属箔,瓶口上端接一个球形电极,下端利用导体(通常是金属锁链)与内侧金属箔或是水连接。尽管当时还不清楚它是如何工作的,但通过实验发现,即使在与发电机断开连接后,莱顿瓶似乎仍能储存电荷。莱顿瓶的发明,为科学界提供了一种储存电的有效方法,为进一步深入研究电现象提供了一种新的强有力的手段。

---

① 彼得·范·马森布洛克(Pieter van Musschenbroek,1692—1761)荷兰科学家,发明了第一个电容器——莱顿瓶。

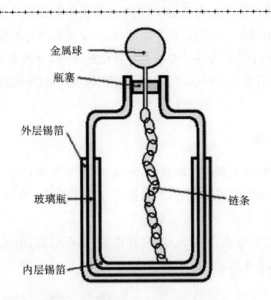

金属球

瓶塞

外层锡箔

玻璃瓶

链条

内层锡箔

图 2.2.1　莱顿瓶

　　莱顿瓶刚刚发明的同年,英国人彼得·柯林森向富兰克林[①]所在的出版公司邮寄了一支莱顿瓶,并不断给富兰克林提供来自欧洲的电学前沿信息,富兰克林很感兴趣,很快就购置了一整套电学仪器,开始一系列电学研究。1748 年,他把出版公司交给别人管理,自己建立了一个实验室,埋头研究电学问题,并取得了显著成就。感兴趣的读者可以尝试自己制作一个莱顿瓶。

　　电容(Capacitor)定义为电容器所带电量 $Q$ 与电容器两极间的电压 $U$ 的比值,有

$$C=Q/U$$

　　在国际单位制里,电容的单位是法拉[②],简称法,符号是 F。法拉是一个很大的单位,因此常用的电容单位有毫法(mF)、微法($\mu$F)、纳法(nF)和皮法(pF)等,它们之间的关系是 $1\,F=10^3\,mF=10^6\,\mu F=10^9\,nF=10^{12}\,pF$。在电路中,电容器的常用符号如图 2.2.2 所示。

无极性电容　　有极性电容　　可调电容　　微调电容　　同步可调电容

图 2.2.2　电容器符号

　　从结构上来讲,最简单的电容器由两个极板以及极板间的绝缘介电材料构成。在电容两端加载一个直流电压,待其稳定后,与电压正极相连的极板将呈现一定量的正电荷,而与电压

---

① 本杰明·富兰克林(Benjamin Franklin,1706—1790),美国政治家、物理学家和出版商,《独立宣言》和美国宪法的起草者之一。

② 电容单位以英国物理学家 Michael Faraday(1791—1867)的姓氏命名。

负极相连的极板将呈现相等量的负电荷,此时两个极板之间会形成一个静电场,电容以电场能的形式储存电能量。当加载的电压超过临界电压时,两个极板间的绝缘介质会被击穿,电容被击穿后会造成漏电,严重时形成短路。根据绝缘材质的不同,有些电容被击穿后还能继续使用,还有一些电容被击穿后就永久损坏了。因此选用电容时不仅要考虑自身电容值,还需要考虑电容自身的耐压值。

### 2.2.1 电容器的分类

电容是一种储能元件,在电路中起隔直流、旁路、耦合交流和信号滤波等作用。电容按结构可分为固定电容、微调电容和可变电容,按极性可分为有极性电容和无极性电容。电容的介质材料有空气、云母、瓷介、纸介、薄膜和电解液等。

常用电容的种类有电解电容、瓷片电容、贴片电容、独石电容、钽电容、涤纶电容和云母电容等,其部分外形如图 2.2.3 所示。

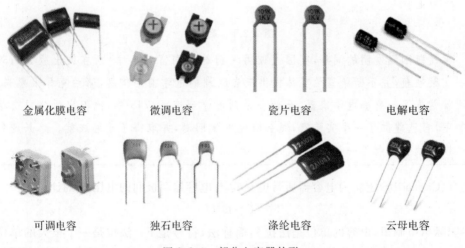

| 金属化膜电容 | 微调电容 | 瓷片电容 | 电解电容 |

| 可调电容 | 独石电容 | 涤纶电容 | 云母电容 |

图 2.2.3  部分电容器外形

### 2.2.2 电容器的主要参数

1. 标称容量

标称容量是指标识在电容器表面上的电容量。电容器实际电容量与标称电容量的偏差称为容差。一般电容器常用Ⅰ、Ⅱ、Ⅲ级,电解电容器用Ⅳ、Ⅴ、Ⅵ级表示容量精度,实际使用时可根据用途进行选取。

2. 额定工作电压

额定工作电压是该电容器在规定的温度范围内,能够连续长期施加在电容上的最大直流电压或交流电压的有效值,一般直接标注在电容器外壳上,它与电容器的结构、介质材料和介质的厚度有关,一般来说,对于结构、介质相同,容量相等的电容器,其耐压值越高,体积也越大。

---

**为什么电容器的工作电压要有一定限制?**

在电容器的两极板间施加电压后,极板间的电解质便处于电场中,原本是中性的电介质,由于外电场力的作用,介质分子内的正负电荷将在空间位置上发生少许偏移(如负电荷逆电场方向移动),形成所谓的电偶极子,也就是介质内部出现了电场,破坏了原来的电中性状态,这种现象叫作电解质的极化。可见,极化状态下的介质是带负电荷的,但这些电荷依然受介质本身的束缚而不能自由移动,介质的绝缘性能尚未遭到破坏,只有少数电荷脱离束缚而形成很小的漏电流。如果外加电压不断加强,最后将使极化电荷大量脱离束缚,使漏电流大大增加,于是介质的绝缘性能遭到破坏,使两个极板短接,完全丧失电容的作用。这种现象称为介质击穿。介质击穿之后,将对电容器造成不可修复的永久损坏。

---

3. 绝缘电阻

电容器漏电的大小用绝缘电阻来衡量。电容器的绝缘电阻是一个不稳定的电气参数,它会随着温度、湿度和时间的变化而变化。电容器漏电越小越好,即绝缘电阻越大越好。一般小电容器的绝缘电阻很大,可达几百兆欧或几千兆欧。

4. 温度系数

电容器电容量随温度变化的大小用温度系数来表示:在一定温度范围内,温度每变化 $1\,^{\circ}\mathrm{C}$ 时电容量的相对变化量。温度系数越大,电容量随温度变化越大。

5. 损耗

电容在电场作用下,在单位时间内因发热所消耗的能量叫作损耗。各类电容都规定了其在某频率范围内的损耗允许值,电容的损耗主要由介质损耗、电导损耗和电容所有金属部分的电阻所引起的损耗。在直流电场的作用下,电容器的损耗以漏导损耗(电导损耗)的形式存在,一般较小,在交变电场的作用下,电容的损耗不仅与漏导有关,而且与周期性的极化建立过程有关。

### 2.2.3 电容器的标识方法

电容的识别方法与电阻的识别方法基本相同,分为直标法、文字符号法、数码表示法和色标法 4 种。

1. 直标法

把产品的标称容量、允许误差范围、额定工作电压等直接标印在外壳上的方法,称为"直接标识法",如图 2.2.4 所示。在一些"个头"比较大的电容表面上常常可见直接标识其容量的大小,如电解容量、金属化聚丙烯膜电容器、高频金属化薄膜高压大电流电容都用的是这种表示法。用直标法标注的容量,有时电容器上不标注单位,其识读方法为:

凡是容量>1 的无极性电容器,其容量单位为 pF,如 5 100 表示容量为 5 100pF;

凡容量<1 的电容器,其容量单位为 $\mu$F,如 0.01 表示容量为 0.01$\mu$F;

凡是有极性电容器,容量单位是 $\mu$F,比如 100,其容量就表示为 100$\mu$F。

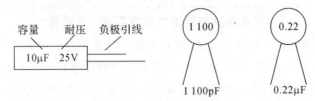

图 2.2.4　电容器直标法示例

### 2. 文字符号法

文字符号法是用字母和阿拉伯数字有规律地组合来表示电容器参数的方法,如图 2.2.5 所示,标称允许偏差见表 2.2.1。单位文字符号前面的数为标称容量的整数部分,单位文字符号后面的数为小数部分。

示例:47n＝47nF

　　　3p3＝3.3pF

**表 2.2.1　允许偏差常用符号**

| 字母 | B | C | D | F | G | J | K | M |
|------|------|------|------|------|------|------|------|------|
| 偏差 | ±0.1pF | ±0.2pF | ±0.5pF | ±1% | ±2% | ±5% | ±10% | ±20% |

### 3. 数码表示法

数码表示法一般用在体积比较小的电容上,通常用三位数字表示容量大小,前两位数字表示有效数字,第三位数字是倍率,单位为 pF。如:224 表示 $22\times10^4$ pF＝0.22μF,103 表示 $10\times10^3$pF＝10 000pF,如图 2.2.6 所示。

电容为6.8pF, 误差为±10%

图 2.2.5　电容器的文字符号法

$10\times10^3$＝10 000 pF＝10 nF＝0.01μF

图 2.2.6　电容器的数码表示法

### 4. 色标法

电容器色标法和电阻器的表示方法类似,是用不同颜色的色带或色点,按规定的方法在电容器表面上标识出其主要参数的方法,单位一般为 pF。电容器的标称值、允许偏差及工作电压均可采用颜色进行标记。将电容立起,从顶端往下,前两条色带表示有效数字,第三条色带表示倍率,第四条色带表示允许的偏差,不同颜色表示不同的数值,如图 2.2.7 所示。

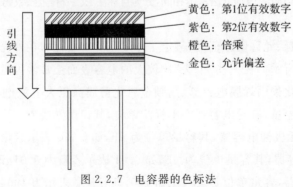

图 2.2.7　电容器的色标法

### 2.2.4　电容器的质量判别

指针式万用表和数字万用表都可以检测电容器,大多数指针万用表不具备电容挡位,测量时须采用特定的交流电压作为信号源。用具有电容测量挡位的数字万用表可以直接测量电容器,相对而言,指针式万用表判断电容的好坏更直观一些。电容器的损坏主要有短路、断路和漏电等。

**1. 电容器的断路检测**

根据电容容量的大小,$1 \sim 100 \mu F$ 的电容用万用表 R×1k 挡,$1 \mu F$ 以下的电容用 R×10k 挡测量电容器的两引线,如图 2.2.8 所示。测量之前用一个表笔把电容器两极短路一下,以便放掉电容内残余的电荷,测量时手指不要接触电容器两极,防止人体电阻干扰测量。正常情况下,表针先向右摆动,然后慢慢向左回归,最后表针停下,然后变换表针,再次测试,表针应重复以上过程,如图 2.2.9 所示。表针停下来所指示的阻值为该电容的绝缘电阻,也称之为漏电电阻,此阻值越大越好,最好接近无穷大处。一般电容器的绝缘电阻在几十兆欧以上,电解电容器在几兆欧以上,如果漏电电阻只有几十千欧,说明电容漏电严重。

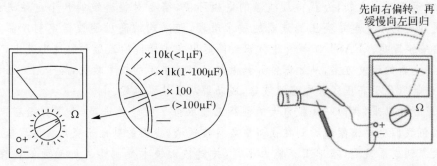

图 2.2.8　万用表测量时挡位选择　　　　　图 2.2.9　电容充放电检测

**2. 检测小容量电容器**

小容量电容是指电容量小于 $1 \mu F$ 的电容,主要包括以纸介、云母、涤纶和玻璃釉等为介质的无极性电容器,这一类电容器的绝缘电阻值很大,其漏电电流很小,故很难用指针式万用表检测其电容量,此时可以采用晶体管放大的办法进行检测,如图 2.2.10 所示。将万用表置于 R×10k 挡,黑表笔接晶体管集电极,红表笔接晶体管发射极,被测电容两引脚分别接晶体管的基极和集电极,在刚接触的瞬间,由于晶体管的放大作用可以看到表针向右摆动然后向左回归,对调被测电容两引脚再次进行测量,表针应重复上述过程。

**3. 判断电解电容器的正负极**

对于正负极标识不清的电解电容,可以通过测量其正向和反向绝缘电阻的方法判断其引脚极性,如图 2.2.11 所示。将两表笔和电容器引脚相接进行测量,然后对换万用表表笔重复测量一次,两次测量中以绝缘电阻较大的一次为准,黑表笔所接的一端为电解电容的正极,红表笔所接的一端为电解电容的负极。

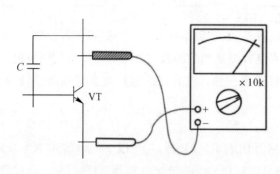

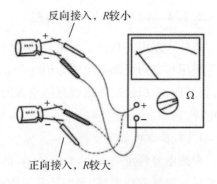

图 2.2.10　小容量电容器检测　　　　　图 2.2.11　判断电容器极性

## 国之重器　中国奇迹

500 米口径球面射电望远镜①（Five‐hundred‐meter Aperture Spherical radio Telescope,FAST），是中国科学院国家天文台在贵州平塘建立的全球最大的射电望远镜。在望远镜调试之初，为获得最纯净的电磁环境，需要对望远镜的 8 个电站进行滤波，但是却遇到了变电站高压滤波器的技术难题，即采购的高压滤波器定制产品寿命短，存在安全隐患。FAST 工程骨干意识到问题出在元器件的选型和制造工艺上，于是便提出了全新的研发方案，从元器件开始做起。经过半年的技术攻关，终于用高压陶瓷电容滤波器取代了高压薄膜电容滤波器，成功解决了技术难题。

改革开放以来，我国一大批重大的创新工程取得了突破性进展，令国民振奋，让世人惊叹，但我们也要清醒地看到在很多重要科技领域，我国的基础研究短板问题依旧突出，重大原创成果缺乏，基础工艺能力不足，关键核心技术受制于人的局面依旧存在。基础研究是科技创新的源头，只有自力更生，攻坚克难，勇攀科技高峰，才能将关键核心技术牢牢掌握在自己手中。

**本节金句与思考：**

加强基础研究是科技自立自强的必然要求，是我们从未知到已知、从不确定性到确定性的必然选择。要加快制定基础研究十年行动方案。基础研究要勇于探索、突出原创，推进对宇宙演化、意识本质、物质结构、生命起源等的探索和发现，拓展认识自然的边界，开辟新的认知疆域。基础研究更要应用牵引、突破瓶颈，从经济社会发展和国家安全面临的实际问题中凝练科学问题，弄通"卡脖子"技术的基础理论和技术原理。

——习近平 2021 年 5 月 28 日在中国科学院第二十次院士大会、中国工程院第十五次院士大会、中国科协第十次全国代表大会上的讲话。

---

① 南仁东(1945—2017)，中国天眼之父，曾任 FAST 工程首席科学家兼总工程师。

# 2.3　电　感　器

电感器(Inductor)是能够把电能转化为磁能而存储起来的元件,一般由骨架、绕组、屏蔽罩、封装材料、磁心或铁芯等组成。常用的电感器图形符号如图 2.3.1 所示。电感器又称扼流器、电抗器和动态电抗器。

| 空心线圈 | 可变线圈 | 磁芯线圈 | 铁芯线圈 | 可变铁芯线圈 |

图 2.3.1　常用电感器的图形符号

电感用导体中感生的电动势或电压与产生此电压的电流变化率之比来量度,在电子线路中常用符号 L 表示,单位为亨利[①](H),此外还有毫亨(mH)、微亨($\mu$H)和纳亨(nH),换算关系是 $1H=10^3 mH=10^6 \mu H=10^9 nH$;$1nH=10^{-3} \mu H=10^{-6} mH=10^{-9} H$。

## 2.3.1 电感器的分类

电感在电路中主要起谐振、耦合、滤波和匹配等作用,直流可通过线圈,直流电阻就是导线本身的电阻,压降很小,当交流信号通过线圈时,线圈两端将会产生自感电动势,自感电动势的方向与外加电压的方向相反,阻碍交流的通过,因此电感的特性是通直流阻交流,频率越高,线圈阻抗越大。电感在电路中可与电容组成振荡电路。

电感可分为固定电感和可变电感、磁芯电感和无磁芯电感、高频电感和低频电感等,其部分外形如图 2.3.2 所示。

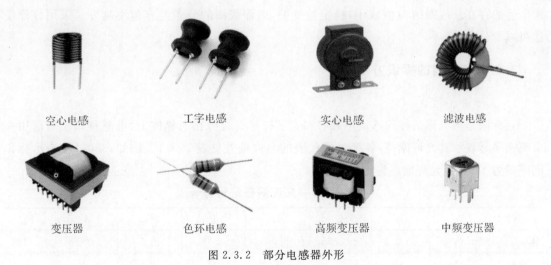

| 空心电感 | 工字电感 | 实心电感 | 滤波电感 |

| 变压器 | 色环电感 | 高频变压器 | 中频变压器 |

图 2.3.2　部分电感器外形

---

① 电感单位是以美国科学家 Joseph Henry(1797—1878)的姓氏命名的。

### 2.3.2 电感的主要参数

1. 电感量及允许误差

电感表面上标识的电感量 L,表示线圈本身固有特性,与电流大小无关,取决于线圈的匝数、绕制方式及磁芯材料。

电感量的允许误差是指标称电感量和实际电感量的允许误差值,不同电路中电感量的允许误差不同,一般用于振荡或滤波等电路中的电感器精度要求较高,允许偏差为 $\pm 0.2\% \sim \pm 0.5\%$,而用于耦合、高频阻流等线圈的精度要求不高,允许偏差为 $\pm 10\% \sim \pm 15\%$。

2. 品质因数

品质因数也称 Q 值或优值,是衡量电感器质量的主要参数。它是指电感器在某一频率的交流电压下工作时,所呈现的感抗与其等效损耗电阻之比,即

$$Q = \omega L / R$$

式中:$\omega$ 为工作角频率;$L$ 为线圈电感量,H;$R$ 为线圈损耗电阻,$\Omega$。Q 值反映了电感损耗的大小,Q 值越高,损耗功率越小(即品质好),电路效率越高。一般情况下,电感器品质因数的高低与线圈导线的直流电阻、线圈骨架的介质损耗及铁芯、屏蔽罩等引起的损耗等有关,采用磁芯线圈、多股粗线圈均可提高线圈的 Q 值。

3. 额定电流

额定电流也称标称电流,是指电感器正常工作时允许通过的最大电流值。若工作电流超过额定电流,则电感器会因发热而使性能参数发生改变,甚至还会因过流而烧毁。标称电流通常用字母 A、B、C、D、E 表示,对应的电流值分别为 50mA、150mA、300mA、700mA、1 600mA。

4. 分布电容

电感线圈的匝与匝之间、线圈与屏蔽罩间、线圈与底版间存在的电容被称为分布电容。分布电容的存在使线圈的 Q 值减小,稳定性变差,因而线圈的分布电容越小越好。采用分段绕法可减少分布电容。

### 2.3.3 电感器的标识方法

1. 直标法

直标法是将电感的标称感量用数字和文字符号直接标在电感体上,电感量单位后面用一个英文字母表示其允许偏差,各字母所代表的允许偏差见表 2.3.1。例如:$330\mu HJ$ 表示标称电感量为 $330\mu H$,允许偏差为 $\pm 5\%$。

表 2.3.1  允许偏差常用符号

| 字母 | W | B | C | D | F | G | J | K |
|------|------|------|------|------|------|------|------|------|
| 偏差/(%) | $\pm 0.05$ | $\pm 0.1$ | $\pm 0.25$ | $\pm 0.5$ | $\pm 1$ | $\pm 2$ | $\pm 5$ | $\pm 10$ |
| 字母 | M | N | Y | X | E | L | P | |
| 偏差/(%) | $\pm 20$ | $\pm 30$ | $\pm 0.001$ | $\pm 0.002$ | $\pm 0.005$ | $\pm 0.01$ | $\pm 0.02$ | |

**2. 文字符号法**

文字符号法是将电感器的标称值和允许偏差值用数字和文字符号按一定的规律组合标在电感体上。采用这种标识方法的通常是一些小功率电感器，其单位通常为 nH 或 $\mu$H，用 N 或 R 代表小数点，如图 2.3.3 所示，这里 1R5 表示电感量为 $1.5\mu$H。

例如：4N7 表示电感量为 $4.7$nH，4R7 代表电感量为 $4.7\mu$H，47N 表示电感量为 $47$nH，6R8 表示电感量为 $6.8\mu$H。采用这种标识法的电感器通常后缀一个英文字母表示允许偏差，各字母代表的允许偏差与直标法相同（见表 2.3.1）。

**3. 色标法**

电感的色标法与电阻的色标法类似，是指在电感器表面涂上不同的色环来代表电感量，通常用三个或四个色环表示。紧靠电感体一端的色环为第一环，露着电感体本色较多的另一端为末环。其第一色环是十位数，第二色环为个位数，第三色环为倍率（单位为 $\mu$H），第四色环为误差色环。

例如，色环颜色分别为棕、黑、金电感器的电感量为 $1\mu$H，误差为 $5\%$。色环电感器与色环电阻器的外形相近，使用时要注意区分，通常情况下，色环电感器的外形以短粗居多，而色环电阻器通常为细长形。色标法多见于直插色环电感，如图 2.3.4 所示。

图 2.3.3　电感器的文字符号法

图 2.3.4　色环电感

EC24、EC36、EC46 三个系列色码电感器的电感量在 $0.1\mu$H 以下时，用金色条形码表示小数点，之后的四个色码表示其电感量。电感量在 $0.1\mu$H 以下时，不标示容许公差。EC22 系列的色码电感器因体积小，只用三个色码表示，因此电感量容许误差不会标示出来。

**4. 数码表示法**

数码表示法是用三位数字来表示电感器电感量的标称值，该方法常见于小功率贴片式电感上面。在三位数字中，从左至右的第一、第二位为有效数字，第三位数字表示有效数字后面所加"0"的个数（单位为 $\mu$H）。如果电感量中有小数点，则用"R"表示，并占有一位有效数字。电感量单位后面用一个英文字母表示其允许偏差。

示例：标识为"330"的电感量为 $33\times10^{0}=33\mu$H。

标识为"4R7"的电感量为 $4.7\mu$H。

## 2.3.4　变压器

变压器也是一种电感器，一般由初级线圈、次级线圈铁（磁）芯和骨架等组成，利用其一次（初级）、二次（次级）绕组之间圈数（匝数）比的不同来改变电压比或电流比，实现电能或信号的传输与分配,是电子产品中十分常见的一种无源器件。变压器可根据其工作频率、用途及铁芯形状进行分类。

变压器按照工作频率可分为低频变压器、中频变压器和高频变压器。

变压器按照用途可分为电源变压器及音频变压器、脉冲变压器、恒压变压器、耦合变压器、自耦和变压器及隔离变压器等多种类型。

变压器按照铁芯(磁芯)形状可分为:"E"形变压器、"C"形变压器和环形变压器。

### 2.3.5 电感器的选型及检测

1. 电感线圈的选用

按照工作频率的要求,选择某种结构的线圈。

(1)用于音频段的一般要用带铁芯(硅钢或坡莫合金)或低铁氧体芯的线圈;

(2)在几百千赫到几兆赫间的线圈最好用铁氧体芯,并以多股绝缘线绕制;

(3)磁芯采用高频铁氧体,也常用空芯线圈;

(4)在100MHz以上的一般不能选用铁氧体芯,只能用空芯线圈。

2. 变压器的选用

(1)选用电源变压器时要与负载电路相匹配,电源变压器应留有功率余量(即输出功率略大于负载电路的最大功率),一般电源电路采用"E"形铁芯,高保真音频功放的电源电路选择"C"形变压器或环形变压器。

(2)中频变压器有固定的谐振频率,调幅收音机的中频变压器不能与调频收音机的中频变压器互换;同一台收音机中中频变压器顺序不能装错,也不能随意调换。

(3)电视机中伴音中频变压器与图像中频变压器不能互换,选用时应选同型号、同规格的中频变压器,否则很难正常工作。

3. 电感的好坏测量

电感的质量检测包括外观和阻值测量。应先检测电感的外表是否完好,磁性有无缺损、裂缝,金属部分有无腐蚀氧化,标志是否完整清晰,接线有无断裂和拆伤等。用万用表对电感做初步检测,测线圈的直流电阻并与原已知的正常电阻值进行比较。如果检测值比正常值显著增大或指针不动,可能是电感器本体断路,若比正常值小许多,可判断电感器本体严重短路,线圈的局部短路须用专用仪器进行检测。

# 2.4 二 极 管

---

**思考与启发:它山之石,可以攻玉**

电子管又称真空管,它是电子设备工作的心脏,电子管的发展又是电子工业发展的起点。世界上第一只电子管是英国弗莱明[①]发明的二极管。

---

① 约翰·安布罗斯·弗莱明(John Ambrose Fleming,1864—1945),英国电机工程师、物理学家。

1882 年，弗莱明曾担任爱迪生电光公司技术顾问。1884 年，弗莱明出访美国时拜会了爱迪生，共同讨论了电发光的问题。爱迪生向弗莱明展示了一年前他在进行白炽灯研究时发现的一个有趣现象(人们称之为爱迪生效应)：把一根电极密封在碳丝灯泡内，靠近灯丝，当电流通过灯丝使之发热时，金属板极上就有电流流过。弗莱明对这一现象非常感兴趣，回国后他对此进行了一些研究，认为在灯丝板极之间的空间是电的单行路。

1896 年，马可尼无线电报公司成立，弗莱明被聘为顾问。在研究改进无线电报接收机中的检波器时，他就设想采用爱迪生效应进行检波。弗莱明在真空玻璃管内封装入两个金属片，给阳极板加上高频交变电压后，出现了爱迪生效应，在交流电通过这个装置时被变成了直流电。弗莱明把这种装有两个电极的管子叫作真空二极管，它具有整流和检波两种作用，这是人类历史上第一只电子器件。弗莱明将此项发明用于无线电检波，并于 1904 年 11 月 16 日在英国取得专利。

半导体是一种具有特殊性质的物质，它不同于导体能够完全导电，又不同于绝缘体不能导电，它介于两者之间，因此称为半导体。在半导体器件的大家族中，二极管是诞生最早的成员。二极管(Diode)是用半导体材料(硅、硒、锗等)制成的一种电子器件，电路中常用"D"加数字表示，常用的二极管图形符号如图 2.4.1 所示。二极管有两个电极，具有单向导电性能，只允许电流由单一方向流过二极管的正负二个端子，在正向电压的作用下，导通电阻很小，而在反向电压作用下导通电阻极大或无穷大。因此，二极管的导通和截止，相当于开关的接通与断开。

| 一般二级管 | 稳压二级管 | 发光二级管 | 光电二级管 | 变容二级管 |

图 2.4.1　常用二极管的图形符号

### 2.4.1　二极管的分类

**1. 二极管的作用和分类**

二极管在电路中起整流、稳压、检波和开关等作用。根据其不同用途，二极管可分为检波二极管、整流二极管、稳压二极管、开关二极管、隔离二极管、肖特基二极管、发光二极管、硅功率开关二极管、旋转二极管等。按照管芯结构，二极管又可分为点接触型二极管、面接触型二极管及平面型二极管，其部分外形如图 2.4.2 所示。

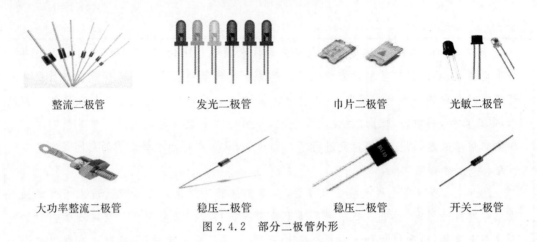

整流二极管　　　　发光二极管　　　　巾片二极管　　　　光敏二极管

大功率整流二极管　　　稳压二极管　　　稳压二极管　　　开关二极管

图 2.4.2　部分二极管外形

**2. 二极管的型号及命名**

(1)按照《中国国家半导体器件型号命名规则》(GB249—1989)：二极管的型号命名由主称、材料与极性、类别、序号和规格号五个部分组成，如图 2.4.3 所示。

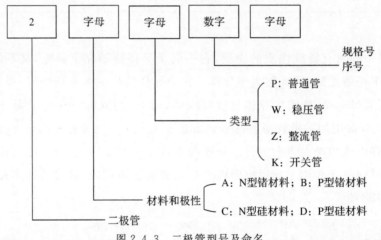

图 2.4.3　二极管型号及命名

(2)德国、法国、意大利、荷兰、比利时、波兰等国家，大都采用国际电子联合会半导体分立器件型号命名方法。这种命名方法由四个基本部分组成，各部分的符号及意义见表 2.4.1。

需要注意的是，由产品第一个字母可以确定器件使用的材料，但无法判断是 PNP 型还是 NPN 型，这与我国半导体器件型号命名法不同。表 2.4.1 中除四个基本部分外，有时还加后缀，以区别半导体器件特性或进一步分类。常见后缀如下：

(1)稳压二极管型号的后缀。其后缀的第一部分是一个字母，表示稳定电压值的允许误差范围，字母 A、B、C、D、E 分别表示允许误差为 ±1%、±2%、±5%、±10%、±15%；其后缀第二部分是数字，表示标称稳定电压的整数数值；后缀的第三部分是字母 V，表示小数点，字母 V 之后的数字为稳压管标称稳定电压的小数值。

(2)整流二极管的后缀是数字，表示器件的最大反向峰值耐压值，单位是伏特。

(3)晶闸管型号的后缀也是数字，通常标出最大反向峰值耐压值和最大反向关断电压中数值较小的那个电压值。

**表 2.4.1　国际电子联合会半导体分立器件型号命名法**

| 第一部分 | | 第二部分 | | | | 第三部分 | | 第四部分 | |
|---|---|---|---|---|---|---|---|---|---|
| 用字线表示使用的材料 | | 用字母表示类型及主要特性 | | | | 用数字或字母加数字表示登记号 | | 用字母对同一型号者分挡 | |
| 符号 | 材料 | 符号 | 意义 | 符号 | 意义 | 符号 | 意义 | 符号 | 意义 |
| A | 锗材料 | A | 检波、开关和混频二极管 | M | 封闭磁路中的霍尔元件 | 三位数学 | 通用半导体器件的登记序号(同一类型器件使用同一登记号) | A B C D L | 同一型号器件按某一参数进行分类的标志 |
| | | B | 变容二极官司 | P | 光敏元件 | | | | |
| B | 硅材料 | C | 低频小功率三极管 | Q | 发光器件 | | | | |
| | | D | 低频大功率三极管 | R | 小功率可控硅 | | | | |
| C | 砷化镓 | E | 隧道二极管 | S | 小功率开关管 | | | | |
| | | F | 高频小功率三极管 | T | 大功率可控硅 | 一个字母加两位数字 | 专用半导体器件的登记序号(同一类型器件使用同一登记号) | | |
| D | 锑化铟 | G | 复合器件及其他器件 | U | 大功率开关管 | | | | |
| | | H | 磁敏二极管 | X | 倍增二极管 | | | | |
| R | 复合材料 | K | 开放磁路中的霍尔元件 | Y | 整流二极管 | | | | |
| | | L | 高频大功率三极管 | Z | 稳压二极管 | | | | |

## 2.4.2 二极管的主要参数

1. 最大整流电流

最大整流电流指使用时允许通过的最大正向平均电流,面接触型比点接触型二极管的最大整流电流大,适于做整流管。

2. 最大反向工作电压

击穿电压值的一半定义为二极管的最大反向工作电压,使用时注意反向电压过高会击穿二极管,造成二极管永久性损坏。加在二极管两端的反向电压高到一定值时,会将管子击穿,失去单向导电能力。为了保证使用安全,规定了最高反向工作电压值。例如,IN4007 二极管反向耐压值为 1 000V。

3. 反向电流

反向电流是指二极管在规定的温度和最高反向电压作用下,流过二极管的反向电流。反向电流越小,管子的单向导电性能越好。

4. 最高工作频率

最高工作频率是指二极管具有单向导电性的最高交流信号的频率。由于 PN 结的结电容存在，当其工作频率超过某一值时，它的单向导电性就会变差。

### 2.4.3 二极管的特性

1. 正向特性

当加在二极管两端的正向电压（P 为正、N 为负）很小时（锗管小于 0.1V，硅管小于 0.5V），不足以克服 PN 结内电场的阻挡作用，正向电流几乎为零，这一段称为死区，此时管子不导通，处于截止状态，在正向电压超过一定数值后，PN 结内电场被克服，二极管正向导通，电压再稍微增大，电流急剧增加。不同材料的二极管，起始电压不同，硅管为 0.5～0.7V，锗管为 0.1～0.3V。

2. 反向特性

二极管两端加上反向电压时，反向电流很小，当反向电压逐渐增加时，反向电流基本保持不变，这时的电流称为反向饱和电流或漏电流。不同材料的二极管，反向电流大小不同，硅管约为 1μA 到几十微安，锗管则可高达数百微安，另外，反向电流受温度变化的影响很大，锗管的稳定性比硅管差。

3. 击穿特性

当外加反向电压增加到某一数值时，反向电流急剧增大，这种现象称为反向击穿，引起反向击穿的临界电压称为反向击穿电压，不同结构、工艺和材料制成的管子，其反向击穿电压值差异很大，可由 1V 到几百伏，甚至高达数千伏。如果二极管没有因电击穿而引起过热，则单向导电性不一定会被永久破坏，在撤除外加电压后，其性能仍可恢复，因而使用时应避免二极管外加的反向电压过高。

4. 频率特性

由于结电容的存在，当频率高到某一程度时，容抗小到使 PN 结短路，导致二极管失去单向导电性，不能工作，PN 结面积越大，结电容也越大，越不能在高频情况下工作。

图 2.4.4 所示，加在二极管两端的正向电压大于正向导通电压 $U_F$ 时，二极管完全导通，其电阻很小，正向电流增长很快，呈非线性。正向电压在 0～$U_F$ 时，二极管不完全导通，呈现较大电阻，称为死区。二极管加反向电压时截止，有很小的反向电流，当反向电压高达一定值时，反向电流急剧增加，导致二极管击穿，严重时会损坏。

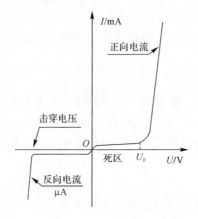

图 2.4.4 二极管的特性

### 2.4.4 二极管的检测

使用二极管时,要注意不能接错极性,否则电路将不能正常工作,严重时甚至会损坏器件。

1. 观察二极管封装

通常在二极管负极一端都带有明显标识,对于尺寸较小的封装,它的标识有时候会与众不同,如图 2.4.5 所示。

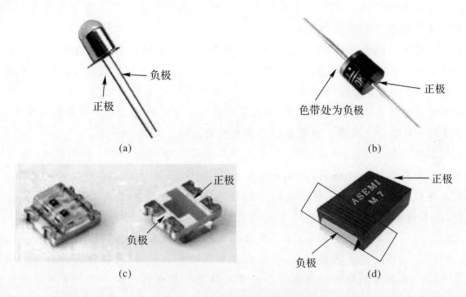

图 2.4.5　观察二极管封装判断法

(a) 直插发光二极管;(b) 整流二极管;(c) 贴片发光二极管;(d) 单向瞬态抑制二极管

对电子制作来说,发光二极管是最为常见的一种二极管,它可以发光,有红色、绿色和蓝色等。判断发光二极管管脚的正负极可通过目测法和实验法。目测法如图 2.4.5(a)所示,观察管脚的长短即可,若发光二极管无法通过目测管脚长短则可通过实验法,即通电后看能否发光,如果不行就说明极性接错或者是发光二极管损坏。

发光二极管是一种电流型器件,虽然在它的两端接上 3V 的电压后能够发光,但其容易损坏,在实际使用中务必要串接限流电阻,其工作电流根据型号不同一般为 1~30mA。另外,由于发光二极管的导通电压一般在 1.7V 以上,所以一节 1.5V 的电池不能点亮发光二极管。同样,一般万用表的 $R \times 1$ 挡到 $R \times 1k$ 挡均不能测试发光二极管,而 $R \times 10k$ 在使用 9V 或 15V 的电池时,能把有些发光二级管点亮。

2. 使用万用表判别

根据二极管的单向导电性,用数字万用表的蜂鸣器挡可鉴别二极管的好坏与极性。二极管两端用数字万用表的红、黑表笔正反测两次:若两次测得的压降都很小,则二极管反向击穿,造成短路;若两次测得的压降为无穷大,则二极管正向开路;若一次压降很小,另一次压降为无穷大,则测得小压降时的红表笔端为正极,黑表笔端为负极。

# 2.5 三 极 管

## 2.5.1 三极管的分类

### 1. 三极管的结构

三极管（Transistor）全称为半导体三极管，也称双极型晶体管、晶体三极管，是半导体基本元器件之一，同时也是电子电路的核心元件。三极管是一个电流控制元件，具有放大电流的作用，通过输出负载可对电压和功率进行放大。它由两个PN结构成，两个PN结把整块半导体分成三部分，分别是发射极（用字母 e 表示）、基极（用字母 b 表示）和集电极（用字母 c 表示）。不同的组合方式，形成了 NPN 型三极管和 PNP 型三极管，其结构示意图如图 2.5.1 所示。

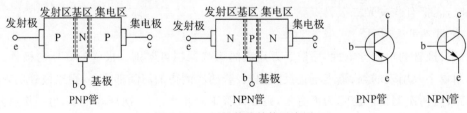

图 2.5.1　三极管的结构示意图

① 李·德福雷斯特（Lee De Forest，1873—1961），美国发明家，被称为"无线电之父"。

2. 三极管的分类

三极管的种类很多,不同型号的三极管用途不同,它们大都是塑料封装或金属封装的,常见三极管的外观如图 2.5.2 所示。

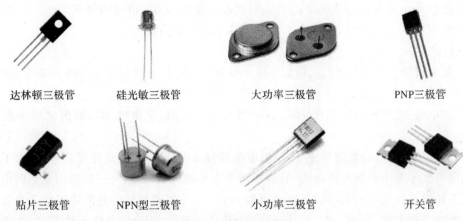

| 达林顿三极管 | 硅光敏三极管 | 大功率三极管 | PNP三极管 |
| 贴片三极管 | NPN型三极管 | 小功率三极管 | 开关管 |

图 2.5.2　部分三极管外形

(1)三极管按照半导体材料可分为锗三极管和硅三极管。

(2)三极管按照结构可分为 NPN 型三极管和 PNP 型三极管。

(3)三极管按照工作频率可分为低频三极管和高频三极管。低频三极管的特征频率小于3MHz,多用于低频放大电路;高频三极管的特征频率大于 3MHz,多用于高频放大电路、混频电路或高频振荡电路等。

(4)三极管按照封装形式分类:三极管的外形结构和尺寸有很多种,从封装材料上来说,可分为金属封装型和塑料封装型两种。金属封装型三极管主要有 B 型、C 型、D 型、E 型、F 型和G 型;塑料封装型三极管主要有 S-1 型、S-2 型、S-4 型、S-5 型、S-6A 型、S-6B 型、S-7型、S-8 型、F3-04 型和 F3-04B 型。小功率三极管一般采用塑料封装且没有散热片接口。

(5)三极管按照功率可分为小功率三极管、中功率三极管和大功率三极管。区分功率大小可以从封装上判别,如 TO92、TO92L、SOT23 就是典型的小功率三极管的封装,TO220、TO247、TO3、TO252 则是大功率三极管的代表。

### 2.5.2　三极管的主要参数

1. 直流参数

(1)集电极-发射极反向电流 $I_{CEO}$ 也称穿透电流:指当基极开路时($I_b=0$),集电极与发射极之间加上规定的反向电压时的集电极电流。此值是衡量三极管热稳定性的重要参数,值越小越好。若测试中发现此值较大,此管就不宜使用。

(2)集电极-基极反向饱和电流 $I_{CBO}$:指当发射极开路时($I_e=0$),基极和集电极间加上规定的反向电压时的集电极电流。$I_{CBO}$ 越小,三极管的集电结质量越好。

(3)共发射极直流放大倍数:指集电极电流 $I_c$ 和基极电流 $I_b$ 之比,即 $\bar{\beta}=I_c/I_b$。

2. 交流参数

(1)共发射极交流电流放大系数 $\beta$:定义为 $\beta=\Delta I_c/\Delta I_b$,其中 $\Delta I_b$ 是 $I_b$ 的变化量,$\Delta I_c$ 是 $I_c$

对应的变化量,三极管 $\beta$ 值一般在 $20 \sim 100$ 之间,若太小电流放大作用差,若太大则会影响三极管性能稳定性。

(2)共基极交流电流放大系数 $\alpha$:在共基极电路中,$\alpha = \Delta I_c / \Delta I_e$。

(3)截止频率 $f_{\beta}$、$f_a$:共发射极截止频率 $f_{\beta}$ 指当 $\beta$ 下降到低频放大系数的 0.707 倍时的频率;共基极的截止频率 $f_a$ 指当 $\alpha$ 下降到低频放大系数的 0.707 倍时的频率。

(4)特征频率 $f_T$:指 $\beta$ 因频率上升而下降到 1 时的频率。

3. 极限参数

(1)集电极最大允许电流 $I_{CM}$:指集电极 $I_c$ 值超过一定数值时使得 $\beta$ 下降到额定值的 $1/2 \sim 2/3$ 时的 $I_c$ 值。当 $I_c$ 超过 $I_{CM}$ 时,三极管的性能会受到影响。

(2)集电极-发射极击穿电压 $BV_{CEO}$:指当基极开路时,集电极和发射极之间的反向击穿电压。

(3)集电极最大允许耗散功率 $P_{CM}$:当电流流过集电结时,集电结温度会升高,为了使集电结的温度升到不至于将集电极烧毁,对散耗功率大小进行了规定,将三极管因受热而引起参数的变化不超过允许值时的集电极耗散功率称为 $P_{CM}$。三极管实际的耗散功率定义为集电极直流电压和电流的乘积,即 $P_c = U_{ce} I_c$,使用时应使 $P_c < P_{CM}$。$P_{CM}$ 与散热条件有关,使用时可给大功率三极管加上散热片来提高 $P_{CM}$ 值。

### 2.5.3 三极管的功能

三极管的核心功能是放大功能和开关功能。

1. 放大功能

三极管最基本的作用是放大。它有一个重要参数就是电流放大系数 $\beta$。当三极管的基极上加上一个微小的电流时,在集电极上可以得到一个是注入电流 $\beta$ 倍的电流,即集电极电流。集电极电流随基极电流的变化而变化,并且基极电流很小的变化可以引起集电极电流很大的变化,这就是三极管的放大作用。

三极管的发射结正向偏置(外加正向电压),集电结反向偏置,是组成放大电路的一个基本原则。图 2.5.3 是 PNP 型三极管的三种基本电路组态,对于 NPN 管,其电路形式完全相同,只是电源电压的正、负极性反过来。

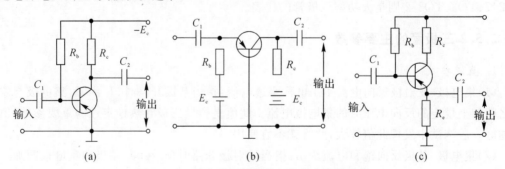

图 2.5.3 PNP 型三极管的三种基本电路组态
(a)共发射极电路;(b)共基极电路;(c)共集电极电路

(1)共发射极电路。共发射极电路采用固定偏流电路将三极管偏置在放大状态,其中 $E_c$ 为直流电源,$R_b$ 为基极偏置电阻,$R_c$ 为集电极负载电阻。输入信号通过电容 $C_1$ 加到基极输入端,放大后的信号经电容 $C_2$ 由集电极输出。电容 $C_1$、$C_2$ 称为隔直电容或耦合电容,其作用是隔直流通交流,即在保证信号正常流通的情况下,使直流相互隔离互不影响。这种方式连接的放大器,通常称为阻容耦合放大器。由上述内容可知,用三极管组成放大器时应遵循如下原则:①必须将三极管偏置在放大状态,并且要设置合适的工作点;②输入信号必须加在基极-发射极回路;③必须设置合理的信号通路。共发射极电路不仅对电流有放大作用,而且还可对输出负载的电压和功率进行放大。

(2)共基极电路。共基极电路虽无电流放大作用,但在输出负载上有电压和功率放大作用。

(3)共集电极电路。共集电极电路又称为射极跟随器,无电流、电压放大作用,但具有输入电阻高、输出电阻小的特点,便于阻抗变换,多用于前后两级电路的中间隔离级。

2. 开关功能

三极管作为开关使用时,只要选取阻值合适的基极限流电阻,使三极管工作于截止区和饱和区,即可实现开关功能。

图 2.5.4 是一个最基本的 NPN 三极管开关电路,基极连接基极电阻 $R_b$,集电极上接负载电阻 $R_c$,输入电压 $V_{in}$ 控制三极管开关的开启与闭合。当 $V_{in}$ 为低电压时,三极管发射结和集电极间没有正向偏置,三极管截止,相当于开关的断开;当 $V_{in}$ 为高电压时,三极管处于饱和状态,此时发射结和集电极间为正向偏置,负载回路被导通,相当于开关的闭合。

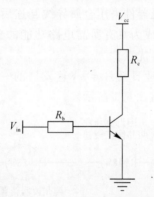

图 2.5.4　NPN 三极管开关电路

### 2.5.4 三极管的识别和检测

1. 三极管的识别

方法 1:查阅该器件的相关技术手册,了解器件的相关参数。

方法 2:使用数字万用表蜂鸣挡判断,三极管内部包含两个 PN 结,因此可利用二极管的单向导电性。表笔输出二极管的压降值,其中红表笔是(表内电源)正极,黑表笔是(表内电源)负极。

(1)判断三极管的基极:分别检测三极管任意两个管脚,导通两次的管脚为基极。

(2)判断三极管的管型:若红表笔接基极,则为 NPN 管;若黑表笔接基极,则为 PNP 型管。

(3)判断集电极和发射极:判断出基极与管型后,将红黑表笔接于另两只管脚,并调换表笔,其中压降值较大的那一次红表笔所接为集电极 c,黑表笔接发射极 e。

2. 三极管的检测

使用三极管前,除要了解三极管的管型和引脚处,还需明确三极管的质量。可以通过测量三极管内部两个 PN 结的单向导电性,即正、反向电压,来判断三极管的好坏。

(1)NPN 型三极管。

方法 1:选择数字万用表的二极管挡,首先把红表笔放在基极,黑表笔分别放在另外两级,若显示屏上显示压降在 0.3～0.7V 之间,则三极管正常。

方法 2:直接检测三极管的放大倍数,在万用表上选择 hFE 挡,然后把三极管插在 NPN 插孔上,注意引脚要对应,若显示屏上能够正常显示三极管的放大倍数,则三极管正常。

(2)PNP 型三极管。

方法 1:选择数字万用表的二极管挡,把黑表笔放在基极上,红表笔分别接在另外两端,若显示屏显示三极管的压降在 0.3～0.7V 之间,则三极管正常。

方法 2:直接检测三极管的放大倍数,在万用表上选择 hFE 挡,然后把三极管插在 PNP 插孔上,若显示屏上能够正常显示三极管的放大倍数,则三极管正常。

## 2.6　集　成　电　路

集成电路是采用半导体工艺、厚膜工艺和薄膜工艺等特殊工艺,把一个电路中所需的晶体管、二极管、电阻、电容和电感等元器件采用金属导线互连后制作在一小块半导体晶片或介质基片上,然后封装在一个管壳内,成为具有所需电路功能的器件。集成电路具有体积小、耗电低、稳定性高和便于大规模生产等优点。

集成电路是最能体现电子产业日新月异、飞速发展的一类电子元器件,迄今为止,电子器件已经经历了四次重大变革,如图 2.6.1 所示。

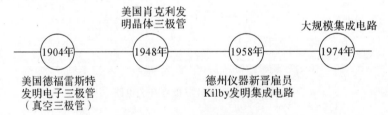

图 2.6.1　集成电路发展历程

**创"芯"中国**

2021 年 2 月 17 日,在第 68 届国际固态电路会议上,中国电子科技集团公司第三十八研究所发布了一款高性能 77GHz 毫米波芯片及模组,在国际上首次实现两颗 3 发 4 收毫米波芯片及 10 路毫米波天线单封装集成,探测距离达到 38.5m,刷新了当前全球毫米波封装天线最远探测距离的新纪录。

国际固态电路会议于 1953 年由发明晶体管的贝尔实验室等机构发起成立,通常是各个时期国际上最尖端固态电路技术的最先发表之地,被认为是集成电路领域的"奥林匹克盛会"。

在 60 多年的历史中,众多集成电路史上里程碑式的发明都在这里首次亮相,例如世界上第一个 TTL 电路、世界上第一个 GHz 微处理器和世界上第一个 CMOS 毫米波电路等等。入选该会议的科研成果,代表着当前国际集成电路领域的最高科技水平。

来源:https://new.qq.com/rain/a/20210218A06X1E00

**本节金句与思考:**

我们的科技创新同国际先进水平还有差距,当年我们依靠自力更生取得巨大成就。现在国力增强了,我们仍要继续自力更生,核心技术靠化缘是要不来的。

——2015 年 2 月 16 日习近平总书记视察中国科学院西安光学精密机械研究所时说

## 2.6.1 集成电路分类

**1. 按功能结构分类**

集成电路按其功能、结构的不同,可以分为模拟集成电路、数字集成电路和数/模混合集成电路三大类。模拟集成电路又称线性电路,用来产生、放大和处理各种模拟信号,如半导体收音机的音频信号、录放机的磁带信号等,而数字集成电路用来产生、放大和处理各种数字信号,如 VCD、DVD 重放的音频信号和视频信号。

**2. 按集成度分类**

集成电路按集成度高低的不同可分为小规模集成电路(SSI)、中规模集成电路(MSI)、大规模集成电路(LSI)、超大规模集成电路(VLSI)和甚大规模集成电路(ULSI)。

集成度是指一个硅片上含有的元件数量,对集成度的分类见表 2.6.1。

表 2.6.1　集成度分类

| 时间 | 1948 年 | 1966 年 | 1971 年 | 1980 年 | 1990 年 | 2019 年 |
|---|---|---|---|---|---|---|
| 名称 | | 小规模 | 中规模 | 大规模 | 超大规模 | 甚大规模 |
| 缩写 | | SSI | MSI | LSI | VLSI | ULSI |
| 理论集成度 | | $10\sim100$ | $100\sim1\,000$ | $1\,000\sim10\times10^4$ | $10\times10^4\sim100\times10^4$ | $100\times10^4\sim1\times10^9$ |
| 商业集成度 | 1 | 10 | $100\sim1\,000$ | $1\,000\sim2\times10^4$ | $2\times10^4\sim5\times10^4$ | $>50\times10^4$ |
| 用途 | | 触发器 | 计数器加法器 | 单片机 ROM | 16/32 位微处理器 | 图像处理器 |

**3. 按制作工艺分类**

集成电路按制作工艺可分为半导体集成电路、膜集成电路(细分为厚膜集成电路和薄膜集成电路)和混合集成电路。

**4. 按导电类型不同分类**

集成电路按导电类型可分为双极型集成电路和单极型集成电路。双极型集成电路的制作工艺复杂,功耗较大,有 TTL、ECL、HTL、LSTTL 和 STTL 等类型。单极型集成电路的制作工艺简单,功耗较低,易于制成大规模集成电路,有 CMOS、NMOS 和 PMOS 等类型。

5. 按应用领域分类

集成电路按应用领域不同,可以分为军用品、工业品和民用品(商用)3 大类。

6. 按用途分类

集成电路按用途可分为音/视频电路和数字电路、线性电路、微处理器、接口电路和光电电路等,国外很多公司按这种方法划分集成电路,一些国际权威数据出版商就是按照使用功能划分集成电路数据资料的。

### 2.6.2 集成电路的命名

根据国家标准《半导体集成电路型号的命名方法》(GB/T3430—1989),国产半导体集成电路型号命名由五部分组成,各部分的符号及所代表的意义见表 2.6.2。现行国家标准对集成电路型号的规定,是完全参照世界上通行的型号制定的,除第一部分和第二部分外,其后的部分与国际通用型号一致。

**表 2.6.2　国产半导体集成电路命名**

| 第 1 部分 | | 第 2 部分 | | 第 3 部分 | 第 4 部分 | | 第 5 部分 | |
|---|---|---|---|---|---|---|---|---|
| 用字母表示器件符合国家标准 | | 用字母表示器件的类型 | | 用阿拉伯数字和字母表示器件的系列和品种代号 | 用字母表示器件工作的温度范围 | | 用字母表示封装形式 | |
| 符号 | 意义 | 符号 | 意义 | | 符号 | 意义 | 符号 | 意义 |
| C | 中国制造 | T | TTL 电路 | TTL 分为: 54/74×××  54/74H××× | C | 0～70℃ | F | 多层陶瓷扁平 |
| | | H | HTL 电路 | 54/74L××× | G | −25～70℃ | B | 塑料扁平 |
| | | E | ECL 电路 | | L | −25～85℃ | H | 黑陶瓷扁平 |
| | | C | CMOS 电路 | 54/74S×××  54/74LS××× | E | −40～85℃ | D | 多层陶瓷双列直插 |
| | | M | 存储器 | 54/74AS×××  54/74ALS××× | R | −55～85℃ | J | 黑陶瓷双列直插 |
| | | μ | 微型机电器 | 54/74F××× | M | −55～125℃ | P | 塑料双列直插 |
| | | F | 线性放大器 | | | | S | 塑料单列直插 |
| | | W | 稳压器 | | | | T | 金属圆形 |
| | | D | 音响、电视电路 | | | | K | 金属菱形 |
| | | B | 非线性电路 | CMOS 分为: | | | C | 陶瓷芯片载体 |
| | | J | 接口电路 | 400 系列 | | | E | 塑料芯片载体 |
| | | AD | A/D 电路 | 54/74HC××× | | | G | 网络阵列 |
| | | DA | D/A 电路 | 54/74HCT××× | | | SOIC | 小引线 |
| | | SC | 通信专用电路 | 54/74HCU××× | | | PCC | 塑料芯片载体 |
| | | SS | 敏感电路 | | | | LCC | 陶瓷芯片载体 |
| | | SW | 钟表电路 | 54/74AC××× | | | | |
| | | SJ | 机电仪电路 | 54/74ACT××× | | | | |
| | | SF | 复印机电路 | | | | | |

## 2.6.3 集成电路的选用及检测

### 1. 集成电路引脚识别

集成电路通常有多个引脚,每一个引脚都有其相应的功能,其排列有一定的规律,其中第一脚附近一般有参考标志,如缺口、凹坑、斜面和色点等。使用集成电路前,必须认真识别集成电路的引脚,以免因接错而损坏器件。下面介绍几种常用集成电路引脚的排列形式,见表 2.6.3。

**表 2.6.3　常用集成电路封装引脚识别**

| 封装形式 | 封装标记及引脚识别 | 识别方法 |
|---|---|---|
| 金属圆形 | | 引脚朝上,找出标记(凸起),顺时针计数 |
| 单列直插 | | 将引脚朝下,面对型号或定位标记,自定位标记一侧的第一只引脚开始计数 |
| 双列直插 | | 面向 IC 正面的字母、代号,使定位标记(凹坑、色点、缺角等)位于左下方,逆时针计数 |
| 扁平矩形 | | 从定位标记处逆时针开始计数 |

观察表 2.6.3 可以总结出引脚排列顺序的一般规律:

(1)具有定位标识的集成电路。① 找缺口:在集成电路的一端有一半圆形或方形的缺口; ② 找凹坑、色点或金属片:在集成电路一角有凹坑、色点或金属片;③ 找斜面、切角:在集成电路一角或散热片上有斜面切角。从外壳顶部向下看,从左下角按逆时针方向进行读数。

(2)无识别标记的集成电路。在整个集成电路上无任何识别标记,一般可将集成电路型号面对自己,正视型号,从左下向右逆时针引脚排序依次为1、2、3、…。

(3)有反向标志"R"的集成电路。某些集成电路型号末尾标有"R"字样,如 HA××××A、HA××××AR。若其型号后缀中有一字母 R,则表明其引脚顺序为自右向左反向排列。以上集成电路的电气性能一样,只是引脚互相相反。

2. 集成电路的检测

(1)不在路检测。在集成电路未焊入电路时,可用万用表测量各引脚对应于接地引脚之间的正、反向电阻值,并和已知正常同型号的集成电路进行比较,判别电路的好坏。

(2)在路检测。在路检测法是利用电压测量法、电阻测量法及电流测量法等,用万用表检测集成电路各引脚在路(集成电路接在电路中)对地交、直流电压,直流电阻及总工作电流是否正常的方法。

(3)替换法。替换法是用已知完好的同型号、同规格的集成电路来替换被测集成电路,可以判断出该集成电路是否损坏。

1)直接代换。集成电路损坏后,首先选用与其规格、型号完全相同的集成电路来直接更换。如果没有同型号集成电路,则应从有关集成电路代换手册或相关资料中查明允许直接代换的集成电路型号,在确定其引脚、功能、内部电路结构与损坏集成电路完全相同后方可进行替换,不可仅凭经验或仅因引脚数、外观形状等相同,便盲目直接替换。

2)间接代换。在没有可直接替换集成电路的情况下,也可以用与原集成电路的封装形式、内部电路结构、主要参数等相同,只是个别或部分引脚功能排列不同的集成电路来间接替换(通过改变脚)作应急处理。

3. 集成电路的选择和使用

集成电路的型号和系列有很多,选用时应注意以下几点:

(1)选用集成电路时,应根据实际情况,查阅器件手册,在全面了解所需集成电路性能和特点的前提下,选用功能和参数都符合要求的集成电路。

(2)集成电路在使用时,不得超过参数手册中规定的参数数值。

(3)集成电路插装时要注意引脚序号方向,不能插错。

(4)焊接扁平型集成电路时,要注意引脚要与印制电路板平行,不得穿引扭焊,不得从根部弯折。

(5)焊接集成电路时,不得使用大于 45W 的电烙铁,每次焊接的时间不得超过 10s,以免损坏电路或影响电路性能。集成电路引脚间距较小,在焊接时各焊点间的焊锡不能相连,以免造成短路。

(6)CMOS 集成电路有金属氧化物半导体构成的非常薄的绝缘氧化膜,可由栅极的电压控制源和漏区之间构成导电通路。若加在栅极上的电压过大,栅极的绝缘氧化膜就容易被击穿。一旦发生绝缘击穿,就不可能再次恢复集成电路的性能。

# 2.7 新型电子元器件

现代新技术的兴起和发展,是以新材料、新工艺和新型电子元器件为支柱的。其中,新型电子元器件是新技术的基础。一种新型电子元器件的诞生,不仅能促进科学技术的发展,而且可以引发一场新的技术革命。近年来,下游消费电子产品日益向轻薄化、智能化方向发展,电子元器件也正在进入以新型电子元器件为主体的新阶段,新型电子元器件正向着片式化、微型化、高频化、宽频化、薄型化、高精度化、低功耗、响应速率快、高分辨率、高功率、多功能、组件化、复合化、模块化、智能化和绿色环保的方向发展。

### 1. 继续扩大片式化、微小型化

电子元件的片式化率已经高达70%,虽然片式元件已经相当成熟,但有些电子元件由于结构、工艺和材料等仍未能片式化,或者虽然可以进行表面贴装,但体积较大,满足不了电子产品轻、薄、小的要求,如磁性变压器、功率电感器、继电器、铝/钽电解电容器、薄膜电容器、陶瓷滤波器、PPTC及一些敏感元件等。此外,我国很多高端(无源)电子元器件与国际先进水平还存在较大差距,在高端片式阻容感、射频滤波器、高速连接器和光电子器件等方面,还难以有效满足下游市场需求。

### 2. 高频化

在电子产品向高频化发展的趋势下,对电子元器件提出了更高的要求,如降低寄生电感、寄生电容,提高自谐振频率,降低高频ESR,提高高频$Q$值等。

### 3. 微型化

片式电阻、电感和电容是片式电子元件的主体,在数量上占到90%。例如TDK公司[1]推出01005封装(0.4mm×0.2mm×0.3mm)薄膜型射频片状电感,村田叠层陶瓷电感从0201到01005再到008004尺寸。

### 4. 绿色化

在电子元件的制造过程中,往往使用大量有毒物料,如清洗剂、熔剂、焊料及某些原材料等。在电子元件成品中有时也含有有毒物质,如汞、铅和镉等有毒重金属。现在一些发达国家已经立法禁用这些有害物质,提倡绿色电子。我国工业和信息化部在2021年发布了《基础电子元器件产业发展行动计划(2021—2023年)》,要进行绿色制造提升行动,包括建设绿色工厂、生产绿色食品、发展绿色园区和搭建绿色供应链等。

---

**代表祖国发声  西工大力量从不缺席**

2021年,西北工业大学柔性电子前沿科学中心黄维院士团队吴忠彬教授等人在垂直有机发光晶体管领域取得研究进展。他们成功地实现了高效率、高亮度、低工作电压的垂直有机发光晶体管,是目前报道的有机发光晶体管领域的最高器件效率,在柔性主动显示和固态照明等领域展现了巨大的应用潜力。相关研究成果发表在国际顶尖学术刊物《自然·材料》[2]上。有机发光晶体管是新兴的光电器件,近年来在主动显示、固态照明、有机电泵浦激光器等领域引起了国内外广泛的研究。

来源:https://news.nwpu.edu.cn/info/1002/75519.htm

---

① https://www.china.tdk.com.cn

② WU Z B, LIU, Y., GUO E, et al. Efficient and low – voltage vertical organic permeable base light – emitting transistors. Nat Mater, 2021, 20:1007 – 1014. https://doi.org/10.1038/s41563 – 021 – 00937 – 0.

2021年,西北工业大学李铁虎教授团队与中国科学院国家纳米科学中心等机构在纳米晶体管方面的研究取得了突破进展。科研人员研发出一种基于金属纳米粒子晶体管与逻辑电路的新设计方案,在器件结构上有所创新。该设计方案在优化了金属纳米粒子器件性能的同时,还使器件可以抵抗高电压静电(10kV)的损伤。其论文发表在顶级学术期刊《自然·电子》[1]。

来源:https://news.nwpu.edu.cn/info/1002/75514.htm

**本节金句与思考:**

装备制造业的芯片,相当于人的心脏。心脏不强,体量再大也不算强。要加快在芯片技术上实现重大突破,勇攀世界半导体存储科技高峰。

——习近平总书记2018年4月26日在武汉新芯集成电路制造有限公司考察时的讲话

① ZHAO X, YANG, L, GUO, J, et al. Transistors and logic circuits based on metal nanoparticles and ionic gradients. Nat Electron, 2021, 4:109-115. https://doi.org/10.1038/s41928-020-00527-z.

> 九层之台,起于累土。
>
> ——老子《道德经》

# 第 3 章　印制电路板

　　印刷电路板(Printed Circuit Board,PCB)又称印制电路板、印刷线路板,由于它是采用电子印刷术制作的,所以被称为"印刷"电路板。印刷电路板是电子工业的重要部件之一,有"电子产品之母"的美誉,广泛应用于通信电子、消费电子、计算机、汽车电子、工业控制、医疗器械和航空航天等领域,其作为电子零件装载的基板和关键互连件,任何电子设备或产品均需配备,它替代了复杂的导线连接电路,实现电路中各元件之间的电气连接,不仅简化了电子产品的装配和焊接,而且还缩小了整机体积,降低了产品成本,提高了电子设备的质量和可靠性。

## 3.1　印制电路板的发展

　　1903 年,著名的德国发明家阿尔伯特·汉森(Albert Hanson)为一种旨在改进电话交换机的设备申请了英国专利,该设备描述为使用多层箔导体层压到绝缘板上的情况,包括一种简单类型的通孔结构和设备两侧的导体,如图 3.1.1 所示。虽然这和现在使用的 PCB 不太相似,但他的想法为后续的创造铺平了道路。

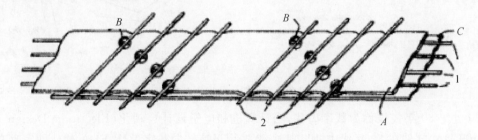

图 3.1.1　阿尔伯特·汉森专利图①

　　1925 年,美国发明家查尔斯·杜卡斯(Charles Ducas)将导电材料模板印刷到平坦的木

---

① HANSON A P. Electric cable:US 782391 [P]. 1905 - 02 - 14.

板上,并使用墨水来导电,从而获得了第一个电路板设计的专利,该专利是第一个与 PCB 相关的真正应用,如图 3.1.2 所示。

1936 年,奥地利发明家保罗·艾斯勒(Paul Eisler)基于最初由查尔斯·杜卡斯获得专利的电路设计,开发出第一块用于操作无线电系统的 PCB。这项技术很快被美国军方采用,并在第二次世界大战期间用于近炸引信。美国陆军于 1948 年向公众发布该技术,自此印刷电路板开始发展。

1956 年,美国专利局向代表美国陆军的一小群科学家授予了"组装电路的过程"专利。1957 年,第一个制定 PCB 制造标准的组织印制电路协会(Institute of Printed Circuits,IPC)成立。随后 PCB 开始在制造领域蓬勃发展,1960 年多层 PCB 开始设计。20 世纪 70 年代,多层 PCB 迅速发展,但当时的 PCB 设计还是靠人工完成的。

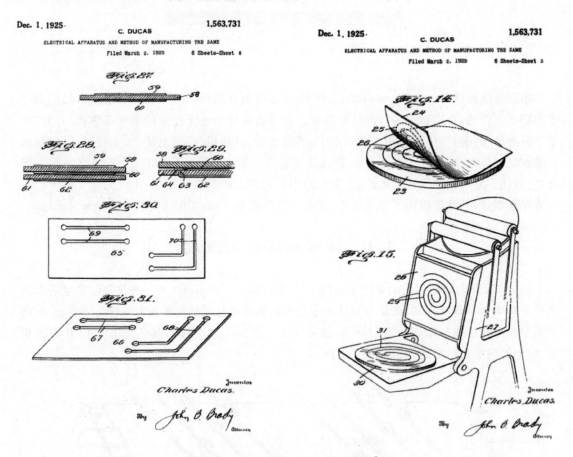

图 3.1.2 查尔斯·杜卡斯专利图①

20 世纪 80 年代被称为数字时代,当计算机和电子设计自动化(Electronic Design Automation,EDA)软件在 80 年代中期出现时,制造商迅速转向数字设计,EDA 软件彻底改变了设计和制造 PCB 的方式,为电子制造商节省了大量时间。由于当时引入了表面贴装组件,PCB 的尺寸再次缩小。90 年代至今,PCB 产业开始走向成熟,PCB 的尺寸继续不断减小。2000

① DUCAS C. Electrical apparatus and method of manufacturing the same: US1563731[P]. 1925 - 12 - 01.

年，PCB 变得更小、更轻、层数更多且更复杂，多层和柔性电路 PCB 设计越来越普遍。未来印制电路板生产制造技术在性能上将向着高密度、高精度、细孔径、细导线、小间距、高可靠、多层化、高速传输、轻量和薄型等方向发展。

　　我国于 20 世纪 50 年代中期开始单面印制板的研制，首先应用于半导体收音机中；60 年代，我国自力更生，开发了覆箔板基材，使铜箔蚀刻法成为我国 PCB 生产的主导工艺，可以大批量地生产单面板，小批量生产双面板；70 年代，国内推广了图形电镀蚀刻法工艺，但由于受历史条件的影响，印制电路专用材料和专用设备发展没有及时跟上，整个生产技术水平落后于国外先进水平；到了 80 年代，得益于改革开放政策的实施，我国引进了大量国外先进水平的单面、双面、多层印制板生产线，大大提高了我国印制电路生产技术水平。2002 年，我国成为世界第三大 PCB 产出国。2006 年我国取代日本，成为全球产值最大的 PCB 生产基地和技术发展最活跃的国家。

　　随着计算机、通信设备、消费电子和汽车电子等印制电路产品的迅速发展，新的材料、新的工艺技术及新的设备等需求越来越广泛。我国印制电路材料工业在扩大产量的同时，应更注重提高生产性能和质量，生产技术朝着采用液态感光成像、直接电镀和脉冲电镀、积层多层板等新工艺方向发展，印制电路专用设备不再是低水平的仿造，而是向着生产自动化、高精密度、多功能和现代化设备的方向进军。

## 3.2　印制电路板基础知识

**壮哉复兴梦　美兮劳动者**

　　从基层技术员，到成为博罗康佳精密科技有限公司的研发部工程经理，20 多年来，他始终坚守在科研岗位，先后获得"广东省五一劳动奖章""惠州市金牌工人"等荣誉，他就是尹国强。经过多年实践，尹国强创新制定了"小批量小排版"和"大批量 A＋B 排版"的开料方式，使板材利用率从 2012 年以前的 85% 左右提升到现在 87% 以上，每年为公司节省材料费约 50 万元。

　　尹国强在产品的技术研发与工艺革新方面做出了很大的成绩，被公司定位为金属基板的金属基本制造的技术领先者，为公司获得国家级高新技术企业称号，获得省市级的工程技术研发中心和技术企业技术中心奠定了深厚的基础。

　　**本节金句与思考：**

　　建设知识型、技能型、创新型劳动者大军，弘扬劳模精神和工匠精神，营造劳动光荣的社会风尚和精益求精的敬业风气。

　　　　　　　　——习近平 2017 年在中国共产党第十九次全国代表大会的报告

### 3.2.1　印制电路板分类

电路板可以根据其使用途径、结构和软硬度等进行分类。

1. 按使用途径分类

民用印制电路板：电视机、电子玩具、照相机、平板电脑和汽车仪表。

工业用印制电路板：计算机、通信和仪器仪表。

军事用印制电路板：航空航天、火箭和雷达等军用产品。

2. 按结构分类

(1)单面印制电路板。在电路设计时仅在一层进行布线即在绝缘基材上只有一个表面覆有铜箔的印制电路板称为单面印制电路板。单面板上，元器件集中放置在一面，在其覆有铜箔的另一面进行布线，它具有无需打过孔、成本低、制作简单等优点，一些电路图形比较简单的电路图一般采用单面板设计，如图 3.2.1 所示。

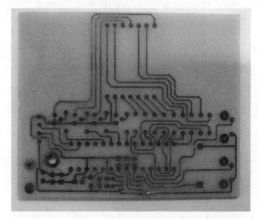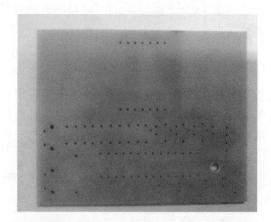

图 3.2.1　单面印制电路板

(2)双面印制电路板。在一些较为复杂的电子产品或运行过程需要处理较多、较复杂信号的电路设计中，因其各种信号线较多、较复杂、较密集，使用单面印制电路布线，可能会出现线路交叉无法满足其电路连接需求的情况，此时就需要利用双面板来进行设计。双面板的两面都能进行布线，但要使其实现电气连接就需要使用电路连接的"纽带"——过孔，即金属化孔，过孔的内部有导电层，可以将电路板两面的导线相连接。双面板的布线面积是单面板布线面积的两倍，因此它适用于较为复杂的电路设计，如图 3.2.2 所示。

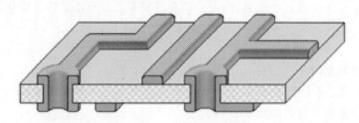

图 3.2.2　双面印制电路板

(3)多层印制电路板。随着大规模和超大规模集成电路的应用，元器件的安装密度越来也高，要求信号的传输速度也越来越快，单面或双面印制电路板无法满足其设计要求。对于一些高端的电子产品，受产品空间设计因素制约，除表面布线外，内部可以叠加多层线路，生产过程中，在制作好每一层线路后，再通过光学设备定位、压合，让多层线路叠加在一片电路板中。在电路设计时三层及以上的电路板统称为多层板，依靠多层电路的结构使得电路互连的质量和体积比单面电路板和双面电路板更加优化,如图 3.2.3 所示。

多层印制电路板的优点如下:

(1)与集成电路相配合,可使整机小型化,减轻了整机质量。

(2)提高了布线密度,缩小了元器件的间距,缩短了信号的传输路径。

(3)减少了元器件的焊接点,降低了故障率。

(4)引入了屏蔽层,使信号失真减小。

(5)引入了接地散热层,可减少局部过热现象,提高整机的可靠性。

图 3.2.3 多层印制电路板

3. 按软硬度分类

(1)刚性印制电路板。刚性印制电路板有酚醛纸质层压板、环氧纸质层压板、聚酯玻璃毡层压板和环氧玻璃布层压板,是日常生活中使用较为普遍的一类印制电路板,如图 3.2.4 所示。刚性印制电路板具有以下优点:

1)可靠性高。通过一系列的检查、测试和老化试验等可以保证 PCB 长期而可靠地工作(一般为 20 年)。

2)具有强大的可设计性。对 PCB 各种性能(电气、物理、化学、机械等)的要求,可以通过设计标准化、规范化等来实现,其设计时间短、效率高。

3)可生产性。采用现代化管理,可进行标准化、规模化、自动化等生产,能够保证产品质量的一致性。

4)可测试性。目前已经建立了比较完整的测试方法、测试标准、各种测试设备与仪器等来检测并鉴定 PCB 产品的合格性和使用寿命。

(2)挠性印制电路板。挠性印制电路板又称软(柔)性印制电路板(Flexible Printed Circuit,FPC),如图 3.2.5 所示。挠性印制电路板是以聚酰亚胺或聚酯薄膜为基材制成的一种具有高可靠性和较高曲挠性的印制电路板。这种电路板散热性好,既可弯曲、折叠、卷挠,又可在三维空间随意移动和伸缩。可利用 FPC 缩小体积,实现轻量化、小型化、薄型化设计,从而达到元件装置和导线连接一体化。FPC 广泛应用于手机、电子计算机、通信和航空航天等领域。

图 3.2.4 刚性印制电路板

图 3.2.5 挠性印制电路板

(3)刚挠结合印制电路板。刚挠结合印制电路板借助刚性部分进行支撑,以挠性部分实现灵活互连。这样不仅可以节省三维空间,实现立体互连,而且还具有高度的灵活性和可靠性,如图 3.2.6 所示。

图 3.2.6　刚挠结合印制电路板

### 3.2.2　电路板的组成

电路板主要由覆铜板、焊盘、过孔、定位孔、导线、丝印层、阻焊层和电气边界等组成,如图 3.2.7 所示。

图 3.2.7　印制电路板的组成

各组成部分的主要功能如下:

(1)覆铜板(Copper Clad Laminate,CCL):通过半固化片在高温下将铜箔黏结在一起制成的不同规格的 PCB 原材料。

(2)焊盘(Pad):用于焊接元器件实现电气连接并起到固定元器件的引脚的作用,分为通孔焊盘和表贴焊盘。

(3)过孔(Via):有金属化孔和非金属化孔,其中金属化孔用于实现不同工作层之间的电气连接。

(4)定位孔(Mounting Hole):为了安装或调试方便而放置的孔。

(5)铜箔导线(Track):用于连接元器件引脚的电气连接线。

(6)丝印层(Silkscreen Layer):一般用于注释印刷板上所需要的标志图案和文字代号等。

(7)阻焊层(Solder Mask):为了防止没有电气连接的临近管脚被误焊的保护层。

(8)电气边界:用于确定电路板的尺寸,所有电路板上的元器件都不能超过该边界。

### 3.2.3 覆铜板

**1. 覆铜板的组成**

覆铜板是制作印制电路板最基本的材料,承担着 PCB 的导电、绝缘、支撑、信号传输四项工作,如图 3.2.8 所示。覆铜板由基板、铜箔和黏结剂组成。

(1)基板。由高分子合成树脂和增强材料组成的绝缘层压板。合成树脂的种类繁多,常用的有酚醛树脂、环氧树脂和聚四氟乙烯等。增强材料一般有纸质和布质(玻纤布、纤维纸和玻纤纸等),它们决定了基板的机械性能,如耐浸焊性、抗弯强度等。

(2)铜箔。它是制造覆铜板的关键材料,必须具有较高的导电率及良好的焊接性。要求铜箔金属纯度大于 99.8%,厚度为 $12\sim105\mu m$(常用 $35\sim50\mu m$)。铜箔越薄,越容易蚀刻和钻孔,适合于制造线路复杂的高密度的印制电路板。

(3)黏结剂。覆铜板的抗剥强度,主要取决于黏结剂的性能。

图 3.2.8 覆铜板

目前在 PCB 领域使用量最大的是刚性有机树脂覆铜板,它包括纸基板、玻纤布基板和复合基板。除上述类型外,刚性覆铜板还包括积层多层板基板、金属基板、陶瓷基板、耐热热塑性基板、埋容基板材料等,覆铜板尽管种类繁多,但还是以环氧树脂覆铜板为主,约占覆铜板总量的 70% 以上。覆铜板的质量决定了 PCB 的性能、品质、制造水平、制造成本以及长期可靠性等。

**2. 覆铜板的分类**

覆铜板的分类如图 3.2.9 所示,一些常用覆铜板的规格和特性见表 3.2.1。

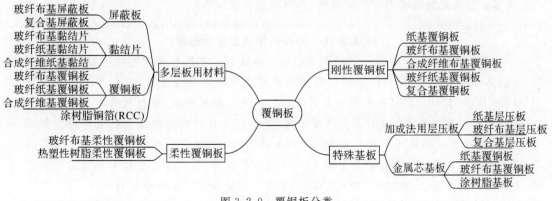

图 3.2.9 覆铜板分类

### 表 3.2.1  常用覆铜板的种类及特性

| 名　　称 | 标准厚度/mm | 铜箔厚度 μm | 特　　点 | 应　　用 |
|---|---|---|---|---|
| 酚醛纸覆铜板 | 1.0、1.5、2.0、2.5、3.0、3.2、6.4 | 50～70 | 价格低,阻燃强度低,易吸水,不耐高温 | 中低档民用品如收音机、录音机 |
| 环氧纸质覆铜板 | 同上 | 35～70 | 价格较高,机械强度好,耐高温,防潮性好 | 仪器仪表及中高档民用电器 |
| 环氧玻璃布覆铜板 | 0.2、0.3、0.5、1.0、1.5、2.0、3.0、5.0 | 35～50 | 价格较高,性能优于环氧酚醛纸板且基板透明 | 工业、军用设备和计算机等高档电器 |
| 聚四氟乙烯覆铜板 | 0.25、0.3、0.5、0.8、1.0、1.5、2.0、 | 35～50 | 价格高,介电常数低,介质损耗低,耐高温,耐腐蚀 | 微波、高频、电器、航空航天、导弹和雷达 |

3. 覆铜板的等级划分

(1)FR-4A1级覆铜板:此等级板材主要应用于军工、通信、计算机、数字电路、工业仪器仪表和汽车电子等电子产品。

(2)FR-4A2级覆铜板:此等级板材主要用于普通计算机、仪器仪表、高级家电产品及一般的电子产品,此系列覆铜板应用广泛,各项性能指标都能满足一般工业用电子产品的需要。

(3)FR-4A3级覆铜板:此等级板材专门用于家电行业、计算机周边产品及普通电子产品(如电子玩具,计算器,游戏机等),其特点是在满足性能要求的前提下,价格极具竞争优势。

(4)FR-4AB级覆铜板:此等级板材属低档产品,但各项性能指标仍可满足普通家电、计算机及一般电子产品的需要,其价格最具竞争性,性能价格比也相当出色。

(5)FR-4B级覆铜板:此等级板材属次级品板材,质量稳定性较差,不适用于面积较大的线路板产品,一般适用于尺寸为100mm×200mm的产品,它的价格最低。

(6)CEM-3系列覆铜板:此类产品有三种颜色,即白色、黑色及自然色。它主要应用于计算机、LED行业、钟表、一般家电产品及普通的电子产品(如DVD、玩具、游戏机等)。其主要特点是冲孔性能较好,适合于大批量需要冲压工艺成型的PCB产品。

(7)各类钟表专用黑基色覆铜板:此系列产品有三个质量档次:A1、A2和A3,有FR-4及G10两种类型的覆铜板。其厚度、黑度、耐溶性等质量指标完全符合钟表产品的要求。其中A1系列的板材质量达到世界一流水平,国外的很多高级石英表就选用此系列板材。A3级的产品质量达到普通钟表要求的质量水平,其价格最具竞争性。

---

**标准首创——重塑中国企业新形象**

2010年首次制定的两项无铅环保印制线路板IEC国际标准在东莞出台,名称编号分别为IEC 61249-2-41《无铅组装用限定燃烧性环氧纤维素纸/玻纤布覆铜箔层压板》和IEC 61249-2-42《无铅组装用限定燃烧性环氧玻纤纸/玻纤布覆铜箔层压板》。这一标准从提交申请到最后颁布历时4年,是全国环氧树脂印制线路行业标准化零的突破,打破了以往该类产品国际标准,由美国、日本和欧州垄断的局面。虽然美国的IPC和IEC都在制定无铅化应用的FR-4覆铜板标准,但广泛应用在家用电器等消费类电子产品方面的CEM-3和CEM-1等复合基覆铜板标准却没有制定。

> 这两项印制线路板行业国际标准,是中国首次制定的印制电路行业国际标准,这是全国印制电路行业标准化工作零的突破,在国际上来看中国很多企业的形象一直是"制造企业",而这种标准的制定,能更好地提升中国企业的形象,打破以往该类产品国际标准由国外垄断的局面。

# 3.3　印制电路板制造工艺

随着印制电路板的广泛应用,如今大大小小的电子产品当中都会涉及印制电路板。对其制造工艺、质量都有了更进一步的要求,制板方式也是多种多样,应用较为广泛的方式有小型工业制板、热转印法制板、雕刻机制板、感光晒板等,其中热转印法制板和雕刻机制板效率高、方便快捷,是多数电子爱好者制作电子产品,在校学生参加电子类竞赛,完成课程设计、毕业设计等项目的绝佳选择。

本节将详细介绍小型工业制板、热转印法制板和雕刻机制板的工艺流程及部分制板设备操作方法。

## 3.3.1 印制电路板的制造方法

1. 减成法

以覆铜板为基材,根据电路设计去掉不需要的导电铜箔而形成导电图形的工艺,称为减成法。这是制作印制电路板最普遍采用的方式,即先将基板上敷满铜箔,然后用化学或机械方法除去不需要的部分。腐蚀法和雕刻法都属于这种加工工艺。

(1) 腐蚀法或蚀刻法。其指使用防护性抗蚀材料在覆铜板上形成图形,没有被抗蚀材料防护起来的不需要的铜箔,随后经化学腐蚀将其除去。腐蚀后,将抗蚀层擦涂,这样就留下由铜箔构成的所需的印制板设计图。

(2) 雕刻法。其指用机械加工的方法除去不需要的铜箔,在单件试制或业余条件下可利用此法快速制出印制板。

2. 加成法

在未覆铜箔的基材上,通过选择性沉积导电材料而形成导电图形的工艺,称为加成法。加成法是用抗蚀剂转印出反的或负性的图形,将其 PCB 设计图形曝露在外。这些露出的铜图形表面经清洁处理后,再电镀一层金属保护层,电镀的金属层(焊锡、金或锡镍)在铜蚀刻工序中起抗蚀层的作用。

3. 半加成法

半加成法是在未覆铜箔基材或薄箔基材上,用化学沉积金属,结合电镀或蚀刻或者三者并用形成导电图形的一种加成法工艺。

## 3.3.2 小型工业制板工艺

下面介绍基于小型工业制板设备制作具有一定工业水准的双面板的制作流程。

小型工业制板大致可分为 13 个工艺流程,即底片制作、钻孔、抛光、金属过孔、油墨印刷、烘干、曝光、显影、镀锡、脱膜、腐蚀、阻焊油墨和字符油墨。

1.底片制作

制备照相底图必须高标准、严要求,因为这将对最终制作出的 PCB 精度起到决定性的作用。底板制作方法如下:

(1)手工绘制底图。原始的制图方法是手工绘制,根据要求设计草图,然后用铜版纸打底稿,最后再进行描、填等工作。这种方法精度较低,无法满足印制电路板的设计要求,而且周期长、工作量大,现在此方法基本不再被使用。

(2)贴图。贴图法的优点在于其比手工绘制底图速度快、精度高、质量较佳、容易修改。印制板行业可采用贴图的方法进行照相制版。然而随着计算机技术和光绘技术的发展,采用贴图制版日渐趋少,但在生产中,采用贴图法进行底版局部修改仍然使用比较广泛。

(3)计算机辅助设计制图。利用计算机辅助设计技术,驱动绘图机在铜版纸上绘制出2:1的照相底图,然后用照相机按图纸要求缩照出照相底版。该方法很快替代了原先的手工绘制和贴图法。计算机辅助设计方法提高了工作效率及照相底图质量,缩短了制图的周期,但仍存在精度不高、图像重合度较差、线条有毛刺等现象。

(4)光绘。现在印制电路板已经向高精度、小孔径、超细导线和多层化发展,原先采用的几种照相制版工艺不能实现印制电路板高质量的要求,光绘机的出现,使得印制电路板照相底版的制作速度快、精度高、质量好,而且避免了人为错误,极大地提高了作图效率,缩短了生产周期。使用光绘机制版可直接将计算机辅助设计的印制板图形和数据输入光绘机的计算机系统,控制光绘机,利用光线在底片上绘制出印制电路板图形,然后经显影、定影就得到了照相底版。

2.钻孔

利用全自动数控钻床,根据 Altium Designer 生成的 PCB 文件的钻孔信息,快速、精确地完成定位及钻孔任务。

3.抛光

采用抛光机对 PCB 基板进行表面抛光处理,清除基板表面的污垢及孔内的粉屑,为后续化学沉铜工艺做准备。

4.金属过孔

钻好孔的覆铜板经过化学沉铜工艺后,其孔壁已经覆盖了一层薄铜,具备较好的导电性能,为化学镀铜提供了必要条件。由于化学沉铜附着的铜厚度很薄,且结合力不强,所以需要使用镀铜机,通过化学镀铜的方法使孔壁铜层加厚、结合力加强。

(1)通电:打开设备电源开关,系统自检测试通过后进入等待启动工作状态,预浸指示灯闪烁,预浸液开始加热,当加热到适宜温度时,预浸指示灯长亮,同时蜂鸣器发出提醒音,表示预浸工序已准备好。

(2)整孔:将钻好孔的双面覆铜板进行表面处理,用抛光机将覆铜板表面氧化层打磨干净,观察孔内壁是否有孔塞现象,孔塞会在沉铜和镀铜的过程中堵孔,影响金属过孔的效果,若有孔塞,则需将其疏通。

(3)预浸:将整好孔的双面板用细不锈钢丝穿好,放入预浸液中,按下预浸按钮,开始预浸工序,预浸指示灯呈现亮和灭的周期性变化,当工序完毕时,蜂鸣器发出提示音表示工作结束。将 PCB 板从预浸液中取出,敲动几下,将孔内的积水除净。

(4)活化:将预浸过的 PCB 放入活化液中,按动活化按钮,在活化完毕后,将 PCB 轻轻抖动 1min 左右取出,一两分钟后将板在容器边上敲动,使多余的活化液溢出,防止塞孔。

(5)热固化:将活化过的 PCB 板置于烘干箱内进行热固化。

(6)微蚀:将热固化后的 PCB 放入微蚀液中,进行微蚀工序,微蚀完毕后,将 PCB 从微蚀液中取出,用清水冲净表面多余的活化液。

(7)加速:将微蚀后的 PCB 放入加速液中还原 2~3min,晃动几下后将其取出。

(8)镀铜:将加速后的印制板用夹具夹好,挂在电镀负极上,调节电流调节旋钮,电流大小需根据 PCB 面积大小确定(以 1.5A/ dm$^2$计算),电镀半小时左右将其取出,可观察到孔内壁均匀地镀上了一层光亮、致密的铜。

(9)清洗:将从镀铜液里取出来的 PCB 用清水冲洗,将印制板上的镀铜液冲洗干净。

5. 油墨印刷

为制作高精度的线路板,传统热转印方法及烘烤型油墨和干膜法已不适用于精密线路板的制作,为此需采用最新的专用液态感光线路油墨来制作高精度的线路板。

6. 烘干

将刮好感光油墨的印制电路板放置在油墨固化机烘干。根据感光油墨特性,烘干机温度根据实际情况进行设计调节。

7. 曝光

线路板油墨烘干后,可进行曝光操作,将曝光机的定位光源打开,通过定位孔将底片与曝光板一面(底片的放置:按有形面朝下,背图形面朝上的方法放置)用透明胶固定好,同时确保板件其他孔与底片的重合,然后按相同方法固定另一面底片。

8. 显影

显影是将没有曝光的湿膜层部分除去得到所需电路图形的过程。显影时要严格控制显影液的浓度和温度,显影液浓度太高或太低都易造成显影不净,显影时间过长或显影温度过高,会对湿膜表面造成劣化,在电镀或碱性蚀刻时出现严重的渗度或侧蚀。

9. 镀锡

化学电镀锡主要是在线路板部分镀上一层锡,用来保护线路板部分不被蚀刻液腐蚀,同时增强线路板的可焊接性。镀锡与镀铜原理一样,只不过镀铜是整板镀,而镀锡只镀线路那一部分。

10. 脱膜

蚀刻前需要把电路板上所有的油墨清洗掉,显影出非线路铜层。

11. 腐蚀

(1)设置工作温度。将腐蚀机通电,并设置蚀刻温度。

(2)腐蚀。将 PCB 放入进板位置处,点击运行,PCB 自动进入蚀刻区,进行腐蚀。

(3)清洗。腐蚀后的 PCB 进入水洗槽中清洗,将粘附在板上的腐蚀液用水清洗干净。

(4)褪锡。将腐蚀后的 PCB 通过褪锡设备进行褪锡。

12. 阻焊油墨

阻焊曝光:方法与线路感光油墨曝光一样,只是时间有所不同。

阻焊显影:阻焊显影是将要焊接的部分全部显影出金属,方便焊接。与线路显影方法完全一样。

13. 字符油墨

字符油墨适用于双面及多层 PCB。硬化后具有优良的绝缘性、耐热性及耐化性,可耐热风整平,与线路油墨刮的方法完全一样,刮完字符油墨之后需要烘干。

字符曝光:方法与线路感光油墨、阻焊油墨曝光一样,仅时间有所不同。

字符显影:将字符层信息显示在 PCB 上。

字符固化(烘干):为保证线路板在高温下的可焊接性,需再一次固化线路板,有常温固化和烘干箱固化两种方法。固化时间根据不同的油墨而有所差异,由于常温固化时间太长,一般使用烘干固化。

### 3.3.3 热转印制板

热转印制板法又叫化学腐蚀制板法,这是比较传统的制板法。因其操作方法简单、制板效率高,故很多电子爱好者制作少量实验板时会选用这种方法进行制作,制作一张电路板大概 15min 左右就可以了,但是这种方法也存在一些缺点和不足。由于制作过程涉及环节较多,一旦其中一环出现问题可能就需要重新制作,此外在制作过程中需要用到钻台进行手动打孔,具有一定的危险性,需要在专人指导下进行操作。

下面介绍使用热转印制板方式制作八音琴电路板的过程,涉及的小型设备包括台钻、热转印机、气泡腐蚀机和钻台。制板过程如下:

(1)使用磨砂纸将准备好的覆铜板氧化层打磨掉,并通过台钻进行电路板大小的裁割,如图 3.3.1 所示。

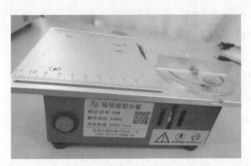

图 3.3.1 台钻

(2)将绘制好的 PCB 电路文件输出并打印到热转印纸上,打印之前需要先进行打印配置,单击菜单栏"文件→页面设置",在弹出的窗口中进行缩放修正和颜色设置,如图 3.3.2 所示。

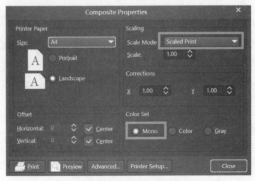

图 3.3.2 页面设置

完成上一步后，点击"高级（Advanced）"，选择需要打印的层，在此根据电路设计，选择底层（Bottom Layer）和禁止布线层（Keep-Out Layer），如图 3.3.3 所示。

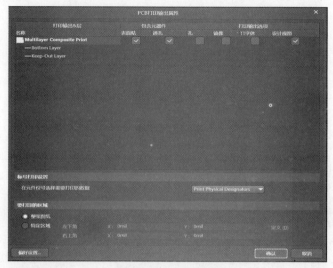

图 3.3.3　高级设置

设置完成后，就可以打印输出然后使用转印纸打印了，如图 3.3.4 所示。打印前先用粗砂纸打磨转印纸四周（不要打磨到转印部分），以防打印机卡纸。

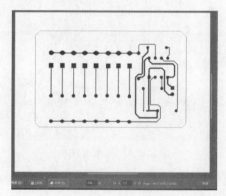

图 3.3.4　打印输出

（3）启动热转印机，待其温度升高至 135℃ 左右，待转印纸包贴在覆铜板上后送入热转印机，在其中来回转印 3～4 次，如图 3.3.5 所示。

图 3.3.5　热转印机

（4）转印完成待冷却后，撕开转印好的转印纸，使用油性笔对覆铜板上没转印好的地方进行点补，如图3.3.6所示。

图 3.3.6　点涂缺口

（5）放入比例为4∶1的水和蓝色环保腐蚀剂，启动腐蚀箱，设定好腐蚀的时间和温度，放入转印好的覆铜板开始腐蚀，等待并观察，一般5～7min就有效果了，当板子上除了涂墨的部分其他的地方均没有铜时，即腐蚀完成，如果没有腐蚀完全则继续腐蚀，注意不要腐蚀过度导致线路缺断，如图3.3.7所示。

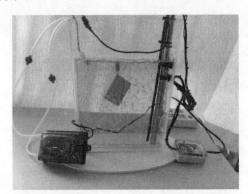

图 3.3.7　气泡腐蚀机

（6）清水洗去腐蚀液，用细砂纸将表面的碳粉打磨下来或者使用专业洗板水洗去电路板上的碳粉，如图3.3.8所示。

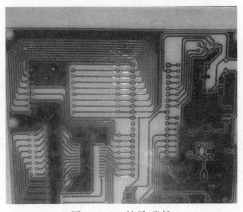

图 3.3.8　擦除碳粉

（7）烘干 PCB，利用钻台根据孔径选择对应的钻头进行打孔，如图 3.3.9 所示，至此制板结束。

图 3.3.9　钻台

### 3.3.4 雕刻制板

相对于热转印制作印制电路板工艺，电子线路板雕刻机制板是当下实验室制作印制电路板的主流方式。它能够及时、快速地按需制作，操作简单，涉及环节少，可以实现一站式制板，为设计制作电路板和电子产品的研发提供了极大的便利，此外无需化学药液，对环境友好。

本节以 LPKF 激光电子公司的 ProtoMat E44 型号雕刻机的使用为例，介绍"底层单面印制电路板"的典型生产过程。

> LPKF 于 1976 年发明了电路板刻制机，最初为手动模拟控制的，LPKF 即"Leiter Platten Kopie Fräsen"印制电路板仿型的德文字头。电路板刻制机是 LPKF 的原创技术，其机械刻板机被公认是全世界最好的。

LPKF E44 由 7 部分组件组成。其中加工头在加工台上方的 $X$ 和 $Y$ 轴上自行移动，并借助嵌入的刀具制作电路板，全视图如图 3.3.10 所示。

图 3.3.10 中材料将被放置和固定在加工台上，然后通过加工头进行加工。加工台具有一个带两个精确定义在一直线上的嵌合孔销钉的嵌合孔系统。借此便可以精确制作双面电路板，即使没有摄像头亦可。其通过嵌合孔销钉保证了电路板顶部和底部的一致性，如图3.3.11所示。

图 3.3.10　LPKF E44 系统全视图

1—加工头(带摄像机的 E44);2—螺丝刀和嵌入工具;3—开/关开关;4—嵌合孔销钉;

5—加工台;6—型号铭牌;7—抽吸系统的抽吸接口

LPKF E44 还额外拥有一个摄像机,用于识别靶标。夹钳中的刀具由操作员手动更换,如图 3.3.12 所示。

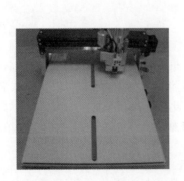

图 3.3.11　加工台

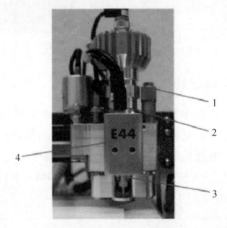

图 3.3.12　加工头

1—铣削深度调节;2—运行 LED;3—夹钳;4—摄像机

(仅 LPKF E44)

E44 视觉系统可以通过摄像机对材料上的靶标进行识别,并借此对其进行精确测量。此外,还可以借助摄像机对铣削宽度结果及按照该结果进行的铣削宽度调节进行检查,如图 3.3.13所示。

E44 雕刻机制作印制电路板流程介绍:

(1)将磨去氧化层的覆铜板固定在雕刻机的工作台上,如图 3.3.14 所示。

图 3.3.13　视觉系统

图 3.3.14　固定板材

（2）接通系统和组件，启动机器、CicuitPro PM 软件，软件界面如图 3.3.15 所示。

图 3.3.15　雕刻机软件界面

这款软件包含演示功能，可方便读者了解 EDA 设计数据是怎样转化成 PCB 制造数据的，使读者了解 PCB 制作流程，使其设计与目前 PCB 制作水平相适应，设计更具有可制造性与可装配性。

（3）启动软件后，将出现如图 3.3.16 所示的对话框，根据制作需求在选项卡 Templates（模板）中选择合适的模板或者在选项卡 Projects（项目）中选择现有项目。

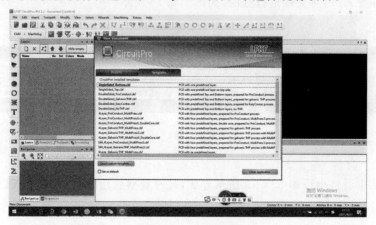

图 3.3.16　新建文件

这一步骤中，根据提示创建新文件，由于本次示例中要制作的电路板是一个底层单面印制电路板，所以在新建文件时，建立一个底层单面的文件（Single Sided Bottom.cbf）。

（4）这一步中，需要为之后的制作准备数据。这里需要注意的是，从 Altium Designer 等 EDA 设计软件转出的 CAM 文件，每层数据和 CircuiltPro 软件的层对应关系见表 3.3.1。进入软件后需要将电路图的边框文件（*.GKO）、钻孔文件（*.TXT）、底层电路文件（*.GBL）全部导入，导入文件如图 3.3.17 所示。

表 3.3.1　Gerber 线路和钻孔文件

| 钻孔文件 | Gerber 线路 |
| --- | --- |
| *.GBL | Bottom layer　底层线路 |
| *.GTL | Top layer　顶层线路 |
| *.GKO | Boardoutline　边框（包含内槽） |
| *.DRL(TXT) | Drillplated(Drilluplated)金属化钻孔(非金属化钻孔) |

图 3.3.17　导入文件

（5）将文件导入后，对文件进行选层，如图 3.3.18 所示。

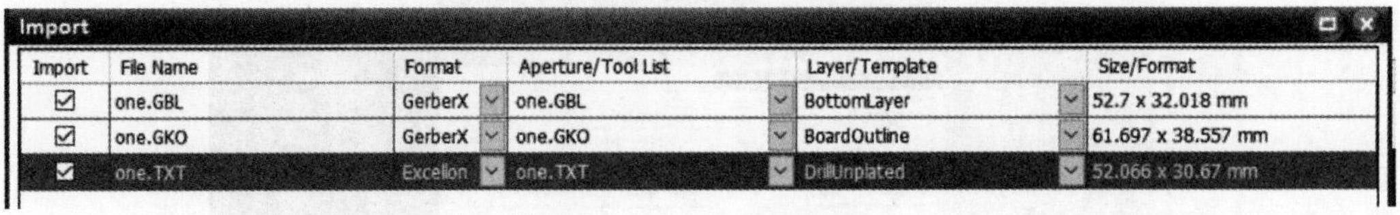

| Import | File Name | Format | Aperture/Tool List | Layer/Template | Size/Format |
| --- | --- | --- | --- | --- | --- |
| ☑ | one.GBL | GerberX | one.GBL | BottomLayer | 52.7 x 32.018 mm |
| ☑ | one.GKO | GerberX | one.GKO | BoardOutline | 61.697 x 38.557 mm |
| ☑ | one.TXT | Excelion | one.TXT | DrillUnplated | 52.066 x 30.67 mm |

图 3.3.18　板层选择

（6）选层结束后将出现图 3.3.19 所示界面，此时观察底层线、钻孔层焊盘以及禁止布线层边框线是否都符合位置要求。

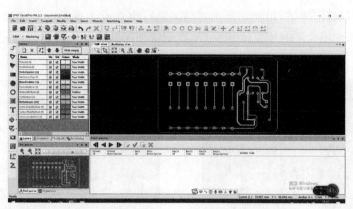

图 3.3.19　文件成功导入

（7）创建刀具路径。为生产电路板，必须首先根据所导入的数据生成刀具路径，在系统软件中通过 Technology dialog（技术对话框）进行创建，如图 3.3.20 所示。在菜单栏中点击"Toolpath →Technology dialog…"（刀具路径 →技术对话框），可以在技术对话框中相应的 Show details（显示详情）设置生成刀具路径。可在此处设置有哪些可用的刀具，只有这样才会在计算的时候将这些刀具纳入考虑范围。

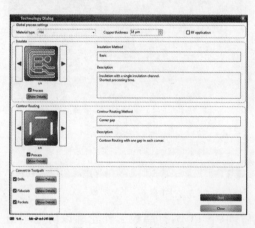

图 3.3.20　技术对话框

（8）固定刀具。每次加工之前需安装好第一步机械操作所用的刀具，操作过程中根据系统提示切换刀具。切换刀具时，使用设备 LPKF E44 自带的螺丝刀将锁紧的螺栓拧松，托起嵌入工具将已嵌入的刀具装入夹钳中，再将螺栓拧紧，此时刀具被嵌入夹钳中，刀具固定完毕，如图 3.3.21 所示。

（9）调整铣削深度。调整图 3.3.22 所示的千分尺刻度，至所需的铣削深度，选取

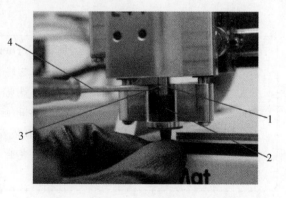

图 3.3.21　固定刀具

1—夹钳；2—嵌入工具；3—锁紧螺栓；4—螺丝刀

板子空余部分进行铣削测试,用视觉系统对结果进行检查或者观察板子铣削深度是否符合设计要求,当铣削深度不合适时重复上述操作,直至铣削深度满足所设计的电路需求,如图 3.3.23 所示。

图 3.3.22　调整千分尺刻度

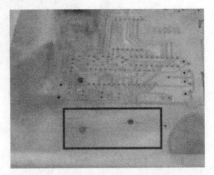
图 3.3.23　铣销深度检测

(10)启动机器。根据机器的提示插入对应的铣削刀具,调整刀具下刀深度,刀具分别进行打孔、铣削线、剥离空白处铜皮和轮廓裁剪,如图 3.3.24 所示。

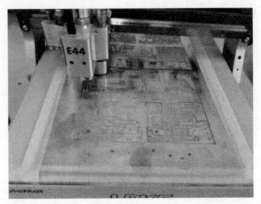
图 3.3.24　刻板

(11)雕刻机工作完成后,取下 PCB,打磨板子外轮廓以防毛刺伤手,此时电路板即可投入使用。

**何谓 Gerber 文件?**

　　Gerber 文件是印刷电路板行业描述电路板(线路层、防焊层、文字层等)图像、钻孔及成型等档案的集合,是 PCB 行业的标准格式。1960 年,Gerber 文件是由一家名为 Gerber Scientific 专业做绘图机的美国公司所发展出的格式,现由 Ucamco 公司所有。几乎所有有关电路板 CAD 系统的发展都依照此格式作为其输出数据,将其资料直接输入绘图机就可绘出电路板各层所需的底片,因此 Gerber 格式成了电子业界的公认标准。

要坚持不懈推动绿色低碳发展,建立健全绿色低碳循环发展经济体系,促进经济社会发展全面绿色转型。

——习近平

## 3.4　印制电路板与环保

### 3.4.1　印制板生产的污染控制

几乎所有的电子设备在制造、使用以及废弃后都会对环境造成一定程度的污染,印刷电路板也不例外。传统的 PCB 生产制造过程中涉及铜、环氧树脂、玻璃纤维的使用以及“三废”的高排放过程。目前全球有超过 5 000 万吨的电子垃圾,其中印刷电路板占比 3%～6%,这个数字还在以每年 3%～5% 的速度增长。比如在减成法印制电路板生产制造过程中,产生污染源的主要工序有:

(1)照相制版工序。废显影液和废定影液中含有银和有机物。

(2)金属孔化工序。在废液和漂洗水中含有大量的铜和少量锡、甲醛、有机络合剂、微量钯以及化学耗氧量(Chemical Oxygen Demand,COD)等。

(3)图形电镀工序。在废液和漂洗水中含有大量的铜和少量铅、锡及氟硼酸和 COD 等。

(4)内层氧化工序。含有铜、次亚氯酸钠、碱液和 COD 等。

(5)去钻污工序。含有铜、高锰酸钾和有机还原剂等。

(6)镀金工序。含有金、镍和微量氰化物,有的还含微量铅、锡。

(7)蚀刻工序。在废液和漂洗水中含有大量铜和氨,少量铅、锡等。

(8)显影和去膜工序。含有大量的有机光致抗蚀剂、碱液和 COD 等。

(9)铜箔减膜和去毛刺工序。含有大量铜粉。

(10)钻孔、砂磨、铣、锯、倒角和开槽等机械加工工序,都会产生有害生产者健康的噪声和粉尘,如在外形加工后产生的边角料中的金镀层和含金粉末。

从以上这些工序可以看出,如果对废弃的电路板处理不当,将进一步加剧环境问题。为了应对日益严峻的环境问题以及能源短缺困境,越来越多的绿色立法被国际社会所采纳。根据欧盟《关于限制在电子电气设备中使用某些有害成分的指令》(Restriction of Hazardous Substances,RoHS),过去 15 年间无铅焊料得到了大力发展。然而,无铅回流焊的温度比有铅回流焊的要高,因此在实际制造过程中会增加能源成本以及碳排放量。根据欧盟《废弃电子电气设备指令》(Waste Electrical and Electronic Equipment,WEEE),要求回收电子垃圾,并规定在处理或回收电子垃圾之前要将含有溴化阻燃料的组件与其他电子废物分开。这就强制要求 PCB 制造公司停止在 PCB 基材和预浸料中使用溴化阻燃剂,而且必须要开发可替代品。此外,为了便于回收,PCB 工艺中必须避免一些有毒物质,例如镀金中的氰化物和化学镀铜中的甲醛。

要想有效根治 PCB 三废的产生,就要对 PCB 制造技术进行革命性的变革。目前对于三废治理主要采取的措施有废物回收利用、无害化处理和循环利用等。除了在生产周期内使用更少的能源并回收更多的贵金属,未来还需要开发新的工艺来促进 PCB 绿色制造。

**实验室制作印制电路板产生的废料应如何处理?**

实验室制作印制电路板的方式一般以热转印法和雕刻机制板法为主,所产生的废料包括废弃的化学腐蚀剂、覆铜板边角料(FR4)和钻孔产生的废屑等。

由于在实验室并不具备处理这些废料的设备和条件,所以可以集中收集起来送到处理厂去处理。另外从设计制作者自身出发,制作 PCB 时应合理选择化学试剂,节约材料,不随意处理废屑、废渣等,如使用热转印法制板要使用蓝色环保腐蚀剂来进行腐蚀,拒绝使用三氯化铁等对环境危害比较大的化学试剂,另外使用覆铜板时,减少边角料的余量,尽量做到物尽其用,还有裁剪下来的余料不要直接丢弃,在制作小尺寸电路板的时候便可以派上用场。每一个地球人都是环境的守护者,让我们从细节做起,让绿水青山永续增值。

### 3.4.2 印制电路板环保革命

1. 新技术助推新工艺

风靡一时的 3D 打印技术已经被应用于 PCB 制造,增材 PCB 打印工艺使制造商摆脱了以减材工艺为主导的 PCB 制造方法,不需要蚀刻剂或光掩模,而是采用 100% 固体导电油墨和墨粉,这种方法几乎没有材料浪费,适用于薄基板上的复杂设计。

我国在这方面已经有了先进的技术,将一种可以导电的液态金属墨水置入 3D 打印机中,便可精确地把 PCB 打印出来,不仅经济高效而且安全环保。

2. 新材料

随着 PCB 制造领域的不断发展,基于增材工艺的 PCB 制造材料也成为了热点研究对象。2014 年[①],研究人员首创生产了一块基于纸张的多层印刷电路板原型,研究团队还开发了从农业废弃物和副产品中提取的天然纤维素纤维制成的印制电路板,由于使用可生物降解的 PCB 无法承受减材工艺过程中的材料蚀刻和化学清洗,所以采用增材工艺将导电材料打印到纸张上。这种工艺可以显著降低 PCB 的生命周期成本以及对环境的影响。

尽管可生物降解 PCB 及半导体的研究仍处于起步阶段,但相信不久的将来一定会取得新突破。

**绿色制造　绿色发展**

今天,中国的制造业正进行着转型与革命。《中国制造 2025》是我国实施制造强国战略的第一个十年行动纲领,聚焦制造业绿色升级、智能制造、高端装备创新三大方向。这一战略部署,为传统电子制造产业转型升级提供了强大的动力,也直接带动了国内电子组装行业的发展。结合 2019 年起实施的由工业和信息化部制定的《印制电路板行业规范条件》和《印制电路板行业规范公告管理暂行办法》两项行业规范,越来越的企业加入构建高效、清洁、低碳、循环的绿色制造体系的大军团中。

---

① LIU J，YANG C，WU H，et al. Future paper based printed circuit boards for green electronics：fabrication and life cycle assessment[J]. Energy & Environmental Science, 2014，7(11)：3674 - 3682.

　　每个人都是生态文明的保护者、建设者和受益者，我们要以"功成不必在我"的境界和"功成必定有我"的担当，以热爱自然的情怀和科学治理的精神，与世界各国一起呵护地球家园。

苟日新，日日新，又日新。

——《礼记·大学》

# 第 4 章　Altium Designer18 电路设计与制作

　　现如今电子科技蓬勃发展，几乎所有的电子产品都包含一个或多个印制电路板，印制板是所有电子元器件、微型集成电路芯片、现场可编辑门阵列(Field Programmable Gate Array，FPGA)芯片、机电部件及嵌入式软件的载体。随着电子科技的迅猛发展，新型元器件层出不穷，电子线路构成的复杂化与精密化，使得人们已无法单纯依靠手工来完成电路设计。

　　随着现代计算机技术的发展，计算机辅助设计的应用成为了必然趋势，应用快捷、高效的电子设计自动化(Electronic Design Automation，EDA)软件成了电子电路设计不可或缺的工具。在众多有关电子线路设计的软件中，Protel 是国内知名度非常高的一款设计软件，随后Altium 公司[①]对这款软件进行了多次大规模的升级改进，推出了 Altium Designer 系列，这是一个整合多种功能的一体化电子产品开发系统，包含了电路原理图绘制、PCB 设计、电路模拟仿真、FPGA 设计、嵌入式开发等功能。本章将通过介绍 Altium Designer18(以下简称AD18)，帮助读者更好地利用该软件设计印制电路板。

## 4.1　EDA　技　术

### 4.1.1　EDA 概述

　　EDA 是从计算机辅助设计(Computer Aided Design，CAD)、计算机辅助制造(Computer Aided Manufacturing，CAM)、计算机辅助测试(Computer Aided Testing，CAT)和计算机辅助工程(Computer Aided Engineering，CAE)的概念发展而来的。EDA 技术是以计算机为设计工具，利用大规模可编程逻辑器件为设计载体，通过硬件描述语言为系统逻辑描述的主要表达方式，是计算机信息技术、微电子技术、电路设计和信号分析处理的主要设计途径，可以实现逻辑编译、逻辑化简、逻辑分割、逻辑综合及优化、逻辑布局布线、逻辑仿真，集合了数据库、图形学、图论与拓扑逻辑、计算数学、优化理论等多学科最新理论于一体的一项技术。EDA 技术是伴随着计算机、集成电路、电子系统的设计共同发展的，时至今日已有 50 多年的发展历程。

　　1. EDA 技术的发展阶段

　　(1)萌芽阶段。20 世纪 70 年代是 EDA 技术发展初期，这个阶段是 CAD 阶段。这个时期集成电路已经开始逐步地发展起来,传统的手工设计电路和 PCB 布局布线效率极低,要花费大量的时间在手工制图上。于是人们开始借助计算机的帮助来代替手工制图,通过计算机来进行 PCB 的布局布线,以及完成一些设计规则的检查,大大提高了制图的效率和质量。

(2)发展阶段。20 世纪 80 年代是 EDA 技术的发展和完善阶段,即 CAE 阶段,主要特征是以逻辑模拟、定时分析、故障仿真和自动布局布线为核心,重点解决电路设计的功能检测等问题。随着电子行业日新月异的发展,人们对计算机的使用也越来越广泛,对于设计软件也在不断实现技术上的突破,将各个 CAD 工具集成为系统,从而加强了电路功能设计和结构设计,该时期的 EDA 技术已经延伸到半导体芯片的设计,可生产出可编程半导体芯片。

(3)进阶阶段。20 世纪 90 年代是 EDA 阶段,此时的微电子技术实现了质的飞跃,一张芯片上可以集成几百万、几千万乃至上亿个晶体管,众多公司相继开发出了大规模的 EDA 软件系统,这时出现了以高级语言描述、系统及仿真和综合技术为特征的 EDA 技术。

目前随着大规模集成电路、计算机和电子系统设计技术的不断发展,EDA 技术已经进入第四个发展阶段,即进入以互连为核心的交互式驱动设计的发展阶段。该阶段工程师在进行系统项目上游设计时,将下游物理设计中的制约条件同时考虑进去,从而使芯片系统的工作更加稳定、可靠。

2. EDA 技术的主要特征及特点

(1)用硬件描述语言设计硬件。硬件描述语言(Hardware Description Language,HDL)是一种用于设计硬件电子系统的计算机高级语言,是 EDA 技术的重要组成部分,它是通过软件编程的方式来描述复杂电子电路设计系统的逻辑功能、电路结构和连接形式并将其实现的。其中 VHDL 即超高速集成电路硬件描述语言,是当下 EDA 设计中最为主流的硬件描述语言,使用 VHDL 进行电子电路系统设计,设计者可以专心致力于其功能的设计,设计过程中几乎不涉及任何硬件,可操作性、产品互换性强,因此无需在设计时花费大量的时间、精力去考虑工艺等因素。

(2)自顶向下的设计方法。"自顶向下"(Top→Down)是一种新式的设计方法,这种设计方法从总体设计入手,自顶向下将整个系统设计划分为不同的功能子系统,对设计总体进行功能的划分及系统结构的梳理,在后期设计中对一层一层的子系统进行设计,实现其功能模块内容,同时对每个子系统进行仿真和纠正。由于设计的主要仿真和调试过程是在高层次上完成的,因此使用"自顶向下"的设计方法能够在统筹结构设计上及时找到问题对应的子系统,对于设计效率和质量有极大的帮助。

(3)基于芯片设计方法。EDA 设计方法又称为基于芯片设计方法,集成化程度更高,可实现片上系统集成,进行更加复杂的电路芯片化设计和专用集成电路设计,产品体积小、功耗低、可靠性高;可在系统编程或现场编程,并且器件编程、重构、修改简单便利,可实现在线升级;还可进行各种仿真,开发周期短、成本低,设计灵活性高。EDA 技术中经常用到的包括复杂可编程逻辑器件(CPLD)、现场可编程门阵列(FPGA)以及在系统可编程逻辑器件(ISP-PLD)等,它们属于全定制专用集成电路(Application Specific Integrated Circuit,ASIC)芯片,编程时仅需以 JTAG①(Joint Test Action Group)方式与计算机并口相连即可。

(4)自动化程度高。EDA 技术根据设计输入文件,可以自动地进行逻辑编译、化简、综合、

① JTAG 是一种国际标准测试协议(IEEE1149.1 兼容),主要用于芯片内部测试。现在多数的高级器件都支持 JTAG 协议,如 DSP、FPGA 器件等。

仿真、优化、布局、布线、适配以及下载编程,可将电子产品从电路功能仿真、性能分析、优化设计到结果测试全过程在计算机上自动处理完成,自动生成目标系统,自动化程度极高,设计者在使用时无需进行其原理的深入学习即可完成设计的推导、运算、仿真和优化等,减轻了设计者的学习压力和工作时间,同时也大大提高了设计效率。

3. EDA 技术的应用

EDA 技术近年来的发展蒸蒸日上,涉及领域不断扩大,在教学、科研、通信、军工、航天、医学、工业自动化、计算机应用、汽车电子等领域的电子系统设计工作中,都起着举足轻重的作用。

(1)在教学方面。理工科高校基本上都开设了 EDA 相关课程。主要目的是让学生了解EDA 的基本原理和相关基础操作,学习如何应用 VHDL 设计电路系统,使用仿真软件进行电子电路仿真实验,能够进行一些简单电路的系统设计,为学生在课程设计、竞赛项目、毕业设计及今后工作奠定一定基础。

(2)在科研方面。主要利用电路仿真工具进行电路设计与仿真,利用虚拟仪器进行产品调试;将 CPLD/FPGA 器件应用于仪器设备中。

(3)在产品设计与制造方面。从高性能的微处理器、数字仿真、产品调试到电子设备的研制与生产及电路板的焊接过程,EDA 技术都起着至关重要的作用。可以说 EDA 技术已经成为电子工业领域不可或缺的重要组成部分。

## 4.1.2 PCB 设计软件

1. Altium Designer

1988 年美国的 ACCEL Technologies Inc 推出了全世界第一款用于电子线路设计的软件包 TANGO。随后,澳大利亚 Protel Technology Inc 推出 Protel for DOS,并且不断对这款软件进行改进。2000 年 Protel Technology Inc 收购了 ACCEL Technologies Inc,推出了一款受到很多电子爱好者使用的 Protel 99 SE,Protel 于 2001 年更名为 Altium,至今 Altium Designer最新版本已经更新至 Altium Designer 22。

Altium Designer 已经形成了比较完整的电子设计系统,包含电路原理图绘制、PCB 的设计、模拟电路与数字电路混合信号仿真、FPGA 的设计、图表生成等功能,软件界面如图 4.1.1 所示。由于其功能强大、操作方法简单、设计比较人性化,所以受到了很多电子爱好者的青睐,是目前使用最为广泛的一款 EDA 软件。随着软件版本的更新,以及功能的高度集成,其不足也显现出来即软件的体积越来越大,不论什么操作系统都可能会在操作过程中出现卡顿的情况。

图 4.1.1　Altium Designer 软件界面

本书将以 Altium Designer 18 的学习和使用展开实践内容的训练。

2. PADS[①]

PADS 软件是 Mentor Graphics 公司开发的设计软件,能够满足大多数中小型企业的需求。PADS 支持完整的 PCB 设计流程,可以完成原理图的设计、网络报表的输出、PCB 设计以及元器件清单等,帮助 PCB 工程师高效率、高质量地完成设计内容。PADS 还可以和其他 PCB 设计软件、机械加工软件、机械设计软件通过接口相连,方便了设计者在不同设计环境下的操作和数据传输。PADS 系列工具的特点是简单易用,上手快,设计灵活,用户的自由度很高。

3. Allegro[②]

Cadence Allegro 是 Cadence 推出的高速信号设计工具,近几年很多大公司都纷纷转向用 Allegro 进行 PCB 设计,从一定程度上说 Allegro 成了事实上的工业标准。该软件具备强大的交互接口以及强大的仿真功能,配套了强大的仿真工具,可完成信号电源完整性的仿真,并且它与 Cadence 公司的其他产品如 Cadence、OrCAD、Capture 都有结合,是制作高速、高密度线路板方面的最佳选择。据统计我们所使用的计算机、手机等电子设备的主板大部分都是使用 Allegro 来实现的,可见其在高速 PCB 设计中的占有率有多高。

Cadence 软件工具是复杂 EDA 设计的首选,因此在大中型电子企业中有较高认知度。

4. KiCad[③]

KiCad 是近年来兴起的一个可以应用于 Linux、Windows 和 Mac 等操作系统的开源印制电路板设计软件,遵守 GNU 的 GPL 版权协议,不会出现盗版问题。该软件集原理图设计、PCB 设计、三维视图查看等功能于一体,其结合大量快捷键的操作大大提高了整体的绘图效率,最后制作电路板所需要的 Gerber 文件可以直接生成导出,整体使用非常方便。

5. 立创 EDA[④]

2017 年 EasyEDA 与立创商城达成协议,做国内的中文版 EDA 工具,即立创 EDA,国外版为 EasyEDA,国内版为 LCEDA,国内版永久免费。这是一款完全由中国团队独立研发、拥有完全的独立自主知识产权的印制电路板设计软件。EasyEDA 打破了 EDA 软件被国外垄断多年的局面,软件界面如图 4.1.2 所示。这款软件是基于网页的设计软件,国内很多的电子电路工程师都听说过这款软件。此款软件的使用无需安装和破解,内含大量元器件库,操作简单、非常容易上手、效率极高,可以在线设计制作原理图、PCB、进行线路仿真,包括元器件购买等,使得电子设计制作满足一站式设计制作服务。

> **从知识产权引进大国向知识产权创造大国转变**
> 　　中国已成为全球最大的 PCB 生产国,也是目前全球能够提供 PCB 最大产能及最完整产品类型的地区之一。我国虽为设计制造大国但却不是设计与制造强国,在 EDA 软件开发方面,目前主要集中在美国,其他各国也在努力开发相应的工具,日本、韩国都有专用集成电路设计工具,但不对外开放。中国华大集成电路设计中心也提供 IC 设计

---

① https://eda.sw.siemens.com/en_US/pcb/pads/

② https://www.cadence.com/en_US/home.html

③ https://www.kicad.org

④ https://lceda.cn

软件,但其性能还有所欠缺。到目前为止我国仅有一家真正意义上的国产电路板图设计软件——EasyEDA,EasyEDA 于 2014 年 5 月正式发布,是国内唯一具有知识产权的在线电路板设计软件提供商。

我国作为人口大国,知识产权保护一直以来都较为滞后,很长一段时间众多消费者都是知识产权侵权的"贡献者",比如使用盗版 Windows 操作系统、OFFICE 等。目前我国的版权保护机制已逐步健全起来,知识产权法律也在不断完善,但是有些情况下还是有人使用盗版软件,究其原因还是我国没有把具有自主知识产权的核心技术、关键技术掌握在自己手里。希望不久的将来,我国能有更多的研发团队,抓住企业"命门",掌握电子产品研发的源动力。

**本节金句与思考:**

知识产权是国际竞争力的核心要素,也是国际争端的焦点。我们要敢于斗争、善于斗争,决不放弃正当权益,决不牺牲国家核心利益。要秉持人类命运共同体理念,坚持开放包容、平衡普惠的原则,深度参与世界知识产权组织框架下的全球知识产权治理,推动完善知识产权及相关国际贸易、国际投资等国际规则和标准,推动全球知识产权治理体制向着更加公正合理方向发展。

——习近平总书记 2020 年 11 月 30 日在十九届中央政治局第二十五次集体学习时的讲话

图 4.1.2　立创 EDA 软件界面

## 4.2　创建工程文件

一个完整的工程项目包含:工程文件.PrjPCB、原理图文件.SchDoc、PCB 文件.PcbDoc、原理图库文件.SCHLIB 和 PCB 元件库文件.PcbLib 五个文件,如图 4.2.1 所示。

本节将以八音琴电路的设计制作为例,介绍一个完整的印制电路板设计流程。

图 4.2.1　一个完整的工程目录

1. 创建工程文件

在菜单栏中,单击执行"文件→新的→项目→PCB 工程"命令,新建一个工程文件,建立好之后随即进行保存,如图 4.2.2 所示。

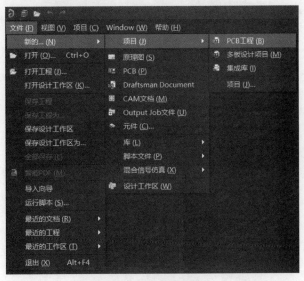

图 4.2.2　新建工程

2. 创建原理图文件

在菜单栏中,单击执行"文件→新的→原理图"命令,新建一个原理图文件,建立好之后随即进行保存,这时会发现保存时弹出的默认路径即工程文件下的路径,如图 4.2.3 所示。

3. 创建 PCB 文件

在菜单栏中,单击执行"文件→新的→PCB"命令,新建一个 PCB 文件,建立好之后随即保存至工程文件路径下,如图 4.2.4 所示。

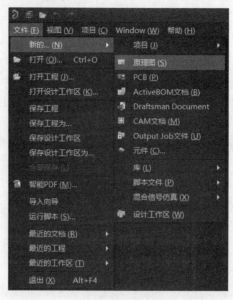

图 4.2.3 新建原理图

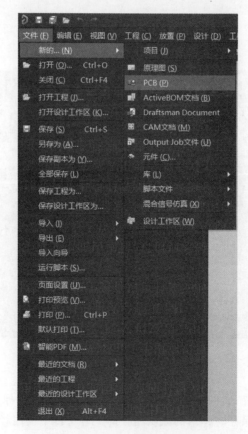

图 4.2.4 新建 PCB

**4. 创建原理图库文件**

在菜单栏中，单击执行"文件→新的→库→原理图库"命令，新建一个原理图库文件，建立好之后随即保存至工程文件路径下，如图 4.2.5 所示。

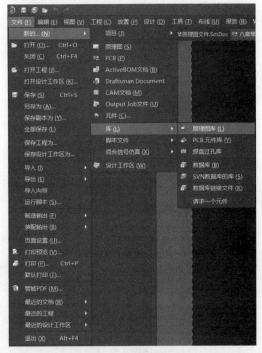

图 4.2.5　新建原理图库

**5. 创建 PCB 元件库文件**

在菜单栏中，单击执行"文件→新的→库→PCB 元件库"命令，新建一个 PCB 元件库文件，建立好之后随即保存至工程文件路径下，如图 4.2.6 所示。

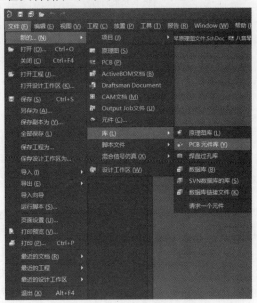

图 4.2.6　新建 PCB 元件库

# 4.3　原理图库和PCB元件库设计

### 4.3.1原理图符号的绘制方法

原理图符号只是表征元器件电气特性的一种符号,由表示元器件的电气功能或几何外形的示意图、元器件引脚和必要的注释三部分组成,如图4.3.1所示。

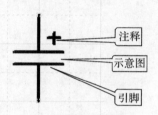

图 4.3.1　原理图符号的组成

制作原理图符号时根据原理图符号的组成要素,按照设计流程,即可完成原理图符号的制作,如图4.3.2所示。下面以NE555定时器芯片为例,详细介绍原理图符号及封装的绘制方法。

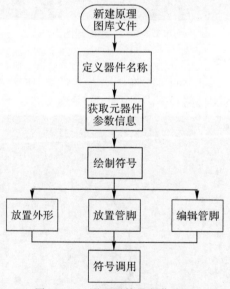

图 4.3.2　原理图符号制作流程

进入原理图库编辑器工作界面,在原理图库内打开"SCH library"面板,此时会发现已存在一个默认名称为"Component_1"的元件,双击打开"Component_1",如图4.3.3所示。进入属性面板,进行如下操作,如图4.3.4所示。

【Design Item ID】栏:标明元器件名称。此处输入新元件名称为"555定时器";

【Designator】栏:元件标识符,用来标注元器件在原理图中的序号。此处将元器件标识符设置为U1;

【Comment】栏：标注元器件类型、型号或参数。此处输入新元件名称"555 定时器"（元件无特殊标注时输入其名称即可）。

图 4.3.3　打开"Component（元件）"

图 4.3.4　编辑属性面板

在开始绘制之前需要先了解所要绘制的元器件信息，见表 4.3.1。

表 4.3.1　555 芯片引脚功能表

| 引脚功能表 | |
| --- | --- |
| 1 | 地 GND |
| 2 | 触发输入端 TRI |
| 3 | 输出端 OUT |
| 4 | 复位端 RST |
| 5 | 控制端 COM |
| 6 | 触发输入端 THR |
| 7 | 充放电端 DIS |
| 8 | 电源 VCC |

了解过该芯片引脚及其相应功能后便可以开始绘制其原理图符号，首先使用工具栏中的矩形工具来绘制其外形示意图，如图 4.3.5 所示。原理图符号的外形示意图主要用来表示元

器件的功能或者是元器件的外观形状,不具备任何电气意义,因此,在绘制原理图符号的示意图时可绘制任意形状的图形,但是必须本着美观大方和易于交流的原则。

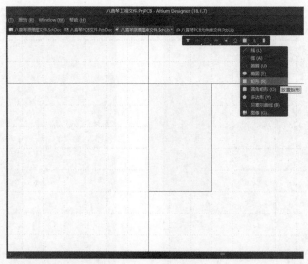

图 4.3.5　绘制其外形

　　紧接着放置引脚并编辑引脚属性。引脚是元器件的核心部分,由引脚名称和引脚序号组成,其中引脚名称用来表征引脚功能,引脚序号用来区分各个引脚。双击引脚进入引脚属性面板进行属性编辑,如图 4.3.6 所示。

【Designator】栏:编辑引脚序号;

【Name】栏:编辑引脚功能。

注意:在放置引脚时要特别注意其电气节点一定要朝外放置;引脚序号必须和元器件封装焊盘的序号相对应,对其尺寸没有硬性的要求,只要功能完备、直观明了即可。

最后将所放置的 8 个引脚按照表 4.3.1 中的信息分别编辑好相应的功能,绘制即可完成,如图 4.3.7 所示。

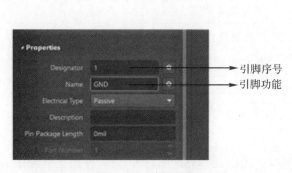

图 4.3.6　编辑引脚

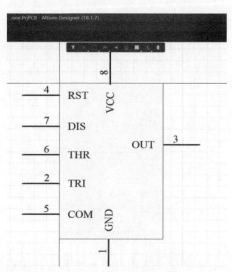

图 4.3.7　555 定时器原理图符号

### 4.3.2 元器件封装的绘制方法

元器件封装是指实际元器件焊接在 PCB 上的轮廓及管脚焊接处(称为焊盘)的大小和位置,以元器件的俯视图来表示。合适的元器件封装对 PCB 设计非常重要,如果元器件的外观轮廓取得太大,会浪费 PCB 的空间,而且元器件的管脚也达不到焊接处;如果元器件的外观轮廓取得太小,那么 PCB 没有预留足够的空间安装元器件。因此,要为元器件选用或绘制合适的封装。在开始绘制之前,首先需要了解封装的绘制规范要求:

(1)绘制封装外形时必须绘制在丝印层上;

(2)所绘制的封装外形尺寸必须和实际元器件的外形尺寸相一致;

(3)绘制封装时所编辑的焊盘编号必须要与原理图中原理图符号的引脚序号相对应;

(4)贴片元件的原点一般设定在元件图形的中心;

(5)插装元件的原点一般设定在第一个焊盘中心;

(6)尺寸单位:英制单位为 mil,公制单位为 mm。

对于封装的绘制一般有两种方法:手工绘制法和向导生成法。下面以 NE555 定时器的封装制作为例分别进行介绍。

开始绘制前需要了解要绘制的元器件相关信息,此信息一般来自于各个元器件的数据手册,在这里主要是获取元器件的尺寸信息,如图 4.3.8 所示。

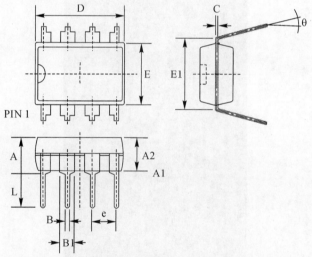

| Symbol | Dimensions In Millmelers | | | Dimensions In Inches | | |
| --- | --- | --- | --- | --- | --- | --- |
| | Min | Nom | Max | Min | Nom | Max |
| A | — | — | 4.31 | — | — | —0.170 |
| A1 | 0.38 | — | — | 0.015 | — | — |
| A2 | 3.15 | 3.40 | 3.65 | 0.124 | 0.134 | 0.144 |
| B | 0.38 | 0.46 | 0.51 | 0.015 | 0.018 | 0.020 |
| B1 | 1.27 | 1.52 | 1.77 | 0.050 | 0.060 | 0.070 |
| C | 0.20 | 0.25 | 0.30 | 0.008 | 0.010 | 0.012 |

图 4.3.8　尺寸信息

续 表

| Symbol | Dimensions In Millmelers | | | Dimensions In Inches | | |
|--------|------|------|------|------|------|------|
| | Min | Nom | Max | Min | Nom | Max |
| D | 8.95 | 9.20 | 9.45 | 0.352 | 0.362 | 0.372 |
| E | 6.15 | 6.40 | 6.65 | 0.242 | 0.252 | 0.262 |
| E1 | — | 7.62 | — | — | —0.300 | — |
| e | — | 2.54 | — | — | 0.100 | — |
| L | 3.00 | 3.30 | 3.60 | 0.118 | 0.130 | 0.142 |
| θ | 0″ | — | 15″ | 0″ | — | 15″ |

续图 4.3.8　尺寸信息

### 1. 手工绘制封装

打开新建的 PCB 元件库文件,进入编辑界面在 PCB Library 窗口中可以看到存在一个名为 PCBCOMPONENT-1 的新封装,如图 4.3.9 所示。

图 4.3.9　PCB 元件库文件

双击"PCBCOMPONENT-1",对新建立的封装进行重命名,如图 4.3.10 所示。

在工具栏当中可以选取对应的工具进行绘制,如图 4.3.11 所示。由于 NE555 定时器是一个插装式的元件,所以需要使用线条和焊盘来实现其制作。

图 4.3.10　封装重命名

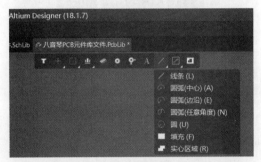

图 4.3.11　绘制工具

根据 NE555 定时器数据手册提供的尺寸信息,如何在图纸上进行焊盘的定位放置呢? 这里有以下两种方法。

(1)在属性面板中,通过 $X/Y$ 坐标移动对象来输入位置,如图 4.3.12 所示。

(2)使用工具"尺寸标注",通过快捷键"Ctrl+M"来获取进行测量,任意点击两点后即可测量出它们之间的距离,如图 4.3.13 所示。

图 4.3.12　坐标定位

图 4.3.13　尺寸标注

通过以上绘制方法进行绘制,确认编辑的参数均符合要求后,进行保存,该封装绘制结束,如图 4.3.14 所示。

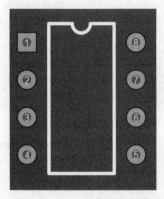

图 4.3.14　555 定时器封装

### 2. 使用元器件向导生成封装

单击执行菜单栏"工具→元器件向导",如图 4.3.15 所示。根据数据手册当中的封装参数,在元器件向导当中直接输入相应数据,即可自动生成对应封装。

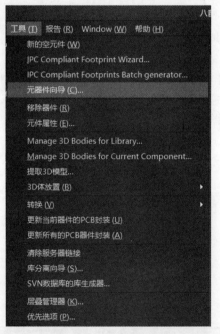

图 4.3.15　元器件向导

执行上述操作后,点击"Next"按钮,在 PCB 界面上出现了一个名为"Footprint Wizard"的对话框,在此界面中需要选择所要创建的封装类型以及数据单位。根据 555 定时器的封装信息,其封装类型应为双列直插式封装(DIP),数据单位可根据使用习惯任意选择,本节中以英制单位为例进行绘制,选择 mil,然后点击下方"Next",操作界面如图 4.3.16 所示。

此时界面为焊盘尺寸设置界面,由于 555 定时器为插装式的元件,所以其焊盘尺寸包含两部分,一个为焊盘过孔孔径即内径,另一个为焊盘的外径,输入数据后继续单击"Next"如图

4.3.17所示。

图 4.3.16　元件类型

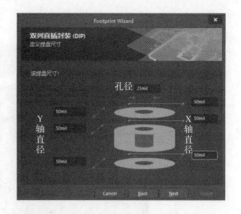

图 4.3.17　输入焊盘尺寸

此时界面中需要确定焊盘间的相对位置,如图 4.3.18 所示。点击"Next"按钮,进入外形轮廓宽度设置界面,如图 4.3.19 所示。

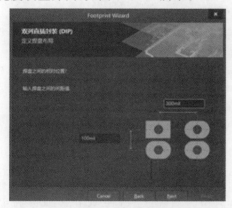

图 4.3.18　输入焊盘间距值

图 4.3.19　输入轮廓线宽

点击"Next"按钮,进入焊盘数目设置界面,对所绘制的封装焊盘数目进行选择,如图 4.3.20 所示。选择完后继续点击"Next"按钮,随后进行封装名称的编辑,名称没有特定的硬性要求,可以按照默认名称进行设置,也可自定义其名称,如图 4.3.21 所示。

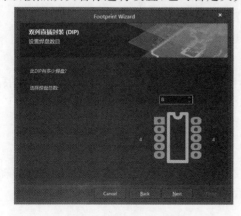

图 4.3.20　输入引脚数

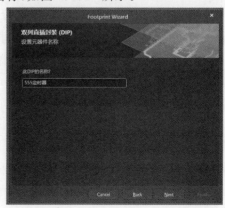

图 4.3.21　输入元器件命名

至此,封装绘制完成,如图 4.3.22 所示。

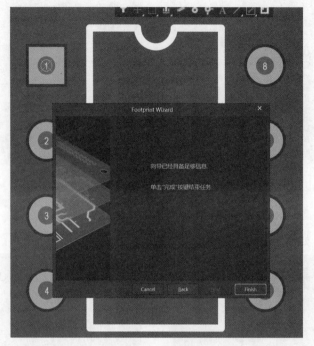

图 4.3.22　制作完成

### 4.3.3　常见问题及解决方法

(1)将自制的原理图符号放置到原理图时,引脚无法成功与导线相连。

解决办法:自制原理图符号时,所放置的管脚其中一端具备一个电气节点,必须将电气节点放置在远离元器件示意图的一端才可与导线正常连接。

(2)想要将自制的原理图符号调用到原理图上时,虽然界面跳转到原理图编辑器中,但是找不到自制的原理图符号。

解决办法:自制原理图符号时,要在原理图库编辑器界面的坐标轴中心点附近进行绘制。

(3)绘制 PCB 时发现,自制的封装有部分焊盘没有预拉线。

解决办法:自制封装时,焊盘序号需要和原理图符号的引脚序号一一对应。

(4)PCB 布线时信号线无法穿过自制元器件封装的轮廓线。

解决办法:自制封装时需要在丝印层(Top Overlay/Bottom Overlay)进行绘制,一般出现上述情况时,可能是封装绘制在了顶层(Top Layer)或底层(Bottom Layer)。

### 4.3.4　实战演练

练习一:共阳极数码管,实物如图 4.3.23 所示,根据其器件参数制作原理图符号,绘制好的数码管原理图符号如图 4.3.24 所示,器件参数如图 4.3.25 所示。

图 4.3.23　数码管

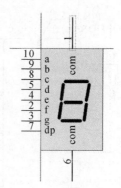

图 4.3.24　原理图符号

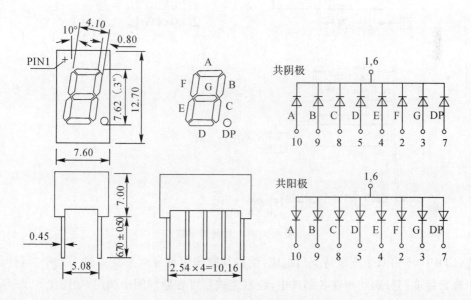

图 4.3.25　参数信息

练习二:图 4.3.26 是一个 CD40106 施密特触发器,请根据图 4.3.27 所示的器件参数制作其原理图符号及封装。

图 4.3.26　施密特触发器

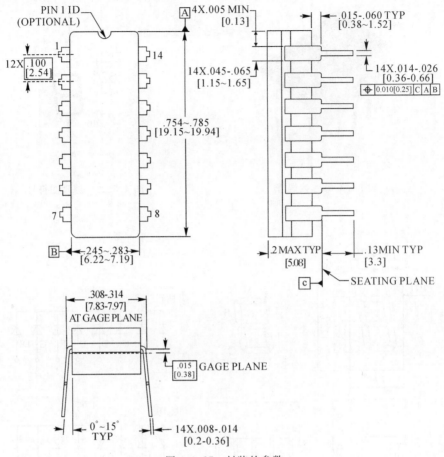

图 4.3.27　封装的参数

注：CD40106 由六个施密特非门组成，绘制其原理图符号时注意要建立六个"器件部件"，将六个施密特非门分别绘制在各部件中，绘制完成后可在原理图中调用，如图 4.3.28 所示。

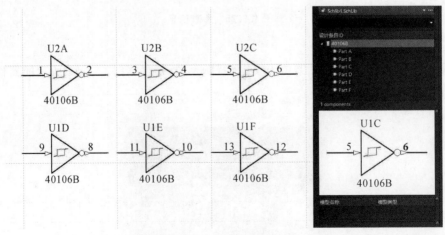

图 4.3.28　40106 元器件符号

# 4.4　原理图设计

电路原理图的绘制是电路设计中最基础的一部分。原理图的设计需要与实际要实现的电路要求及元器件参数相匹配,最终才可以制作出一张满足实际需求的电路原理图,设计流程如图 4.4.1 所示。

(1)新建原理图:新建一张原理图文件并保存在对应工程中。

(2)搜索放置原理图符号:根据所要设计制作的电路要求,在系统原理图库或自制元件库中进行原理图符号搜索并放置在原理图上。

(3)编辑原理图符号:所放置的原理图符号需要根据元器件参数进行属性编辑,一般包括标识符、注释、标称值和封装。

(4)电路连接:所有原理图符号都已放置并进行属性编辑后,即可根据电路的设计要求将原理图符号连接成完整电路。

(5)电气规则设置(编译):绘制好的原理图在进入 PCB 设计阶段之前需要通过编译纠错,一般采用电气规则检查(Electrical Rule Check,ERC)。

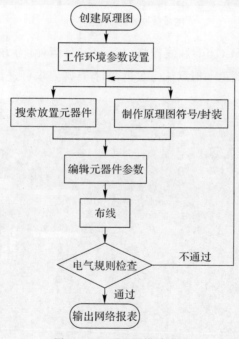

图 4.4.1　原理图设计流程

本节将通过八音琴电路详细介绍原理图设计的流程及方法。

## 4.4.1 原理图设计流程

1. 新建原理图

这一部分在第一节创建工程中已进行介绍,在此不再赘述。

**2. 参数设置**

在原理图设计中,对于一般的电路,绘制图纸选择为 A4 纸即可,如图 4.4.2 所示。

图 4.4.2　调整图纸尺寸

栅格显示有点栅格(Dot Grid)和线栅格(Line Grid)两种,为方便布局连线,绘图更加规整,一般选择线栅格,栅格颜色一般默认为灰色,如有特殊要求可进行调整,如图 4.4.3 所示。

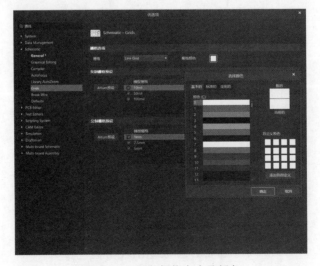

图 4.4.3　调整栅格大小及颜色

**3. 搜索放置原理图符号**

在原理图中放置原理图符号时,需要根据各个符号的名称在原理图库或自制元件库中进行搜索调用。下面以 Res2 电阻及自制的 NE555 定时器为例,介绍如何在原理图库中搜索调用原理图符号。

　　在库窗口面板的元件库下拉列表中选择 Miscellaneous Devices. InLib（通用器件库），日常使用的元器件都可以在这个库中搜索到，其中 Res2 电阻也在其中，紧接着在下方的搜索栏中输入原理图符号名称"Res2"，此时该电阻原理图符号被搜索出来，如图 4.4.4 所示。

　　NE555 定时器是在原理图库文件中自制的原理图符号，它的调用方式除了从原理图库编辑器中直接放置到原理图编辑器之外，也可在原理图编辑器中进行搜索放置。在库窗口面板的元件库下拉列表框中选择"八音琴原理图库文件. SchLib"文件，在下方的设计条目中就可以看见该库中所有的原理图符号，如图 4.4.5 所示。

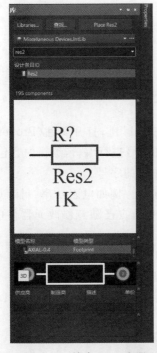

图 4.4.4　搜索 Res2 电阻

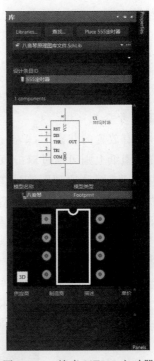

图 4.4.5　搜索 NE555 定时器

　　原理图符号被搜索出来后，在设计条目中双击该符号名称即可将其放置到图纸当中，如图 4.4.6 所示。

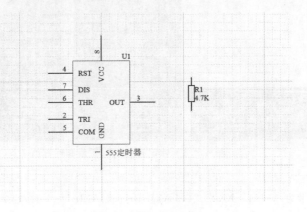

图 4.4.6　放置原理图符号

**4. 原理图符号的复制粘贴**

绘制一张原理图时,可能会存在一些同类型型号的元器件,如图 4.4.7 所示,这时候可对已经放置好的原理图符号进行复制编辑,而无须到元件库中再次搜索,原理图符号的复制粘贴有以下四种方式:

(1)左击选择原理图符号,然后在菜单栏中点击"编辑→复制",在图纸上右击"粘贴"。

(2)右击想要复制的原理图符号选择"Copy",右击"Paste"。

(3)左击想要复制的原理图符号,通过快捷键"Ctrl+C"和"Ctrl+V"进行复制和粘贴。

(4)长按键盘"Shift"键,同时左击拖动想要复制的元器件即可。

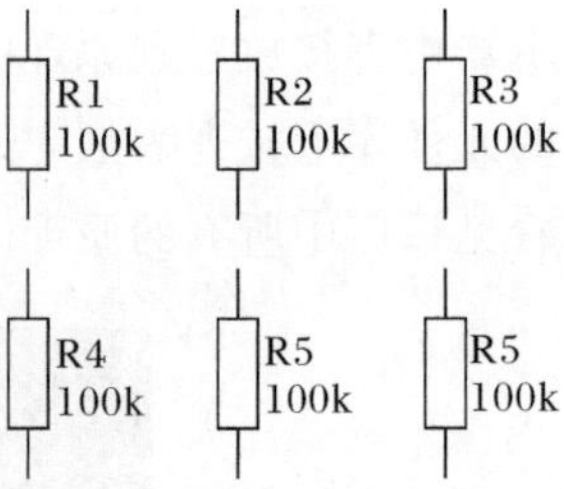

**5. 原理图符号的删除**

对于多余的或编辑错误的原理图符号,选中或者框选相应原理图符号,单击键盘上的"Delete"键,即可将其删除。

图 4.4.7　元器件的复制粘贴

**6. 编辑原理图符号参数**

在原理图符号没有放置的状态下,单击键盘上"Tab"键,打开属性(Properties)面板,如果原理图符号已放置在图纸上则可通过双击该原理图符号进行编辑,编辑内容包括:

【Designator】栏:用来标注原理图符号在原理图中的序号。

【Comment】栏:标注原理图符号类型、型号或参数。例如电阻功率、封装尺寸或者电容的容量、公差、封装尺寸等,也可以是芯片的型号。用户可自己随意修改元器件的注释并且不会发生电气错误,若无需提示一般直接将其隐藏。

【Value】栏:输入原理图符号的参数值。

【Footprint】栏:选择、编辑或添加元器件封装型号。

以 Res2 电阻为例,元件标识符编为 R1,隐藏其注释,封装选择 AXIAL-0.4[①](需根据实际使用情况进行选择),标称值为 1kΩ,如图 4.4.8 所示。

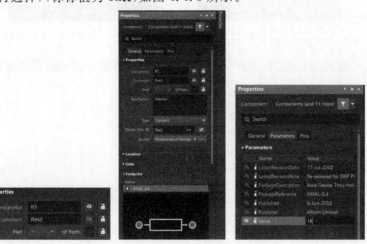

图 4.4.8　标识符、注释、封装和标称值

---

① 直插式电阻封装为 AXIAL-XX 形式(如 AXIAL-0.3、AXIAL-0.4),后面的 XX 代表焊盘孔中心距,如 0.4 表示 400mil,0.3 表示 300mil。

**7. 电路连接**

导线具备电气特性,故称之为电气连接线,它是将原理图符号连接为完整电路的最基本的组件之一,下面介绍导线的使用方法。

调用导线有以下四种方式:

(1)在菜单栏中点击"放置→线",此时鼠标箭头出现十字光标,表示导线已调用。

(2)在原理图纸界面上右击选择"放置→线",也可调用出电气连接线。

(3)软件界面上方有悬挂工具栏,在工具栏中单击"放置线"也可调用出电气连接线。

(4)使用快捷键"P+W""Ctrl+W"均可放置电气连接线。

进入绘制导线状态后,光标变成十字形状,将光标移到要绘制导线的起点,当光标靠近原理图符号管脚时,光标会自动吸附到原理图符号的管脚上,同时出现一个红色的×号,表示此处为此管脚的电气连接点,单击鼠标左键确定导线起点,拖拉导线前行至与之相连的电气连接点处,再次单击鼠标左键确定导线终点,绘制结束后点击"Esc"键退出连接,如图 4.4.9 所示。

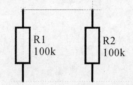

图 4.4.9　导线连接电气节点

连接好的八音琴电路原理图,如图 4.4.10 所示。

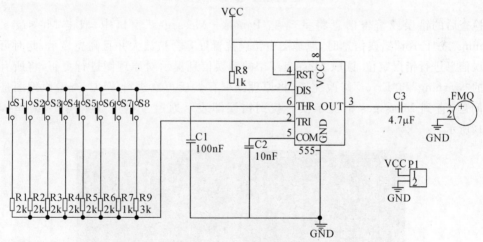

图 4.4.10　八音琴电路原理图

**8. 电气连接检查(编译)**

原理图设计是设计制作一张印制电路板最基础的一部分,按照设计流程,后续还要进行PCB 设计。由于电路的复杂性,原理图绘制完成后可能存在一些单端网络、电气开路等电气连接问题,如果不将这些错误一一更正就进行 PCB 设计,所制作出的印制电路板可能因为这些错误的存在而无法投入使用,所以原理图制作完成后,需要将绘制好的电路原理图进行电气规则检查,这项检查是由原理图顺利转换为 PCB 制作的关键步骤。

ERC 可以对原理图的一些电气连接特性进行自动检查。在菜单栏执行"工程→Compile

PCB Projrct"命令,如图 4.4.11 所示。

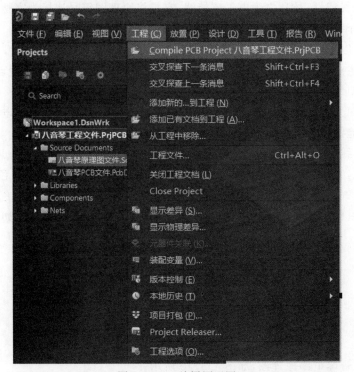

图 4.4.11　编译原理图

检查后的错误或警告信息将呈现在"Panels‐Messages"窗口中,双击 Messages 中的"warning"或"Error"错误信息时,原理图中错误位置处就会被放大并且高亮显示,此时可以双击错误信息进行错误定位,读取 Messages 中的错误信息提示对原理图进行更正,将所有必要修改的"warning"和"Error"修改完毕,将原理图保存然后再次进行 ERC,查看原理图是否还存在问题,直到 Messages 中提示没有找到错误即表示通过了电气规则检查(编译),如图4.4.12所示。

图 4.4.12　原理图编译成功

### 4.4.2 常见问题及解决方法

(1)原理图中放置的元器件有的出现了红色的波浪线警告提示,如图 4.4.13 所示。

解决办法:若出现红色波浪线,则在最后原理图编译时会出现报错,这样的警告一般成对出现,警告原因是图中的元器件标识符重复,图 4.4.13 中两个电阻的元件标识符均为 R4,对其中任意一个标识符重新编辑即可消除警告提示。

（2）连接两个管脚时导线上出现节点，如图 4.4.14 所示。

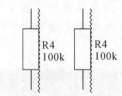

图 4.4.13　元件出现红色波浪线警告

图 4.4.14　两点之间连线导线出现节点

解决办法：出现这种情况的原因是导线连接时没有捕捉连接到管脚的电气连接点，此时缩短该导线至管脚电气节点处或者删除重新连接即可。

（3）搜索放置元器件时，库窗口找不到了。

解决办法：如果在软件中的一些窗口关闭找不到了，有两种方法可以将其再次打开。

1）执行菜单栏"视图→面板"即可将其打开；

2）在软件界面右下角"Panels（面板）"中也可找到各个窗口面板，如果右下角没有出现"Panels（面板）"可以使用快捷键"V＋S"将其打开。

（4）放置元器件时，想将器件之间的位置调小一些却发现挪到一定程度就挪不动了，或者无法将它们对齐。

解决办法：出现这种情况是栅格设置的问题，将其设置小一些即可。将输入法切换至英文模式，按下快捷键"G"即可在软件默认的 10mil、50mil、100mil 之间进行切换。如果觉得默认的栅格大小还是不合适，可自行设置，执行菜单栏"视图→栅格→设置捕捉栅格"命令进行修改，如图 4.4.15 所示。

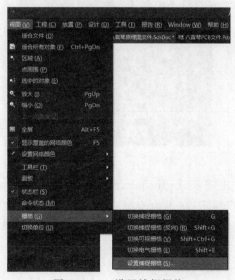

图 4.4.15　设置捕捉栅格

（5）绘制完原理图，进行编译时发现菜单栏"工程"选项中没有"Compile PCB Projrct"选项。出现这个问题一般有以下两种原因。

解决办法:1)所建立的原理图文件没有放置在工程文件下。原理图文件是一个自由文档(Free Documents),如图 4.4.16 所示,将其移动到所在工程下即可,如没有工程的话应首先新建工程,然后将其放入。

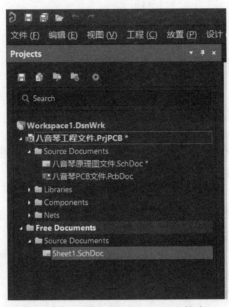

图 4.4.16　原理图不在工程文件中

2)原理图文件或工程文件没有保存,若工程文件和原理图文件名后出现一个 *(图中红色标识),就表明该文件处于未保存的状态,如图 4.4.17 所示,这时将其保存后再进行编译即可。

图 4.4.17　文件未保存

(6)原理图编译的时候出现"Off grid pin..."的错误提示。

之所以出现这样的错误提示,是因为绘制对象没有处在栅格点的位置上。

解决办法:找到报错的元件,单击鼠标右键,在弹出的快捷菜单中执行"对齐→对齐到栅格上"命令,将元件对齐到栅格上即可。也可以执行菜单栏中"工程→工程选项"命令,在"Error Reporting"报错选项中设置"Off grid object"为"不报告"。

(7)原理图编译时出现"Object not completely within sheet boundaries"警告。

解决办法:元件超出了原理图图纸的范围,在原理图图纸外空白区域双击鼠标左键,在所弹出面板的"Formatting and Size"栏下"Sheet Size"下拉列表中修改图纸大小即可。

### 4.4.3 实战演练

根据表 4.4.1 设计绘制流水灯电路原理图,绘制完成后如图 4.4.18 所示。

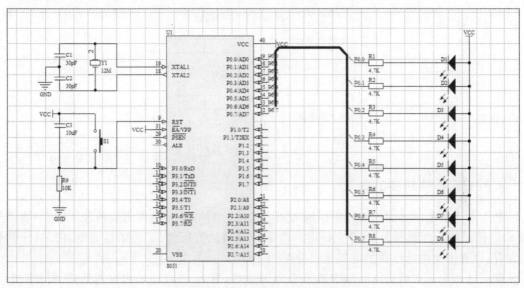

图 4.4.18 流水灯电路原理图

**表 4.4.1 流水灯原理图清单**

| 电路 | 元器件 | 原理图符号名称 | Part 元件类别/标称值 | Designator 标识符 | Footprint 封装 | 备注 |
|---|---|---|---|---|---|---|
| 流水灯电路 | 电容 | CAP | 30pF(2 个)、10pF | C1、C2、C3 | RAD - 0.3 | |
| | 电阻 | RES2 | 10kΩ、4.7kΩ(8 个) | R1~R9 | AXIAL - 0.4 | |
| | 按钮 | SW - PB | | S1 | SPST - 2 | |
| | 晶振 | XTAL | 12M | Y1 | XTAL | |
| | 发光二极管 | LED1 | | D1~D8 | LED1 | |
| | 51 单片机 | | | U1 | 自定义 | 自制符号、封装 |

# 4.5 PCB 设 计

4.4 节中,已经完成了八音琴电路原理图的绘制,为接下来的 PCB 设计奠定了良好的基础。PCB 是产品实现相应功能的物理载体,其设计质量直接关系到产品的技术性能,因此按照一定的规范和规则设计 PCB 是保障产品质量的前提,设计印制电路板的基本设计流程如图 4.5.1 所示。

本节将结合八音琴的 PCB 设计来介绍 AD18 中 PCB 的设计流程及方法。

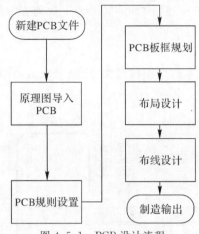

图 4.5.1　PCB 设计流程

### 4.5.1 元器件封装的载入

利用 4.4 节绘制好的八音琴电路原理图可以进行网络及元器件封装的载入,从而直接生成 PCB 图。将原理图导入 PCB 文件中有两个必须满足的条件:工程项目完整且所有文件都已保存;原理图文件已经通过电气规则检查(编译)。

满足这两个条件后就可将原理图导入 PCB 文件,导入 PCB 中的内容包括:元器件封装及网络。原理图导入生成 PCB 步骤如下:

在原理图界面的菜单栏中执行"设计→Update PCB Document 八音琴原理图文件. Pcb-Doc"命令,如图 4.5.2 所示。

图 4.5.2　原理图导入生成 PCB

系统将对原理图中所有的内容进行汇总,然后显示在弹出的"工程变更指令"窗口中,如图 4.5.3 所示。

图 4.5.3　工程变更指令

单击"执行变更"按钮,系统将完成设计数据的导入,当每一项的"状态检测"和"完成"栏中都显示标记"√"时表示导入成功,若出现"×"标记,则表示导入时存在错误,需在原理图中找到错误并进行修改,然后再次进行导入。

导入成功后,点击"工程变更指令"窗口"关闭"按钮,此时界面自动跳转至 PCB 编辑器中,可以看到原理图已成功导入至 PCB,导入过来的所有内容被放置在 PCB 图纸外的右下角,所有的元器件封装按照 Room① (红色方框区域)整齐摆放,这时只需将其整体移动到图纸中就可以继续进行 PCB 设计了,如图 4.5.4 所示。

图 4.5.4　原理图导入 PCB

### 4.5.2 PCB 电气规则设置

在开始 PCB 设计之前,首先应进行"设计规则设置"以约束 PCB 元件布局或 PCB 布线行为,确保 PCB 设计和制造的可行性以及电路板的信号稳定性。PCB 设计规则就如同法律法规一样,只有人人都遵守制定好的法律法规才能保证国家的秩序稳定。PCB 设计中,这种规则是由设计者为满足不同电路的需求而自行制定的。

在 PCB 设计环境中,执行菜单栏中"Design→Rules"命令,打开"PCB 规则编辑器"对话框,如图 4.5.5 所示。图中左侧为树状结构的设计规则列表,此列表中包含 PCB 设计过程中的所有规则,AD 中将这些设计规则大致分为以下 10 大类,见表 4.5.1,其中比较常用的是安全间距以及布线线宽的规则设置。

表 4.5.1　设计规则

| | |
|---|---|
| Electrical:电气规则 | Routing:布线规则 |
| SMT:表面封装规则 | Mask:阻焊层规则 |
| Plane:电源层规则 | Test point:测试点规则 |
| Manufacturing:制造规则 | High Speed:高速规则 |
| Placement:布局规则 | Signal Integrity:信号完整性规则 |

---

① Room 是一种高效布局的工具,缺省是每个子图定义一个 Room,使这部分元器件限定在 Room 内,可以整体拖动,然后调整 Room 中的元件布局,并设计专门的布线规则。Room 多用于多通道电路。

图 4.5.5　规则设置

安全间距："Electrical→Clearance"如图 4.5.6 所示。

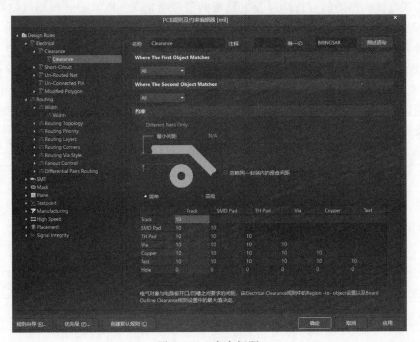

图 4.5.6　安全间距

　　"Clearance(安全间距)"此项规则可以设定两个电气对象之间的最小安全距离,如焊盘与焊盘、导线与导线以及导线与焊盘之间的最小允许间距。若在 PCB 设计区内放置的两个电气对象的间距小于此设计规则规定的间距时,该位置将报错,表示违反了设计规则。在设计规则列表中选择"Electrical→Clearance",在右侧编辑区中设计人员可进行安全间距规则设置。

在"Where The First Object Matches"下拉列表中选取首个匹配电气对象:

(1)All:表示所有部件适用。

(2)Net:针对单个网络。

(3)NetClass:针对所设置的网络类。

(4)Net and Layer:针对网络与层。

(5)Custom Query:自定义查询。

在"Where The Second Object Matches"下拉列表中选取第二个匹配电气对象。

设置好匹配电气对象后,设计者在"约束"选项组中设置所需的安全间距值即可。

线宽:"Routing→Width"如图 4.5.7 所示。

"Width(线宽)"设计规则的功能是设定布线时的线宽,以便于自动布线或手工布线时对线宽进行约束,可新建多个线宽设计规则项,以针对不同的网络或板层。在左边设计规则列表中选择"Routing → Width"后,在右边的编辑区中可进行线宽规则设置,如需设定多项线宽规则,可在原有的规则上右键创建新规则。

在线宽选项组中,导线的宽度有 3 个值可供设置:Max Width(最大线宽)、Preferred Width(优选线宽)、Min Width(最小线宽)。线宽的默认值为 10mil,可单击相应的选项直接输入数值进行更改。布线板层有两层分别是顶层信号层(TopLayer)和底层信号层(Bottom Layer)。

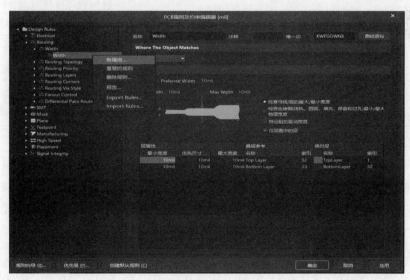

图 4.5.7　线宽设置

### 4.5.3　规划印制电路板

设计 PCB 时要全面考虑电路板的功能、部件、元件封装形式、连接器及安装方式等,对电路板的大小尺寸以及形状进行定义。

电路板的物理边界即 PCB 的实际大小和形状,板形的设置是在"Mechanieal 1"(机械层),绘制需使用绘图工具,根据所设计的 PCB 在产品中的安装位置、空间的大小、形状等要素来确定 PCB 的外形与尺寸。

默认的 PCB 图为带有栅格的黑色区域,在 PCB 编辑器界面中的最下方可看见不同颜色的标签,这些代表的是 PCB 的工作层,根据设计需要可在不同层之间进行切换,如图 4.5.8 所示,具体工作层面的功能见表 4.5.2。

图 4.5.8　PCB 工作层面

**表 4.5.2　PCB 工作层**

| 序号 | 工作层 | 功能 |
|---|---|---|
| 1 | 信号层(Top Layer/Bottom Layer) | 电气连接铜箔层 |
| 2 | 机械层(Mechanical) | 设置 PCB 与机械加工的相关参数 |
| 3 | 顶/底层丝印层(Top Overlay/ Bottom Overlay) | 添加字符 |
| 4 | 阻焊层(Top Solder /Bottom Solder) | 在焊盘以外的部位涂覆一层涂料,用于阻止该部位上锡 |
| 5 | 锡膏防护层(Top Paste/Bottom Paste) | 和阻焊层的作用相似,不同的是其对象为表贴式元件的焊盘 |
| 6 | 过孔引导层(Drill Guide) | 用于孔的定位 |
| 7 | 禁止布线层(Keep - Out Layer) | 定义电气特性的布线边界 |
| 8 | 过孔钻孔层(Drilldrawing ) | 查看钻孔孔径 |
| 9 | 多层同时显示(Multi—Layer) | 与不同的导电图层建立电气连接关系 |

在 PCB 编辑器界面中的最下方可对工作层面进行选择,如图 4.5.8 所示。

设计板框一般常用的是"按照选择对象定义",在设计板框时,选择到工作窗口下方的"Mechanical 1(机械层)"选项,使该层处于当前工作窗口中。在菜单栏单击"放置→线条"命令或快捷键" P+L"键,进行边框绘制,然后按照选择对象定义板子形状。

绘制步骤如下:

执行上述方法,选取线条工具,然后将工具放置到 PCB 图纸的适当位置,每单击一次就确定一个固定点,当放置的线组成一个封闭的边框时,就可以结束边框的绘制,右击或者按 Esc 键退出线条绘制。选中已绘制的边框形状,在菜单栏中选择"设计→板子形状→按照选定对象定义",如图 4.5.9 所示。

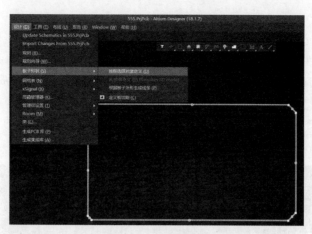

图 4.5.9　板子形状

例如:所需板子形状为矩形,可进行如下操作:

单击"放置→线"命令,在电路板上绘制一个矩形,选中已绘制的矩形,然后单击"设计→板子形状→按照选择对象定义"命令,电路板将变成绘制好的形状,如图 4.5.10 所示。

图 4.5.10　矩形板框

### 4.5.4　元器件布局设计

在整个 PCB 设计中,如何快速地将各个元器件布局,将影响 PCB 布线的速度以及布线的效果。布局的方式分两种,一种是交互式布局,另一种是自动布局,设计时一般是在自动布局的基础上采用交互式布局进行调整的。手动调整元器件布局使其符合 PCB 的功能需要、元器件电气要求,并且考虑元器件的安装方式以及放置安装孔等。

以下是一些布局的规范及原则:

(1)一般情况下在布局时,遵循"先大后小,先难后易"的原则,优先考虑布局重要的单元电路以及核心器件,比如单片机最小系统、高频高速模块电路等。

(2)布局时应参考电路原理图,元器件位置摆放应符合信号流向。

(3)元器件的排列要便于调试和维修,即小元件周围不能放置大元件,需调试的元器件周围要有足够的空间,以免调试或维修时造成不便。

(4)布局应尽量满足以下要求:总的连线尽可能短,关键信号线最短;高电压、大电流信号与小电流、低电压的弱信号完全分开;模拟信号与数字信号分开;高频信号与低频信号分开;高频元器件的间隔要充分;去耦电容的布局要尽可能靠近 IC 的电源管脚,并且保证电源与地之间形成的回路最短。

（5）金属壳体的元器件，需特别注意不要与其他元器件相碰，要留有足够的空间位置；

（6）在保证板子性能的前提下，布局中需要考虑美观。对于相同结构的电路部分，尽可能采用"对称式"的布局；同类型插装元器件在 $X$ 或 $Y$ 方向上应朝一个方向放置。同一种类型的有极性分立元件也要力争在 $X$ 或 $Y$ 方向上保持一致，便于生产和检验。

（7）发热元器件一般均匀排列分布，以便于散热，可以采取加散热片的形式，给予散热。

这里是八音琴电路布局实例，如图 4.5.11 所示。

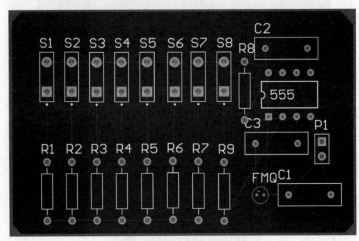

图 4.5.11　元器件布局

### 4.5.5 PCB 布线

1. 布线

完成 PCB 布局后，就要开始布线了，PCB 布线是 PCB 设计中最重要、最耗时的一个环节，这将直接影响到 PCB 的性能好坏。在 PCB 设计过程中，布线一般有 3 种境界：

首先是布通，这是 PCB 设计最基本的要求。如果线路都没布通，弄得到处是飞线，那将是一块不合格的板子。其次是满足电气性能，这是衡量一块印刷电路板是否合格的标准。这就要求在布通电路板之后，认真调整布线，使其达到最佳的电气性能。最后是美观。假如布线连通了，也没有影响电气性能的地方，但是一眼看过去杂乱无章，即使电气性能再好，也不能称为一块好的 PCB，而且这样会给后期测试和维修带来极大的不便。因此布线要整齐规范，不能纵横交错、毫无章法，这些都要在保证电气性能和满足其他个别要求的情况下实现，否则就是舍本逐末了。

PCB 布线有自动布线和手动布线两种方式，两种方式各有优劣，一般在实际应用中更多采取手动布线或两者结合的方式。

（1）自动布线。在菜单栏单击执行"布线→自动布线→全部"命令，即可完成 PCB 的布线，如图 4.5.12 所示。

（2）手动布线。手动布线使用的工具是绘图工具栏中的"Interactive Routing（交互式布线连接）"，如图 4.5.13 所示，当光标变成十字形时，选取某一焊盘并捕捉到焊盘中心点即可点击连接，如图 4.5.14 所示，将所有预拉线连接完毕后 PCB 布线完成。

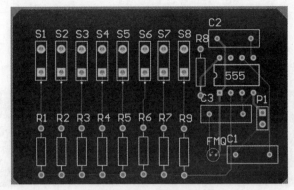

图 4.5.12　自动布线

图 4.5.13　交互式布线连接

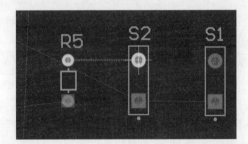

图 4.5.14　手动布线

（3）自动布线与手动布线相结合。首先采取自动布线完成整体布线，然后再根据电路实际设计情况进行部分线路的手动布线调整。

示例中的八音琴电路板采用手动方式完成布线，如图 4.5.15 所示。

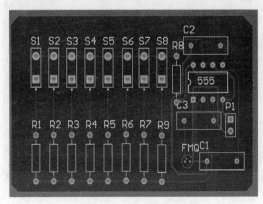

图 4.5.15　八音琴 PCB

**布线密度较高,出现线路交错怎么办?**

双面板可以解决单面板中布线交错的难点,这时可以通过"过孔"将线路导通到另一面,在工具栏中选用工具"Via"即可,如图 4.5.16 所示。

图 4.5.16　过孔工具栏

过孔也称金属化孔,在双面板和多层板中,为连通各层之间的印制导线,在各层需要连通导线的交汇处钻上一个公共孔,即过孔(区别于焊盘)。在工艺上,通过孔金属化设备在孔壁上沉积上一层金属铜,或是用物理导电银浆、传统铆钉过孔方式,使覆铜板两面的线路实现电气连接。

2. 滴泪的添加

添加滴泪是指在导线连接到焊盘时逐渐加大其宽度,因为其形状像滴泪,所以称为补滴泪。滴泪的作用如下:

(1)为了避免电路板受到巨大外力的冲撞时,导线与焊盘或者导线与导孔的接触点断开,此外也可使 PCB 显得更加美观。

(2)可以保护焊盘,避免多次焊接时焊盘的脱落,生产时可以避免蚀刻不均,过孔偏位出现的裂缝等。

(3)信号传输时平滑阻抗,减少阻抗的急剧跳变,避免高频信号传输时由于线宽突然变小而造成反射,使走线与元器件焊盘之间的连接趋于平稳化过渡。

在进行 PCB 设计时,如果需要进行补滴泪操作,可以通过菜单栏"设计→滴泪",在如图 4.5.17 所示的滴泪对话框中进行滴泪的添加与删除等操作。

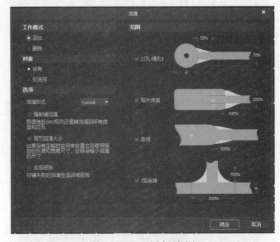

图 4.5.17　添加滴泪

设置完毕单击"确定"按钮,完成对象的滴泪添加操作。补滴泪后焊盘与导线连接如图4.5.18所示。

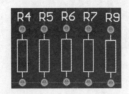

图 4.5.18 添加滴泪后

**3. 覆铜的添加**

PCB 覆铜一般都是覆地铜,目的是增大地线面积,这样有利于地线阻抗降低,使电源和信号传输稳定。在高频的信号线附近覆铜,可大大减少电磁辐射干扰,起屏蔽作用。总的来说覆铜增强了 PCB 的电磁兼容性,另外,大片铜皮也有利于电路板散热。

添加覆铜时,在菜单栏中点击"工具→铺铜→铺铜管理器",如图 4.5.19 所示。

进入铺铜管理器,点击"从⋯创建新的铺铜→板外形→多边形铺铜"。在八音琴电路 PCB中选择"BottomLayer(底层信号层)"连接到"GND"网络,如图 4.5.20 所示。

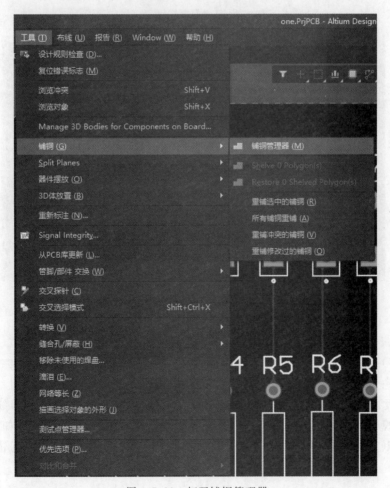

图 4.5.19 打开铺铜管理器

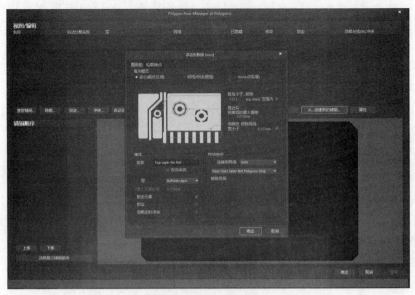

图 4.5.20  设置铺铜

设置相关参数后,点击"确定"完成覆铜操作,如图 4.5.21 所示。

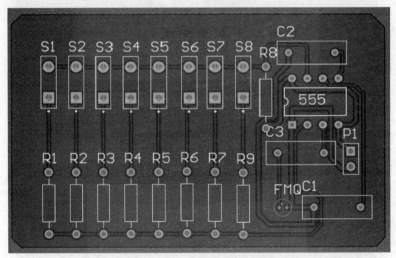

图 4.5.21  八音琴电路铺铜

4. 设计规则检查

Altium Designer 提供了一个规则驱动环境来设计 PCB,允许设计者定义各种规则确保 PCB 设计的完整性。一般情况下,设计者在设计开始前就设置好规则,在设计结束后用这些规则来验证设计。本节中已添加了线宽约束规则,布线完毕后为了验证所布线的电路板是否符合设计规则,需要设计者运行设计规则检查(Design Rule Check,DRC),如图 4.5.22 所示。经过 DRC 校验且校验无误后就完成了八音琴 PCB 的设计,否则要根据错误提示进行修改。

图 4.5.22　设计规则检查

5. 文件保存,输出打印

6. 加工制作

设计完成后就可以开始制作了。

## 4.5.6 常见问题及解决方法

(1)在布局布线时发现一些元器件或导线变成绿色,如图 4.5.23 所示。

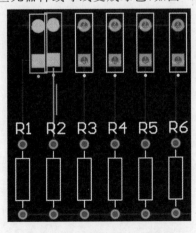

图 4.5.23　超出安全间距警告

解决办法:一般出现此情况是因为元器件或者连线超出了安全间距而导致的报警,此时只需要移动变绿的元器件或者连线使它们之间的距离在安全间距以内即可。

(2)导入至 PCB 中的内容出现乱码符号,如图 4.5.24 所示。

图 4.5.24　乱码符号             图 4.5.25　修改后的文字符号

解决办法:双击文字,在弹出的文本属性编辑面板选项组中单击"True Type",在 Font 下拉列表框中修改字体,修改之后,文字效果如图 4.5.25 所示。

(3)在 PCB 设计过程中发现左上角一直出现坐标信息或此坐标信息一直跟随鼠标移动,如图 4.5.26 所示。

图 4.5.26　坐标信息

解决办法:使用快捷键"Shift+H",这样就可以任意选择是否显示坐标信息。

(4)实战演练。设计制作流水灯电路 PCB。

不闻不若闻之,闻之不若见之,见之不若知之,知之不若行之。

——《荀子·儒效》

# 第5章 焊接技术

任何电子产品从几个元件组成的整流器到成千上万个零部件组成的计算机系统,都是由基本的电子元器件和功能构件,按照电路工作原理,用一定的工艺方法连接而成的。虽然连接的方法有多种(例如铆接、绕接、压接、黏结等),但是使用最广泛的还是锡焊。

随便打开一个电子产品,焊点少则几十个、几百个,多则几万、几十万个,其中任何一个焊点出现故障,都有可能影响整机工作。要从成千上万个焊点中找出失效焊点,用大海捞针来形容也不为过。因此,关注每一个焊点的质量,成为提高产品质量和可靠性的基本环节。

随着现代科技的飞速发展,电子产业高速增长,驱动着焊接方法和设备不断推陈出新。在现代化的生产中早已摆脱手工焊接的传统方式,波峰焊、再流焊等技术日新月异,令人目不暇接。但是手工焊接仍有广泛的应用,不仅是小批量生产研制和维修必不可少的连接方法,也是机械化、自动化生产获得成功的基础。

手工焊接是锡铅焊接技术的基础。尽管目前现代化企业已经普遍使用自动插装、自动焊接的生产工艺,但产品试制、生产小批量产品和具有特殊要求的高可靠性产品(如航天技术中的火箭、人造卫星的制造等)目前还采用手工焊接。即便是小型化大批量采用自动焊接的产品,也还有一定数量的焊接点需要手工焊接,因此目前还没有任何一种焊接方法可以完全取代手工焊接。在培养高素质电子技术人员、电子操作工人的过程中,手工焊接工艺是必不可少的训练内容。

## 5.1 焊接基本知识

### 5.1.1 焊接分类和方法

#### 1. 焊接分类

焊接是金属加工的基本方法之一。金属焊接技术分为熔焊、钎焊和加压焊三大类,图5.1.1是现代焊接的主要类型。

熔焊:加热被焊件,使其熔化产生合金而焊接在一起的焊接技术,如气焊、电弧焊和超声波焊等。

钎焊:用加热熔化成液态的金属与固体金属连接在一起的方法。在钎焊中起连接作用的金属材料称为焊料,作为焊料的金属,其熔点一定要低于被焊接的金属材料。钎焊按照焊料熔点的不同分为硬钎焊(焊料熔点高于450℃)与软钎焊(焊料熔点低于450℃)。采用锡铅焊料进行焊接的方法称为锡铅焊,简称锡焊,因其焊料的温度低于450℃,故属于软钎焊。

加压焊:在加热或不加热状态下对组合焊件施加一定压力,使其产生塑性变形或融化,并通过再结晶和扩散等作用,使两个分离表面的原子达到形成金属键而连接的焊接方法。

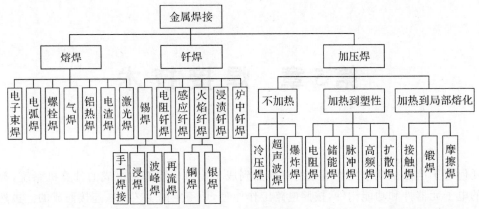

图5.1.1 焊接分类

**2. 传统焊接方法**

采用手工操作的传统焊接方法有搭焊、插焊、绕焊和钩焊等形式。其中搭焊主要适用于高频电路、扁平封装电路及待调试元器件。插焊主要适用于电阻器、电容器、电感器、晶体管、双列直插集成电路和电连接器等,是使用最广泛的一种焊接方法。而绕焊、钩焊则主要适用于波段开关、接线柱及有关的电连接器等。

(1)绕焊:指将被焊元器件的引线或导线绕在焊接点的金属件上后进行焊接的方法,这种焊接方式强度最高。根据导线的粗细不同,绕焊方法也有所不同,若导线有粗有细,可将细导线缠绕到粗导线上,若导线粗细相同则可采用扭转并拧紧的方法。

(2)钩焊:指将被焊接元器件的引线或导线钩接在焊接点的眼孔中进行焊接的方法。钩焊的机械强度低于绕焊,但操作方便,适用于不便绕焊且要具备一定的强度或便于拆焊的地方,如一些小型继电器的焊接点、焊片等。

(3)搭焊:指将镀过锡的导线搭接到另外一根镀过锡的导线上的方法。这种方法最简单,但是强度最低,可靠性最差,适用于维修调试中的临时接线或者是不方便绕焊、钩焊的地方以及要求不高的产品上。搭焊时需要注意从开始焊接到焊锡凝固之前不能松动导线。

(4)插焊:将导线插入洞孔形的接点中进行焊接的方法,适用于印制电路板的焊接。

## 5.1.2 锡焊机理

锡焊是一门科学,它的原理是通过加热的烙铁将固态焊锡丝加热熔化,再借助助焊剂的作用,使其流入被焊金属之间,待冷却后形成牢固可靠的焊接点。当焊料为锡铅合金,焊接面为铜时,焊料先对焊接表面产生润湿,伴随着润湿现象的发生,焊料逐渐向金属铜扩散,在焊料与金属铜的接触面形成附着层,使两者牢固地结合起来。因此焊锡是通过润湿、扩散和冶金结合这三个物理、化学过程来完成的。

1. 润湿

润湿是发生在固体表面和液体之间的一种物理现象。如果液体能在固体表面漫流开,那么就称这种液体能够润湿该固体表面。例如,把水滴到棉花上,水会渗透到棉花里面去,因此水能润湿棉花;而把水滴到荷花叶上时会在叶片表面形成水珠,也就是说水不能润湿荷花。

人们很早就发现,水滴很难在荷叶表面停留,落下来时很快就会从荷叶表面滚落,并带走荷叶表面的尘土和杂物,因此,荷叶总是能做到"出淤泥而不染"。1997 年德国波昂大学的植物学家 W. Barthlott[1] 针对这个特殊现象进行了一系列实验,发现了疏水性与自我清洁的关系,提出了"荷花效应"。

图 5.1.2 所示,在固体表面滴上液体之后,部分固-气界面被新的固-液界面所代替,此时,液相与固相的接触点处,即固-液界面和液体表面切线之间形成了一定的夹角 $\theta$,这个角称为润湿角,也叫接触角。

$\theta$ 越小表示润湿越充分,如图 5.1.3 所示。当 $0° \leqslant \theta < 90°$ 时,为润湿;当 $90° < \theta \leqslant 180°$ 时,为不润湿;当 $\theta = 0°$ 时,表示完全润湿,$\theta = 180°$ 则表示完全不润湿。

图 5.1.2　润湿角

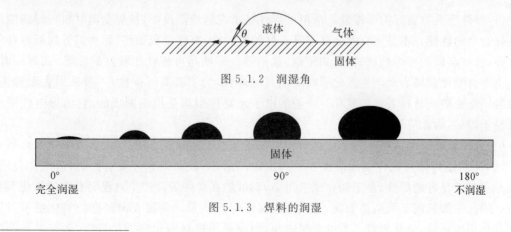

图 5.1.3　焊料的润湿

---

[1]　BARTHLOTT W, NEINHUIS C. Purity of the sacred lotus, or escape from contamination in biological surfaces[J]. Planta (Germany), 1997, 202 (1): 1 - 8.

润湿过程是指已经熔化了的焊料借助毛细管力沿着母材金属表面细微的凹凸和结晶的间隙向四周漫流,从而在被焊母材表面形成附着层,使焊料与母材金属的原子相互接近,达到原子引力起作用的距离。润湿程度主要取决于被焊母材表面的清洁程度以及焊料表面的张力。焊料表面张力小、被焊母材没有氧化物或污染物且涂有助焊剂,焊料的润湿性能就越好。

2. 扩散

伴随着润湿的进行,焊料与母材金属原子间的相互扩散现象开始发生。通常原子在晶格点阵中处于热振动状态,一旦温度升高,原子活动加剧,就会使熔化的焊料与母材中的原子相互越过接触面进入对方的晶格点阵。原子的移动速度与数量取决于加热的温度与时间。

3. 结合层

焊料润湿焊件的过程中,符合金属扩散的条件,因此焊料和焊件的界面有扩散现象发生,由于焊料与母材相互扩散,两种金属之间就形成了一种新的金属合金层,即结合层。结合层的成分既不同于焊料也不同于焊件,而是一种既有电化学作用(生成金属间化合物,例如 $Cu_2Sn$,$Cu_6Sn_5$),又有冶金作用的特殊层。要想获得良好的焊点,被焊母材与焊料之间必须形成金属化合物,从而使母材达到牢固的冶金结合状态。

### 5.1.3 锡焊的特点和条件

1. 锡焊的特点

锡焊在手工焊、波峰焊、浸焊和再流焊中有着广泛应用,是电子行业中应用最普遍的焊接技术。锡焊的特点如下:

(1)锡焊的焊料是锡铅合金,焊料熔点低于焊件,共晶焊锡的熔点为 183℃,适合半导体等电子材料的连接。

(2)焊接时焊件与焊料共同加热到焊接温度,焊料熔化而焊件不熔化。

(3)焊接方法简便、成本低,只需简单的加热工具和材料即可加工。

(4)焊点有足够强度和电气性能。

(5)锡焊过程可逆,易于拆焊。

2. 锡焊的条件

(1)焊件应具有良好的可焊性。所谓可焊性是指在适当温度下,被焊金属材料与焊锡能形成良好合金的性能。不是所有的金属都具有好的可焊性,有些金属如铬、钼和钨等的可焊性就非常差,有些金属的可焊性比较好,如紫铜、黄铜等。即便是可焊性比较好的金属,在焊接时,也会由于高温使金属表面产生氧化膜而降低其可焊性,为了提高可焊性,一般采用表面镀锡、镀银等措施来防止材料表面的氧化。一般的电子元器件引脚是由铜制成的,它的导电性能良好且易于焊接,因此应用最为广泛。

(2)焊件表面必须清洁。为了使焊锡和焊件达到原子间相互作用的目的,要求被焊金属表面清洁,从而使焊锡与被焊金属表面原子间的距离最小,彼此间充分吸引扩散,形成合金层。即使是可焊性良好的焊件,由于储存或被污染,都可能在焊件表面产生对浸润有害的氧化膜和油污。因此在焊接前必须清洁表面,否则无法保证焊接质量。金属表面轻度的氧化层可以通过焊剂作用来清除,氧化程度严重的金属表面,则应采用机械或化学方法清除,例如进行刮除或酸洗等。

(3)使用合适的助焊剂。助焊剂的作用是清除焊件表面的氧化膜。不同的焊接工艺,应该选择不同的助焊剂,如镍铬合金、不锈钢、铝等材料,没有专用的特殊焊剂是很难实施锡焊的。在电子产品的印制电路板焊接中,通常采用松香助焊剂。

(4)焊料的成分与性能要适应焊接要求。焊料的成分和性能应与焊件的可焊性、焊接温度、焊接时间、焊点的机械强度相适应,以达到易焊和牢固的目的。

(5)要加热到一定的温度。焊接时,热能的作用是熔化焊锡以及加热焊接对象,使锡、铅原子获得足够的能量渗透到被焊金属表面的晶格中而形成合金。焊接温度过低,对焊料原子渗透不利,无法形成合金,极易形成虚焊;焊接温度过高,会使焊料处于非共晶状态,加速焊剂分解和挥发速度,使焊料品质下降,严重时还会导致印制电路板上的焊盘脱落。因此在焊接过程中,既要将焊锡熔化,同时也要将焊件加热到能够熔化焊锡的温度。

(6)要有适当的焊接时间。焊接时间是指在焊接过程中,进行物理和化学变化所需的时间。它包括被焊金属达到焊接温度的时间、焊锡熔化的时间、助焊剂发挥作用并生成金属合金的时间等。在焊接温度确定后,就应根据被焊件的形状、性质和特点等来确定合适的焊接时间。焊接时间过长,易损坏元器件或焊接部位;焊接时间过短,则达不到焊接要求。

## 5.2　手工焊接材料与工具

### 5.2.1　焊接材料

#### 1. 焊料

焊料是易熔金属及其合金,熔点低于被焊金属,当熔化时能在被焊金属表面形成合金而将被焊金属连接到一起。焊料有锡(Sn)铅(Pb)焊料、银焊料、铜焊料等,如图5.2.1所示。按其熔点分为软焊料(熔点为450℃以下)和硬焊料(熔点在450℃以上)。

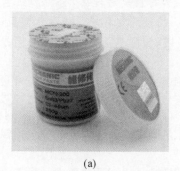

(a)　　　　　　　　　　　　　(b)

图 5.2.1　焊料

(a)锡铅焊料;(b)无铅焊锡丝

(1)锡铅焊料。锡铅焊料,别名软焊料(soft solder),成分为铅锡合金。在电子产品装配中,常用的焊料为有铅(Sn 63%Pb 37%或 Sn 60%Pb 40%)焊料。锡铅焊料因具有熔点低、流动性和附着性好、耐腐蚀、导电性好、机械强度高、使用方便、价格低等优点而作为连接电子元器件和印刷电路板的材料,并形成了一整套的使用工艺,长期以来深受电子厂家的青睐。

(2)无铅焊料。在焊料的发展过程中,锡铅合金一直是最优质的、廉价的焊接材料,无论是焊接质量还是焊后的可靠性都能够达到使用要求。但随着人类环保意识的加强,"铅"及其化合物对人体的危害及对环境的污染,越来越被人类所重视,无铅焊料正逐步替代含铅焊料。

## 绿色焊料：绿水青山就是金山银山

美国环境保护署将铅及其化合物定性为 17 种严重危害人类寿命与自然环境的化学物质之一。在日常工作中，人体可通过皮肤吸收、呼吸、进食等吸收铅或其化合物，当这些物质在人体内达到一定量时，会影响体内蛋白质的正常合成，造成神经和再生系统紊乱、呆滞、贫血、智力下降、高血压甚至不孕等症状。美国职业安全与健康管理署标准：成人血液中铅含量应低于 50mg/dl，儿童血液中铅含量应低于 30mg/dl。

2006 年 7 月 1 日，欧洲议会与欧盟部长会议组织，正式批准 WEEE 指令及 RoHS 指令生效，禁止在欧盟贩卖含铅的消费性电子产品，而美国以降低铅用量为条件，给予制造商降税优惠。中国已加入世界贸易组织，市场与国际市场接轨，许多公司已将无铅化提入公司改进日程以适应国际市场的要求。

绿色环保产品是当今世界的主流，那么无铅化是否可行呢？这个问题要从技术、成本以及无铅焊料与软钎焊设备的兼容性等多个角度去解答。首先从技术上来讲，无铅化已得到了多个国家的重视，很多国家设有无铅焊料研发的专门机构，这些研发机构以及焊料生产厂商，都已经研发出多种无铅焊料，且有相当一部分被实验证明是可以替代锡铅焊料的产品；从成本角度考虑，所开发出的无铅焊料成本一般的在锡铅合金价格的 2～3 倍，据粗略统计，因为所用焊料的费用不超过产品总成本的 0.1% 左右，所以不会对产品的总体成本造成太大的影响；就设备而言，也有适应无铅焊料的波峰焊及再流焊设备出厂，但是，众多无铅焊料研发机构及生产商仍在不断努力改进无铅焊料本身的质量参数，以适应客户的现有设备。

**本节金句与思考：**

地球是我们的共同家园。世界各国要同心协力，抓紧行动，共建人和自然和谐的美丽家园。中国坚持创新、协调、绿色、开放、共享的新发展理念，全面加强生态环境保护工作，积极参与全球生态文明建设合作。中国持续深化环境司法改革创新，积累了生态环境司法保护的有益经验。中国愿同世界各国、国际组织携手合作，共同推进全球生态环境治理。

——习近平总书记 2021 年 5 月 26 日致世界环境司法大会的贺信

所谓"无铅"，并非绝对百分百禁止铅的存在，而是要求铅含量必须减少到低于 0.1% 的水平，同时意味着电子制造必须符合无铅的组装工艺要求。无铅焊料成分包括锡、铜、银、铋、铟、锌和锑等。

使用无铅焊料代替锡铅焊料，无铅焊料应尽量满足以下这些要求：

(1)熔点要低。尽可能地接近 63/37 锡铅合金的共晶温度 183℃。

(2)要有良好的润湿性。一般情况下，再流焊时焊料在液相线以上停留的时间为 30～90s，波峰焊时被焊接管脚及线路板基板面与锡液波峰接触的时间为 4s 左右，使用无铅焊料以后，要保证在以上时间范围内焊料能表现出良好的润湿性能，以保证优质的焊接效果。

(3)焊接后的导电及导热率都要与 63/37 锡铅合金焊料相接近。

(4)焊点的抗拉强度、韧性、延展性及抗蠕变性能都要与锡铅合金的性能相差不多。

(5)成本尽可能降低。将成本控制在锡铅合金的 1.5～2 倍，是比较理想的价位。

(6)所开发的无铅焊料在使用过程中，与线路板的铜基、线路板所镀的无铅焊料以及元器件管脚或其表面的无铅焊料及其他金属镀层间，有良好的钎合性能。

(7)新开发的无铅焊料应尽量与各类助焊剂相匹配,并且兼容性要尽可能强。

(8)设备工艺兼容。在不更换设备的状况下可满足无铅焊料所要求的使用条件。

2. 焊剂

在焊接过程中,加热的金属表面与空气接触后将生成一层氧化膜,阻止液态焊锡对金属的润湿作用,影响焊点合金层的形成,温度越高,氧化越厉害。焊剂又称助焊剂(FLUX),是用于清除氧化膜的一种专用材料,能够促使焊料流动,减少表面张力,增强焊料附着力,传递热量,如图 5.2.2 所示。好的助焊剂应有适当的活性温度范围,良好的热稳定性,密度应小于液态焊料的密度,无腐蚀性且容易清洗等特点。

图 5.2.2 助焊剂

助焊剂大体上可分为有机、无机和树脂三大系列,如图 5.2.3 所示。

(1)无机类助焊剂。由无机酸和盐组成,其化学作用强,腐蚀性大,焊接性非常好。由于其具有强烈的腐蚀作用,所以一般用于非电子产品的焊接,并且焊后一定要清除残留焊剂。

(2)有机类助焊剂。有机类助焊剂主要由有机酸卤化物组成。这类助焊剂由于含有酸值较高的成分,所以具有较好的助焊性能,缺点是具有一定的腐蚀性。

(3)树脂类助焊剂。树脂焊剂通常是从树木的分泌物中提取的,属于天然产物,没有腐蚀性,这类助焊剂在电子产品装配中应用较广,松香就是这类焊剂的代表,因此也称为松香类焊剂。在加热情况下,松香具有去除焊件表面氧化物的能力,同时焊接后形成的膜层具有覆盖和保护焊点不被氧化腐蚀的作用。

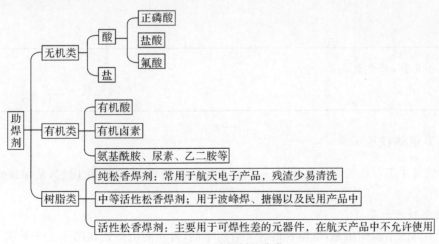

图 5.2.3 助焊剂的分类

松香的化学活性较弱,单独使用时对促进焊接材料润湿不够充分,因此生产使用中须添加少量的活性剂来提高活性。松香系列焊剂根据有无添加活性剂和化学活性的强弱,被分为非活性化松香、弱活性化松香、活性化松香和超活性化松香4种。

3. 阻焊剂

焊接时,尤其是在浸焊和波峰焊中,为提高焊接质量,需要使用耐高温的阻焊涂料,使焊料只在需要的焊点上进行焊接,而把不需要焊接的部位涂上阻焊剂保护起来,这种阻焊涂料称为阻焊剂。

阻焊剂的功能有以下几点:

(1)避免或减少浸焊时桥接、拉尖、虚焊和连条等情况的发生,减少板子的返修量,提高焊接质量,确保产品的可靠性。

(2)除了焊盘外,其余部分均不上锡,可以节省大量的焊料。

(3)由于印制电路板板面部分被阻焊剂膜所覆盖,增加了一定硬度,可以起到防止印制电路板表面受到机械损伤的作用。此外,焊接时受到的热冲击小,起到保护元器件和集成电路的作用。

(4)使用带有颜色的阻焊剂,如深绿色和浅绿色等,可使印制电路板的板面显得整洁美观。

阻焊剂按照成膜方式,分为热固化型阻焊剂和光固化型阻焊剂两种。

(1)热固化型阻焊剂的优点是价格便宜,黏结强度高,然而加热时间长,板子易变形,能源消耗大,生产周期长,现已被逐步淘汰。

(2)光固化型阻焊剂(光敏阻焊剂)的优点是在高压汞灯照射下,只要2~3min就能固化,节约了大量能源,提高了生产效率,便于自动化生产,如图5.2.4所示。

图 5.2.4　光固化型阻焊剂

工欲善其事,必先利其器。

——《论语·卫灵公》

### 5.2.2 电烙铁

电烙铁是手工焊接的必备工具之一,选择合适的电烙铁,合理地使用它,是保证焊接质量的基础。

1. 电烙铁的种类

根据不同的结构和用途,电烙铁的种类有所不同,常用的电烙铁如图5.2.5所示。电烙铁按加热方式分,有直热式和感应式、气体燃烧式等;按烙铁发热能力分,有20W、30W、……、300W等;按功能分,有单用式、两用式和调温式等。其中最常用的是直热式电烙铁,可分为内热式和外热式。

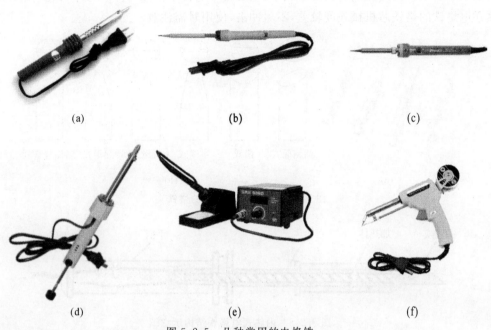

(a)　　　　　　　　(b)　　　　　　　　(c)

(d)　　　　　　　　(e)　　　　　　　　(f)

图 5.2.5　几种常用的电烙铁

(a)外热式电烙铁；(b)内热式电烙铁；(c)调温式电烙铁；

(d)吸锡烙铁；(e)电焊台；(f)自动焊锡枪

(1)外热式电烙铁。外热式电烙铁由烙铁头、烙铁芯、外壳、电源引线等部分组成,由于烙铁头安装在烙铁芯内部,所以称为外热式电烙铁,外热式电烙铁结构示意图如图 5.2.6 所示。外热式电烙铁的功率较大,有 25W、30W、50W、75W、100W、150W、300W 等多种规格。

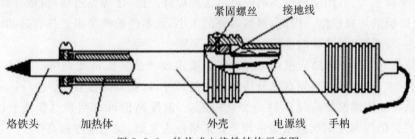

图 5.2.6　外热式电烙铁结构示意图

烙铁头:一般由紫铜材料制成,作用是储存热量和传导热量。烙铁的温度和烙铁头的形状、长短、体积等都有一定的关系。此外,为适应不同焊接面的要求,烙铁头的形状也有所不一,如锥形和凿形、圆斜面形等,如图 5.2.7 所示。

加热体:又称为烙铁芯,它是电烙铁的关键部件,将电热丝平行地绕在一根空心瓷管上所构成。外热式和内热式电烙铁的主要区别是外热式的烙铁芯安装在烙铁头的外部,而内热式的烙铁芯安装在烙铁头的内部。

手柄:一般用木料、胶木或耐高温塑料制成,设计不良的手柄在温升过高时会影响操作。

(2)内热式电烙铁。内热式电烙铁由手柄、连接杆、弹簧夹、烙铁芯和烙铁头组成。由于烙铁芯安装在烙铁头内部，发热快，热利用率高，故称为内热式电烙铁，内热式电烙铁结构示意图如图 5.2.8 所示。内热式电烙铁功率较小，主要用于焊接小型元器件。与外热式电烙铁相比，内热式电烙铁的烙铁芯机械强度较差，不耐冲击，使用时需注意。

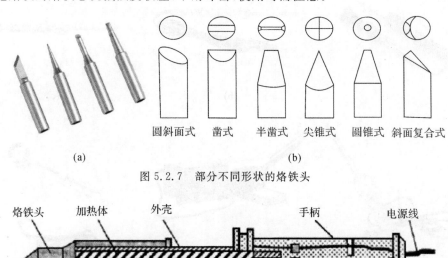

图 5.2.7　部分不同形状的烙铁头

圆斜面式　凿式　半凿式　尖锥式　圆锥式　斜面复合式

(a)　(b)

烙铁头　加热体　外壳　手柄　电源线

图 5.2.8　内热式电烙铁结构示意图

（3）恒温式电烙铁。恒温式电烙铁由于恒温电烙铁头内装有恒温发热元件，可通过控制通电时间实现温度控制，所以具有升温快、节能和使用寿命长等优点。

**2.电烙铁的选用**

电烙铁功率的选用主要是根据焊件的大小而定的，如果焊件较大，电烙铁功率较小，则焊接温度过低，焊料熔化较慢，焊剂不易挥发，焊点不光滑、不牢固，造成焊接强度及外观质量的不合格。如果功率太大，则会使过多的热量传送到焊件上面，使焊点过热，造成元器件的损坏，导致印制电路板的焊盘脱落。因此，根据焊件的大小、元器件的种类来选择合适的电烙铁是非常关键的。一般来说，电烙铁的选用应遵循以下原则：

（1）烙铁头的形状能够适应被焊工件的焊点要求及产品装配密度。烙铁头尺寸以不影响邻近元件为标准，选择能够与焊点充分接触的几何尺寸，以提高焊接效率。

（2）烙铁头的顶端温度应与焊料的熔点相适应，温度高低可以用热电偶或表面温度计测量，一般可根据助焊剂发烟状态粗略估计。如果烙铁头发紫，说明温度过高。

（3）电烙铁热容量要恰当，烙铁头的温度恢复时间要能满足被焊工件的热要求。烙铁头越大，热容量相对越大，进行连续焊接时，使用越大的烙铁头，温度跌幅越少。

**3.电烙铁使用注意事项**

（1）新买的烙铁在使用之前必须先给它蘸上一层锡（给烙铁通电，然后在烙铁加热到一定温度的时候就用锡条靠近烙铁头）。对于使用久了的烙铁可将烙铁头部锉亮，然后通电加热升温，并将烙铁头蘸上一点松香，待松香冒烟时再上锡。

（2）更换烙铁芯时要注意不要接错引线，因为电烙铁有三个接线柱，其中一个接地，另外两个接烙铁芯两根引线（这两个接线柱通过电源线，直接与 220V 交流电源相接）。如果将 220V交流电源线错接到接地线的接线柱上，则电烙铁外壳就会带电，被焊件也会带电，这样就会发生触电事故。

(3)使用电烙铁时应轻拿轻放,严禁敲击烙铁,以免强烈振动损坏内部发热器件。

(4)焊接过程中当烙铁头有氧化物时应在清洁棉上擦拭,除去氧化层,不可用硬物刮、擦,防止"烧死"现象。如出现凹坑或氧化块,应用细纹锉刀修复或者直接更换烙铁头。

(5)电烙铁通电后温度高达 250℃ 以上,不用时应放在烙铁架上,要防止电烙铁烫坏其他元器件,尤其是电源线,防止人体触电。电烙铁不宜长时间通电而不使用,这样容易使电烙铁芯加速氧化而烧断,同时将使烙铁头因长时间加热而氧化,甚至被烧"死"不再"吃锡"。

> **电烙铁不"吃锡"怎么办?**
>
> 烙铁头长时间使用后,会氧化而不沾锡。这种情况下,可用细砂纸或锉刀将烙铁头重新打磨,然后接电源,当烙铁头温度升至能熔化焊锡时,将烙铁头在松香上沾涂一下,待松香冒烟后再沾涂一层焊锡,如此反复两至三次,使烙铁头的刃面全部挂上一层锡即可。

### 5.2.3 其他常用焊接工具

(1)尖嘴钳如图 5.2.9 所示,用于加持小型金属零件或弯曲元器件引线。

(2)斜口钳如图 5.2.10 所示,用于剪切导线和焊接完成后元器件引脚多余的部分,也可用来剪切软电线的橡皮或粗料绝缘层。

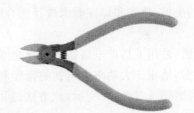

图 5.2.9 尖嘴钳          图 5.2.10 斜口钳

(3)平嘴钳如图 5.2.11 所示,用于弯曲元器件的引脚或导线。由于钳口没有纹路,故对导线拉直、整形较为适合。

(4)剥线钳如图 5.2.12 所示,专门用于剥去导线的绝缘皮。使用时应注意将需要剥皮的导线放入合适的槽口,以免剪断导线。

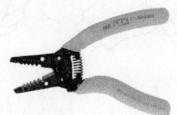

图 5.2.11 平嘴钳          图 5.2.12 剥线钳

(5)镊子如图 5.2.13 所示,用于夹取导线、微小器件和集成电路引脚等,以便于装配焊接;

焊接时加持焊件以防止其移动并帮助其散热。拆焊时也常用镊子。

(6)螺丝刀又称起子或改锥,如图 5.2.14 所示,按头部形状分为"十"字和"一"字两种,用于拧动不同槽形的螺丝。

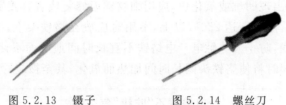

图 5.2.13　镊子　　　　图 5.2.14　螺丝刀

# 5.3　手工锡焊基础

手工焊接是焊接技术的基础,虽然大批量电子产品的生产已较少采用手工焊接,但在小批量生产、电子产品的维修及调试、具有特殊要求的高可靠性产品、异形元器件焊接中还会用到手工焊接。手工焊接是一项实践性很强的技能,在了解一般方法后,要多练多实践,才能较好地掌握。

## 5.3.1 焊接操作姿势

### 1. 电烙铁的握法

为使焊接牢靠,不烫伤元器件和导线,必须掌握正确手持电烙铁的方法。手工焊接时,可根据电烙铁的类型、功率和焊件要求选择适合的电烙铁握法。通常电烙铁的握法有三种,如图 5.3.1 所示。

(1)反握法:是用五指把电烙铁的柄握在掌内,如图 5.3.1(a)所示。这种方法焊接时动作稳定,不易疲劳,适用于大功率电烙铁的操作和焊接散热量大的被焊件。

(2)正握法:图 5.3.1(b)所示,此方法适用于中功率的电烙铁,弯形烙铁头的烙铁一般也用此法。

(3)握笔法:用类似写字时握笔的姿势握电烙铁,如图 5.3.1(c)所示。此方法易于掌握,但长时间操作容易疲劳,适用于小功率电烙铁,焊接散热量小的被焊件,如焊接收音机、音箱的印制电路板及其维修等。

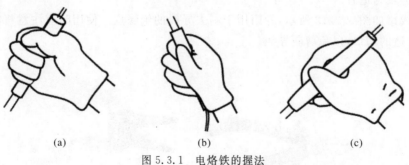

(a)　　　　　　　　(b)　　　　　　　　(c)

图 5.3.1　电烙铁的握法

(a)反握法;(b)正握法;(c)笔握法

需要注意的是,焊剂加热挥发出的化学物质对人体有害,如果操作时鼻子距离烙铁头太近,则很容易将有害气体吸入。一般烙铁离开鼻子的距离应不少于 30cm,通常以 40cm 为宜。

2. 焊锡丝的握法

手工焊接中,通常一手握电烙铁,另一手拿焊锡丝,帮助电烙铁吸取焊料。拿焊锡丝的方法一般有两种,如图 5.3.2 所示。

(1)连续锡丝拿法。连续锡丝拿法用拇指和食指握住焊锡丝,其余三根手指配合拇指和食指把焊锡丝连续向前送进,如图 5.3.2(a)所示。它适用于成卷焊锡丝的手工焊接。

(2)断续锡丝拿法。断续锡丝拿法用拇指、食指和中指夹住焊锡丝。采用这种拿法时,焊锡丝不能连续向前送进,适用于小段焊锡丝的手工焊接,如图 5.3.2(b)所示。

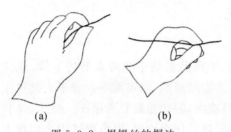

(a)                    (b)

图 5.3.2　焊锡丝的握法

(a)连续锡丝拿法;(b)断续锡丝拿法

### 5.3.2 焊接操作步骤

焊接过程中,工具要放整齐,焊接要快、稳、准。右手拿电烙铁,左手拿焊锡丝,焊接方法如图 5.3.3 所示。

1. 准备施焊

左手拿焊锡丝,右手握电烙铁,进入备焊状态。要求烙铁头保持干净,无焊渣等氧化物,并在表面镀有一层焊锡,如图 5.3.3(a)所示。

2. 加热焊件

要求烙铁同时加热元器件引脚和焊盘,使焊接点升温,利用焊锡桥(焊锡桥就是靠烙铁头上保留少量焊锡作为加热时烙铁头与焊件之间传热的桥梁)加快热传递,如图 5.3.3(b)所示。注意加热时,烙铁头不可用力压焊盘或在焊盘上转动,因为焊盘是由很薄的铜箔贴敷在纤维板上的,在高温时机械强度很差,稍一用力焊盘就会脱落。

3. 熔化焊料

在焊件的焊接面加热到一定温度后(1～2s),此时仍保持电烙铁头与它们的接触,将焊锡丝置于焊点处,使之熔化并润湿焊点,形成合金层,如图 5.3.3(c)所示。注意不要将焊锡丝送到烙铁头上。

4. 移开焊锡

熔化一定量的焊锡后,将焊锡丝移开,方向为左上 45°,如图 5.3.3(d)所示。

5. 移开烙铁

当焊锡完全润湿焊点时,向右上方 45°迅速撤离电烙铁,以保证焊点光亮、平滑、无毛刺,如图 5.3.3(e)所示。完成一个焊点的焊接全过程所用时间为 3～5s 最佳,时间不能过长。

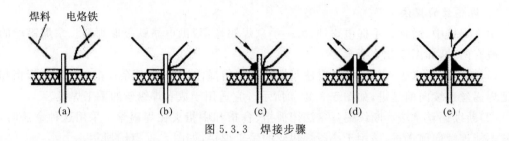

图 5.3.3　焊接步骤

### 5.3.3 常见焊接技艺

1. 印制电路板的焊接

印制电路板的焊接是电子产品组装中非常重要的工作,焊接前要认真检测有无短路、断路、金属化孔不良以及是否涂有助焊剂、阻焊剂等。对于大批量生产的印制电路板,出厂前都已按照检查标准进行了严格检测,因此质量有所保证。但是,对于非正规投产的少量印制电路板或一般研制品,焊接前需要进行仔细检测,以免调试中产生很大的麻烦,印制电路板手工组装的工艺流程如图 5.3.4 所示。

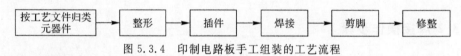

图 5.3.4　印制电路板手工组装的工艺流程

（1）焊接前准备工作。

1）元器件镀锡。元器件引线一般都镀有一层薄薄的钎料,但时间一长,其表面将产生一层氧化膜,影响焊接。为了提高焊接的质量和速度,避免虚焊等缺陷,应该在装配前对焊接表面进行可焊性处理——镀锡。在电子元器件的待焊面（引线或其他需要焊接的地方）镀上焊锡,是焊接前十分重要的一道工序,尤其是对于一些可焊性差的元器件,镀锡是可靠连接的保证,除少数镀有银、金等良好镀层的引线外,大部分元器件在焊接前都要重新进行镀锡。

步骤一:引线的校直。手工操作时,可以用平嘴钳将元器件的引线沿原有角度拉直,不可以出现凹凸块。

步骤二:表面清洁。各种元器件、焊片、导线等都可能在加工、储存的过程中,带有不同的污物,轻则用酒精或丙酮擦洗,严重的腐蚀污点只能用机械办法去除,包括刀刮或砂纸打磨,直到露出光亮的金属为止,如图 5.3.5 所示。

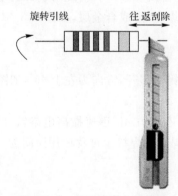

图 5.3.5　用刀片刮去氧化层

步骤三:引线镀锡。镀锡的方法有很多种,常用的方法主要有电烙铁手工镀锡、锡锅镀锡和超声波镀锡等。

步骤四:浸蘸助焊剂。松香是手工焊接中使用最多的焊剂,但松香多次加热后就会失效,尤其是发黑的松香基本上不起作用,应及时更换。

2)元器件引脚成形。组装印制电路板时,为提高焊接质量,使元器件排列整齐美观,并且有利于焊接时的散热和焊接后的机械强度,要对元器件引脚形状进行加工,成型方式分为手工加工和机器加工。手工加工方式在插装前借助镊子或尖嘴钳对元器件引脚进行弯曲成形,机器加工方式是用专用的整形机械来完成的,元器件引脚成形的各种形状如图 5.3.6 所示。

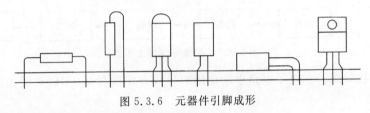

图 5.3.6　元器件引脚成形

成形的具体要求取决于元器件本身的封装外形和在印制电路板上的安装位置。元器件引脚整形的基本要求如下:

a. 所有元器件引脚均不得从根部弯曲,一般应留 1.5mm 以上,否则根部容易折断。

b. 元器件弯曲一般不要成死角,圆弧半径应大于引脚直径的 1～2 倍。

c. 要尽量将有字符的元器件面置于容易观察的位置。

3)元器件手工插装。元器件引脚整形完成后,即可插入印制电路板的焊盘内,元器件插装的原则及注意事项如下:

a. 插装、焊接时应该先安装需要机械固定的元器件,如功率器件的散热器、支架、卡子等,然后再安装靠焊接固定的元器件。否则,会在机械紧固时,使印制电路板受力变形而损坏其他已经安装的元器件。

b. 卧式安装。卧式插装法是将元器件水平地紧贴印制电路板插装,安装时应尽量使两端引线的长度相等对称,把元器件放在两孔中央,排列整齐。这种方法的优点是稳定性好,比较牢固,受振动时不易脱落。

c. 立式安装。该方法单位面积上容纳元器件的数量较多,适用于机壳内空间较小、元器件紧凑密集的产品,且利于散热。缺点是机械性能较差,抗振能力弱,如果元器件倾斜,有可能因接触临近的元器件而造成短路。为使引线相互隔离,往往采用加套绝缘塑料管的方法。

d. 元器件标记。安装元器件时应该使其标记(用色码或字符标注的数值、精度等)朝上或朝着易于辨认的方向,并注意标记的读数方向一致(从左到右或从上到下),这样有利于检验人员直观地检查。

e. 插装时不要用手直接碰触元器件引脚和印制电路板上的铜箔,以免手上的汗渍影响焊接质量。

(2)电烙铁的选择。由于印制电路板的铜箔和绝缘基板之间的结合强度及小型元器件的耐热性差等,焊接时一般选用 20～30W 或调温式电烙铁,烙铁头温度在 250～300℃之间,其形状可采用凿形或锥形。

(3)焊锡丝的选择。手工焊接常使用线状焊锡丝,其内部已经装有由松香和活化剂制成的助焊剂。焊锡丝的直径有 0.5mm、0.8mm、1.0mm、……、5.0mm 等多种规格,要根据印制导线的密度和焊盘的大小选用。

(4)检查。焊接结束后,需要检查有无漏焊、虚焊等现象。剪去多余的引线时,注意不要对焊点施加剪切力以外的其他力。检查时,可用镊子将每个元器件的引脚轻轻一提,看是否摇动,若发现摇动,应重新焊接。最后根据工艺要求选择清洗液清洗印制电路板。

2. 导线焊接

在一般的电子产品中,常常使用导线用于总装各电路板之间的连接,在焊接前需要对其接头进行处理,绝缘导线加工工艺过程如图 5.3.7 所示。

图 5.3.7　绝缘导线加工工艺

(1)常用连接导线。在电子电路中常使用的导线有单股导线、多股导线和屏蔽线三类,如图 5.3.8 所示。

1)单股导线:绝缘层内只有一根芯线,俗称"硬线",这种导线易成形固定,常用于固定位置的连接。

2)多股导线:绝缘层内有 4～67 根或更多的导线,俗称"软线",其使用最为广泛。

3)屏蔽线:在绝缘芯线外有一层网状导线,具有屏蔽信号的作用,在弱信号的传输中应用很广。

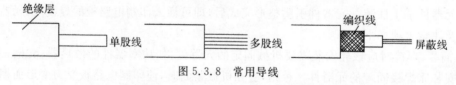

图 5.3.8　常用导线

(2)导线的焊前处理。预焊在导线的焊接中是关键的步骤,尤其是多股导线,如果没有预焊的处理,焊接质量很难保证。导线的预焊又称为挂锡,方法与元器件引线预焊的方法一样,需要注意的是,导线挂锡时要一边镀锡一边旋转。多股导线的挂锡要防止"烛芯效应",即焊锡浸入绝缘层内,造成软线变硬,导致接头故障。

步骤一:剥头。应剥去其线头部分的绝缘层,露出一段芯线。剥离的方法有刃截法和热截法。

步骤二:捻头。多股导线剥去绝缘层后,要进行捻头使线头得到很好的绞合,以防芯线松散无法插入焊盘,此外散乱的导线也容易造成电路故障。

步骤三:浸锡。剥好的导线端头浸锡的目的在于防止氧化,以提高焊接质量,方法有锡锅浸锡和电烙铁上锡。需要注意的是,不能让焊锡浸入导线的绝缘皮中,要留出一定的间隔。

(3)导线的焊接。

1)导线与接线端子的焊接。导线与接线端子之间的焊接一般有绕焊、钩焊和搭焊三种形式,如图 5.3.9 所示。

绕焊:把经过上锡的导线端头在接线端子上缠绕一圈,用钳子拉紧缠牢后进行焊接,如图 5.3.9(a)所示。注意导线一定要紧贴端子表面,绝缘层与端子之间一般距离 $L=1\sim3$mm。这种连接可靠性最好。

　　钩焊:将导线端子弯成钩形,钩在接线端子上并用钳子夹紧后施焊,如图 5.3.9(b)所示,端头处理与绕焊相同。这种方法强度低于绕焊,但操作简便,易于拆焊。

　　搭焊:把经过镀锡的导线搭到接线端子上施焊,如图 5.3.9(c)所示。这种连接最方便,但强度可靠性最差,仅用于临时连接或不便于缠、钩的地方以及某些接插件上。

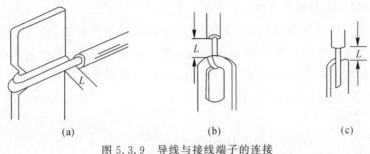

图 5.3.9　导线与接线端子的连接

(a)绕焊;(b)钩焊;(c)搭焊

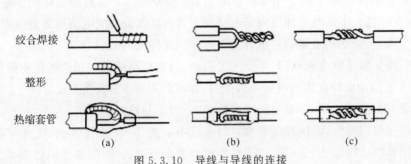

图 5.3.10　导线与导线的连接

(a)粗细不同的两根线;(b)相同的两根线;(c)简化连接

　　2)导线与导线的焊接。导线之间的连接以绕焊为主,如图 5.3.10所示,操作步骤如下:

　　a. 去掉一定长度绝缘皮,一般以 2 ～ 4mm 为宜。

　　b. 端子上锡,并穿上合适套管。

　　c. 将需要焊接的两根导线进行绞合并施焊。

　　d. 趁热套上套管,冷却后将套管固定在接头处。

　　3. 几种易损元器件的焊接

　　(1)铸塑元器件的锡焊。各种有机材料,包括有机玻璃、聚氯乙烯、聚乙烯和酚醛树脂等材料,现在已被广泛用于电子元器件的制造,例如电子工艺实习中要接触到的耳机插座、开关等。这些元件都是采用热铸塑方式制成的,它们最大的缺点就是不能承受高温。对这类元器件施焊时,如不注意控制加热时间,极容易造成塑性变形,导致元件失效或降低性能,造成隐性故障。因此这一类元件焊接时必须注意以下几点:

　　1)在元器件预处理时,尽量清理好接点,一次镀锡成功,不要反复镀,尤其将元器件在锡锅中浸镀时,要掌握好浸入深度及时间。

　　2)焊接时烙铁头要修整尖一些,焊接一个接点时不碰触相邻接点。

　　3)镀锡和焊接时,适量的助焊剂是必不可少的。但过量使用焊剂,焊接以后势必需要擦除多余的焊剂,延长了加热时间,降低了工作效率。当加热时间不足时,又容易形成"夹渣"的缺陷。焊接开关、接插件的时候,过量的焊剂容易流到触点上,会造成接触不良。

4)烙铁头在任何方向上均不要对接线片施加压力。焊后不要在塑壳未冷却时对焊点做牢固性试验。

5)焊接时,在保证焊盘润湿的情况下,焊接时间越短越好。实际操作中在焊件预焊良好时只须用挂上锡的烙铁头轻轻一点即可。

(2)簧片类元器件接点焊接。这类元器件如继电器、波段开关等,其共同特点是簧片制造时加了预应力,使之产生适当弹力,保证电接触性能。如果在安装和施焊过程中对簧片施加外力,则会破坏接触点的弹力,造成元器件失效。簧片类元件焊接要求如下:

1)可靠的预焊。

2)加热时间要短。

3)焊接时不可对焊点任何方向加力。

4)焊锡量宜少不宜多。

(3)FET 及集成电路焊接。半导体场效应管(MOSFET)特别是绝缘栅型电路,由于输入阻抗很高,所以稍有不慎就可能使内部击穿而失效。双极型集成电路内部集成度高,通常管子隔离层都很薄,一旦受到过量的热也容易损坏。因此焊接时要注意以下几点:

1)电路引线如果是镀金处理的,不要用刀割刮,只需酒精擦洗或用绘图橡皮擦干净即可。

2)CMOS 电路如果焊接前已将各引线短路,焊接时不要拿掉短路线。

3)在保证润湿的前提下,焊接时间尽可能短,一般不超过 3s。

4)最好使用恒温烙铁,温度控制在 230℃ 或用功率为 20W 的电烙铁,接地线应保证接触良好。若使用外热式电烙铁,最好采用烙铁断电后的余热进行焊接,必要时还要采取人体接地的措施,以防静电损坏集成电路。

5)若工作台上铺有橡皮、塑料等易于积累静电的材料时,MOS 集成电路芯片及印制电路板不宜放在台面上。

6)烙铁头应修整窄一些,使焊一个端点时不会碰到相邻端点。

7)对直接焊接到印制电路板上的集成电路,安全的焊接顺序为:地端—输出端—电源端—输入端。

(4)瓷片电容、发光二极管和中周等元器件的焊接。这类元器件的共同缺点是加热时间过长会失效,其中瓷片电容、中周等元件易造成内部接点开焊,发光管则会造成管芯损坏。焊接前要处理好焊点,施焊时强调一个"快"字。采用辅助散热措施可避免其过热失效。

### 让每一个焊点点亮工匠精神

李莹是中国电子科技集团公司第三十八研究所电子设备装接工,日常焊接的部件相当于雷达、预警机等我国重要国防装备的"心脏",因手工焊接技术精湛,被称为"焊接绣娘"。2016 年她在美国拉斯维加斯的 IPC(国际电子工业联接协会)手工焊接比赛中,取得世界亚军的成绩。

作为国内手工焊接领域的"技术明星",李莹焊接的 QFP 封装器件,堪称雷达的"神经中枢",是确保装备性能的关键,但是引脚多、间距小、焊接难度极大。一名普通焊接工人焊接完一块 QFP 需要一个多小时,而李莹仅需 1min 30s,而且她手工焊接成品的精确度超过机器焊接,这样的技艺水平正是她不断追踪行业进展,日复一日打磨自身的技术和工艺所成就的。李莹在采访中说"我国要培养更多的大国工匠,不光要求我们的一线工人在技术的精度上达到顶尖水平,在技术的全面性和创新性上也要如此"。

虽然一些结构复杂的产品可以用机器加工,但在面临更复杂的情况时,只有人才能发挥创造力来解决。因此,无论技术发展到什么阶段,高技能的工匠都是不可或缺的。如果工匠精神成为产业工人的共识,中国制造的品质提升和竞争力增强就会指日可待;如果工匠精神成为全社会的共识,各行各业都以追求极致为目标,就可以助推中国经济发展,加快全社会凝心聚力共圆中国梦的进程。

**本节金句与思考:**

在长期实践中,我们培育形成了爱岗敬业、争创一流、艰苦奋斗、勇于创新、淡泊名利、甘于奉献的劳模精神,崇尚劳动、热爱劳动、辛勤劳动、诚实劳动的劳动精神,执着专注、精益求精、一丝不苟、追求卓越的工匠精神。劳模精神、劳动精神、工匠精神是以爱国主义为核心的民族精神和以改革创新为核心的时代精神的生动体现,是鼓舞全党全国各族人民风雨无阻、勇敢前进的强大精神动力。

——习近平总书记 2020 年 11 月 24 日在全国劳动模范和先进工作者表彰大会上的讲话

### 5.3.4 拆焊

调试和维修电子设备时,常常需要更换一些元器件,此时需要将原先的元器件拆焊下来。如果拆焊的方法不当,就会破坏印制电路板。

1. 拆焊的基本原则

拆焊前要弄清楚原焊接点的特点,再按照以下原则进行拆焊:

(1)不损坏待拆除的元器件、导线及原焊接部位的结构件;

(2)拆焊时不可损坏印制电路板上的焊盘与印制导线;

(3)拆焊时尽量避免伤及和移动其他元器件;

(4)对已判定损坏的元器件,可先将其引线剪断再进行拆除,以减少其他损伤。

2. 拆焊工具

(1)吸锡电烙铁。吸锡电烙铁在普通电烙铁的基础上增加了吸锡结构,具有加热和吸锡两种功能。

(2)吸锡器。吸锡器是一种修理电子设备用的工具,用于收集拆卸焊盘电子元件时融化的焊锡,需要与电烙铁配合使用。使用时先用电烙铁将焊点熔化,再用吸锡器吸除熔化的焊锡,如图 5.3.11 所示。

(3)吸锡线。用于吸取焊接点上的焊锡,使用时用电烙铁将锡熔化使之吸附在吸锡线上,如图 5.3.12 所示。

图 5.3.11　吸锡器　　　　　图 5.3.12　吸锡线

**3. 拆焊方法**

(1)分点拆焊法。对卧式安装的阻容元器件,两个焊点距离较远,可采用电烙铁分点加热,逐点拔出。如果引脚是弯折的,用烙铁头撬直后再行拆除。拆焊时,将印制电路板竖起,一边用电烙铁加热待拆元器件的引脚焊点,一边用镊子或尖嘴钳夹住元器件引脚轻轻拉出。

(2)集中拆焊法。集成电路、中频变压器、多引线接插件等的焊点多而密,转换开关、晶体管及立式装置的元件等的焊点距离很近,对上述元器件可采用专用烙铁头对各引脚焊点同时加热,待焊点熔化后,便可从印制电路板下移除。

(3)保留拆焊法。对需要保留元器件引线和导线端头的拆焊,用吸锡工具先吸去被拆焊接点处的焊锡。一般情况下都能够摘除元器件。如遇到多引脚电子元器件,可以借助电子热风枪进行加热拆焊。如果是搭焊的元器件或引脚,可以在焊点上沾上助焊剂,用电烙铁熔开焊点,元器件的引脚或导线即可拆下。如果是钩焊的元器件或引脚,先用电烙铁清除焊点的焊锡,再用电烙铁加热,将钩下的残余焊锡熔开,同时需在钩线方向用铲刀翘起引脚,撬时不可用力过猛,防止将已融化的焊锡溅入眼睛或衣服。

(4)剪断拆焊法:在确定元器件已损坏的前提下,被拆焊点上的元器件引脚及导线如有余量,可先将元器件或导线剪下,再将焊盘上的线头拆下来。也可以保留剪断的引线或线头,采用搭焊或细导线绕焊的方法,换上新元件,如图 5.3.13 所示。

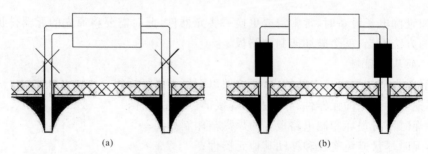

(a)　　　　　　　　　　　　　　　(b)

图 5.3.13　剪断拆焊法更换元件
(a)剪断;(b)搭焊或细导线绕焊

**4. 拆焊后重新焊接时应注意的问题**

(1)重新焊接的元器件引脚和导线尽量和原来保持一致。

(2)拆焊后,若焊盘孔被堵塞,需要穿通被堵塞的焊盘孔。方法是用电烙铁对焊盘加热,待锡熔化时,用一直径略小于焊盘孔的缝衣针或元器件引脚将孔穿通。

(3)拆焊并重新焊好元器件或导线后,要将移动、弯折过的元器件恢复原状,以免电路性能受到影响。

(4)拆焊和补焊过程中要用到助焊剂,完成维修后,再将焊点及其周围进行清洗。

---

标准助推创新发展,标准引领时代进步。

———习近平

---

# 5.4　焊接质量检测

## 5.4.1 焊点质量国际标准

1.国内外标准体系介绍

目前针对电子装联工艺的国外标准组织有 IPC、IEC、ECSS、ANSI、MIL－STD 等,具体名称见表5.4.1。

表 5.4.1　国外电子装联工艺标准组织

| 序号 | 简称 | 全称 |
|---|---|---|
| 1 | IPC | 国际电子工业联接协会标准 |
| 2 | IEC | 国际电工委员会标准 |
| 3 | ECSS | 欧洲航天标准化合作组织标准 |
| 4 | ANSI | 美国国家标准学会 |
| 5 | MIL－STD | 美国国家军用标准 |

国际电子工业联接协会[①](Institute of Printed Circuits,IPC)是一家全球性非盈利电子行业协会,于 1957 年 9 月由六家印制板制造商建立。IPC 制定了数以千计的标准和规范。它制定的标准大部分已采纳为 ANSI 标准,有的还为美国国防部批准,取代相应的 MIL 标准。例如 IPC－D－275 取代了 MIL－STD－275,IPC－4101 取代了 MIL－S－13949,在 MIL－P－55110《印制电路总规范》中所使用的试验方法绝大多数直接引用 IPC－TM－650 手册的。

国际电工委员会[②](International Electrotechnical Commission,IEC)成立于 1906 年,是世界上成立最早的非政府性国际电工标准化机构。IEC 负责有关电工、电子领域的国际标准化工作。

欧洲航天标准化合作组织[③]标准(European Cooperation for Space Standardization,EC-SS)。ECSS 标准化活动涉及项目管理、产品保证、工程三个方面和研制、生产、使用全过程。该标准体系是 ECSS 在创建之初就确定的方案,它是在调研 ISO、NASA、ESA/PSS 及航天公司标准的现状基础上而确定的,具有一定的先进性和实用性。

美国国家标准学会[④](American National Standards Institute,ANSI),成立于 1918 年,协

---

[①]　https://www.ipc.org/

[②]　https://www.iec.ch/homepage

[③]　https://ecss.nl/

[④]　https://www.ansi.org/

调并指导全国标准化活动,给标准制定、研究和使用单位以帮助,提供国内外标准化情报。

美国国家军用标准(MIL‐STD),美国国防部以其常规武器、核武器、火箭、导弹、船舶、机械、电子和服装等需要协调统一的诸军事设备及有关事项为对象所制定的标准。

根据目前的调研了解,在国内各军工电子装联工艺行业标准或企业标准制定过程中,参考IPC、ECSS 标准内容居多。目前针对电子装联工艺的国内标准组织有 GB、GJB、QJ、SJ 和 HB等,具体名称见表 5.4.2。

**表 5.4.2　国内电子装联工艺标准组织**

| 序号 | 简称 | 全称 |
|---|---|---|
| 1 | GB | 国家标准 |
| 2 | GJB | 国家军用标准 |
| 3 | QJ | 航天工业行业标准 |
| 4 | SJ | 电子工业行业标准 |
| 5 | HB | 航空工业行业标准 |

GB 是中华人民共和国国家标准,由国家标准化管理委员会发布。

GJB 是中华人民共和国国家军用标准,简称国军标,是指设备符合军用规格或军事用途的标准和规范,性质如同 GB,是测试某样产品是否合格或达到固定规格要求的依据。一般来说,GJB 的要求要比 GB 更为严格。GJB 的归口单位是中国航空综合技术研究所。

QJ、SJ、HB 分别是中国航天工业、电子工业、航空工业针对自身装备的特点制定的行业标准。

2. IPC 焊接质量标准

IPC 是美国乃至全球电子制造业最有影响力的组织之一,参与产品设计、印制电路板、电子组装和测试等电子行业产业链的各个环节的行业标准,包括先进微电子、军事应用、航空航天、汽车工业、计算机、工业和医疗设备、电信业等。IPC 曾两次更名,但由于其知名度很高,故更名后标记和缩写没有改变(见图 5.4.1)。

IPC 标准中 IPC J‐STD‐001 标准(电气与电子组件焊接要求)和IPC‐A‐610 即《Acceptability of Electronic Assemblies》(电子组件的可接受性)标准是全球电子行业应用最广泛的两份标准,用于电子组件的制造。虽然这两份标准经常一起使用,但是使用目的不同。IPC J‐STD‐001 是制造企业材料和工艺要求的标准,IPC‐A‐610 是一种组装后的验收标准,用于确保电子组件满足电子行业的验收要求。

图 5.4.1　IPC

IPC‐A‐610 是国际上电子制造业界普遍公认的可作为国际通行的质量检验标准,这是一份检查员、操作者和其他感兴趣人员必须具备的电子组件接收标准的文件。随着元器件封装及电子装联技术的不断发展,IPC 标准也在不断更新,IPC‐A‐610 标准从首次发布起至今已历经了 8 次修订,最新版本为 IPC‐A‐610H,发表于 2020 年 9 月,来自 29 个国家和地区的代表(增加了 11 个代表性的国家)参与了升版工作。

IPC 技术委员会采取开放的方针,吸取全球广大会员单位人员参加 IPC 技术委员会下的各分委会与工作组,每一个分委会或工作组负责一项标准的建立或修订。起初,位于亚太区 IPC(中国)的工作组主要承担 IPC 英文标准的汉化工作,随着开放程度越来越高,目前也能越来越多地参与到新标准开发或修订的工作中。

---

**中国标准  标准强国  品牌中国**

标准是一个国家软实力和硬实力的综合体现,标准竞争已经成为当前国际市场竞争的一个重要领域。标准竞争的胜利者可以在相当长时期内控制相关技术的发展方向和市场创新方向,对国际市场产生广泛的控制力和行业领导力。

在现在的国际技术规则制定领域里,由美国、英国、德国、法国和日本主持和主导的国际标准数量占到全球标准数量的 90% 到 95%,而另外的 170 个国家主持的标准数量占到 5%,6 年前中国仅占 0.7%,现在上升到 1.8%。大力推动中国标准"走出去",让更大范围的国际市场接受和采用中国标准,是提高我国国际话语权的重要抓手。

中兴通讯和深圳华为两家企业在国际标准领域已经完成了从"学习者"到"参与者"再到"重要参与者"甚至"主导者"的角色演进,成为国内企业走向国际标准舞台的典范。一流企业做标准、二流企业做品牌、三流企业做产品。标准的主导者一定是技术的引领者、市场的控制者。标准化发展趋势对未来新兴产业带来重要的促进作用。在国际舞台上不断涌现中国标准,不断发出中国标准的声音,将极大地提升我国国家形象和国际话语权。

**本节金句与思考:**

标准是人类文明进步的成果。从中国古代的"车同轨、书同文",到现代工业规模化生产,都是标准化的生动实践。伴随着经济全球化深入发展,标准化在便利经贸往来、支撑产业发展、促进科技进步、规范社会治理中的作用日益凸显。标准已成为世界"通用语言"。世界需要标准协同发展,标准促进世界互联互通。

——习近平总书记 2016 年 9 月 9 日致第 39 届国际标准化组织大会的贺信

---

### 5.4.2 焊点的要求

对焊点的质量要求主要包括可靠的电气连接、足够的机械强度和光洁整齐的外观。

**1. 可靠的电气连接**

电子产品工作的可靠性和电子元器件的焊接密切相关。焊接是电子线路从物理上实现电气连接的主要手段,靠的是焊接过程中形成的牢固连接的合金层达到电气连接的目的。如果焊锡仅仅是堆在焊件的表面而形成虚焊或只有少部分形成合金层,在最初的测试和工作中也许不会发现焊点存在问题,但随着条件的改变和时间的推移,出现脱焊现象,电路产生时通时断或干脆不工作的故障,而这时仔细观察焊点的外表,发现焊点依然连接如初,这是电子产品使用中最头疼的问题,也是产品制造中必须十分重视的问题。

**2. 足够的机械强度**

焊点不仅起电气连接的作用,同时也是固定元器件、保证机械连接的手段,因而要达到一定的机械强度,除焊料与被焊金属表面浸润性好之外,还要适当增大焊接面积。作为锡焊材料的铅锡合金,本身机械强度是比较低的,常用的铅锡焊料抗拉强度为 $3\sim4.7kg/cm^2$($30\sim47MPa$),只有普通钢材的 $10\%$,要想增加机械强度,可以增大连接面积。常见影响机械强度的缺陷包括虚焊、焊锡未流满焊点或焊锡量过少、焊接过程中焊料尚未凝固便使焊件振动而引起焊点结晶粗大(像豆腐渣状)或有裂纹,以上情况都会影响机械强度。

3. 合格的外观

良好的焊点要求焊料用量恰到好处,外表有金属光泽,焊点大小均匀,无残留焊剂且不能有拉尖、毛刺及孔隙等现象,并且不伤及导线的绝缘层及相邻元器件。良好的外表是焊接高质量的反映,例如表面有金属光泽,是焊接温度合适、生成合金层的标志,而不仅仅是外表美观的要求,但这一点只适用于锡铅焊料焊接,对于大多数无铅焊料而言,表面不具有金属光泽。

图 5.4.2 是两种典型焊点的外观,其共同要求是:形状为近似圆锥而表面微凹呈慢坡状(以焊接导线为中心,对称呈裙状拉开)。焊料的连接面呈半弓形凹面,焊料与焊件交界处平滑,接触角尽可能小;焊点表面有光泽且平滑;无裂纹、针孔、夹渣。

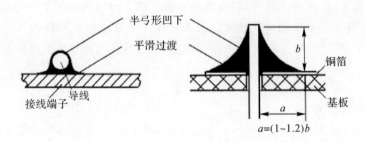

图 5.4.2　合格焊点

## 5.4.3　焊点的检查

1. 常见术语

(1)开路:铜箔线路断开或焊锡间无连接;

(2)空焊:元器件的引脚和焊盘未被焊料润湿;

(3)连焊:两个或两个以上异电位的相互独立的焊点被连接在一起的现象;

(4)虚焊:外观完整,实则焊点未能有效焊合;

(5)冷焊:因温度不够而造成的表面焊接现象,焊点无金属光泽;

(6)包焊:焊锡过多无法看见引脚,接触角大于 $90°$;

(7)锡珠、锡渣:没有融合在焊点上的焊锡残渣;

(9)针孔:焊点上的小孔,其内部中空;

(9)气孔:焊点上较大的孔,裸眼可见其内部;

2. 手工焊接检验标准

现在近一半的电子设备故障是由于焊接不良引起的,一个虚焊点就可能造成整套仪器设备的瘫痪,因此焊接结束后,要对焊接质量进行检验。手工焊接检验的各项标准见表 5.4.3 至表 5.4.5。

### 表 5.4.3 手工焊接检验标准——标准状态

| 内 容 | 标准状态 | |
|---|---|---|
| 焊点湿润的可接受性 | | 焊点表层总体呈现光滑且焊料在被焊件上充分润湿,部件的轮廓容易分辨;焊接部件的焊接点有顺畅连接的边缘 |
| 通孔垂直填充 | | 100%填充 |
| 通孔元件(Plating Through Hole,PTH)焊点状况 | | 引脚周围 100%有焊锡覆盖;焊锡覆盖引脚,在焊盘或导线上有薄而顺畅的边缘 |
| 焊锡高度 | | 引脚折弯处的焊锡不接触元件本身 |
| 引脚包线绝缘层 | | 焊点表层与绝缘层之间有一倍于包线直径的间隙 |
| 焊接后的引脚剪切 | | 引脚伸出量不能违返最小导体间距的要求,不能因引脚弯折而引起焊点损坏,或在随后工序操作、环境操作中刺穿防静电袋,不能影响后续装配 |

续 表

| 内容 | | 标准状态 |
|------|--|----------|
| 拉尖 |  | 无焊锡尖 |
| 助焊剂残留物 | 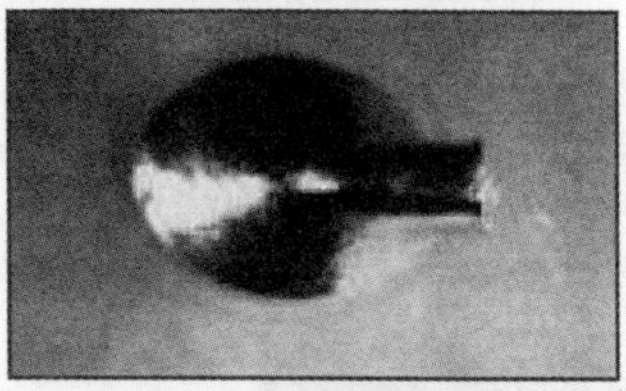 | 洁净,没有可见残留物 |
| 焊锡球/泼溅/锡网 | 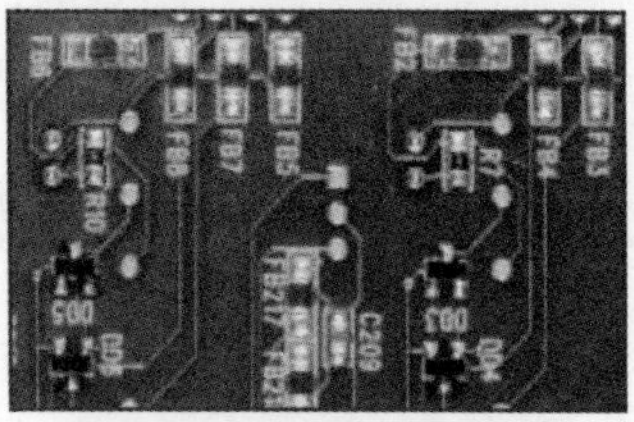 | 无焊锡球 |
| 焊锡洞和裂锡 | 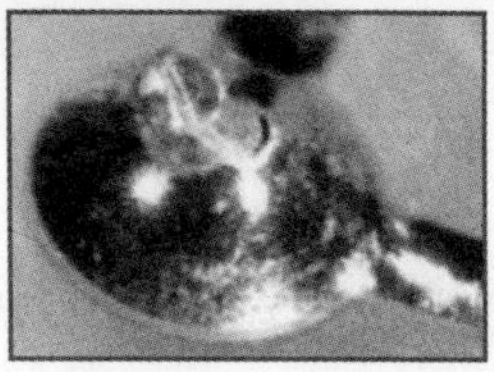 | 无任何焊锡洞和裂锡 |

**表 5.4.4　手工焊接检验标准——允许条件**

| 项目 | | 允许条件 |
|------|--|----------|
| 焊点湿润的可接受性 | 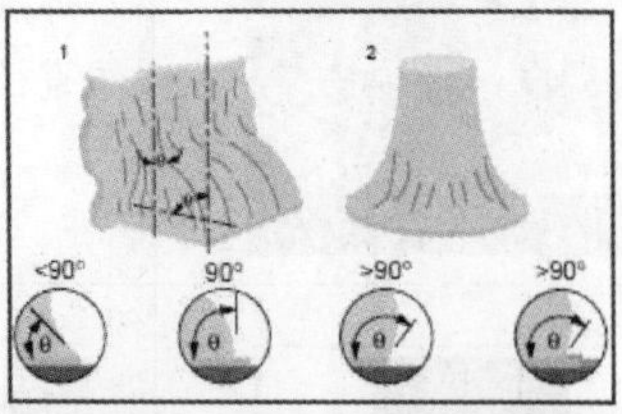 | 可接受的焊点必须是当焊锡与待焊表面形成一个≤90°的连接角 |
| 通孔垂直填充 |  | 不少于75%的填充率,包括主面和辅面在内 |

续 表

| 项目 | 允许条件 | |
|---|---|---|
| PTH 通孔元件焊点状况 | 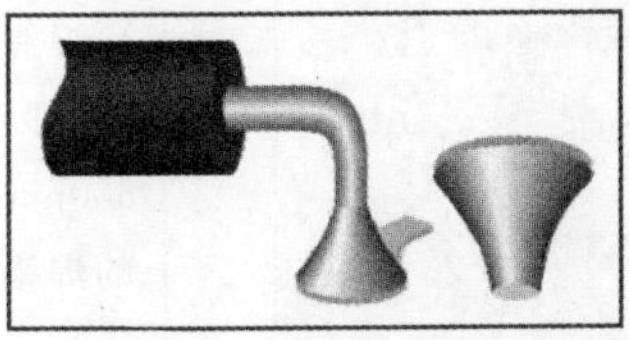 | 焊点表面呈凹面、润湿良好且焊点内引脚形状可辨识 |
| 焊锡高度 | 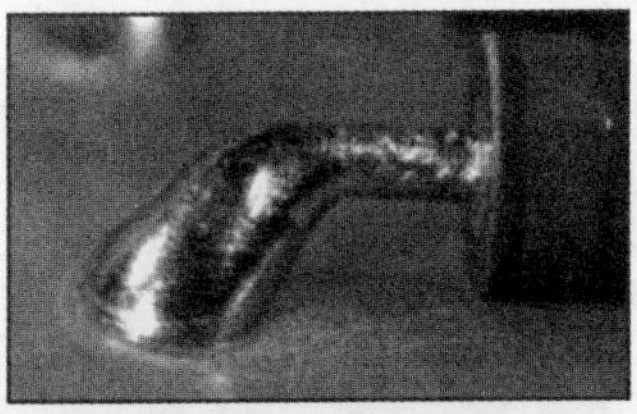 | 引脚折弯处的焊锡不接触元件本体 |
| 引脚包线绝缘层 | 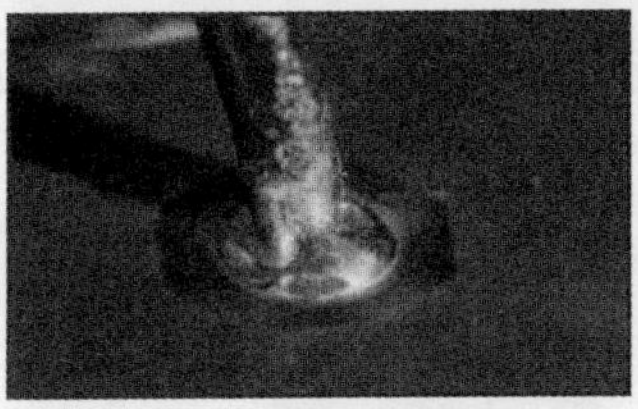 | 主面的包层进入焊接处,但辅面润湿良好;辅面未发现包层 |
| 焊接后的引脚剪切 | 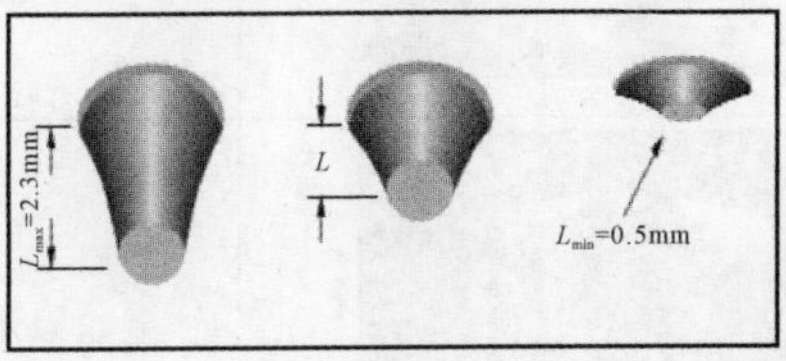 | 引脚和焊接点无破裂,引脚突出在规定范围内 |
| 拉尖 | 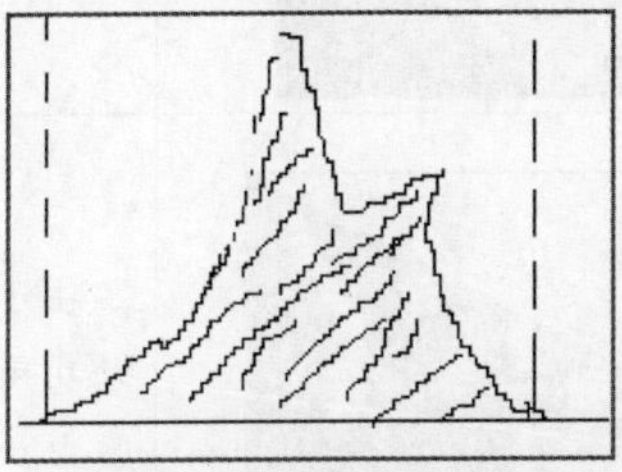 | 焊锡尖在图示范围以内 |
| 助焊剂残留物 | 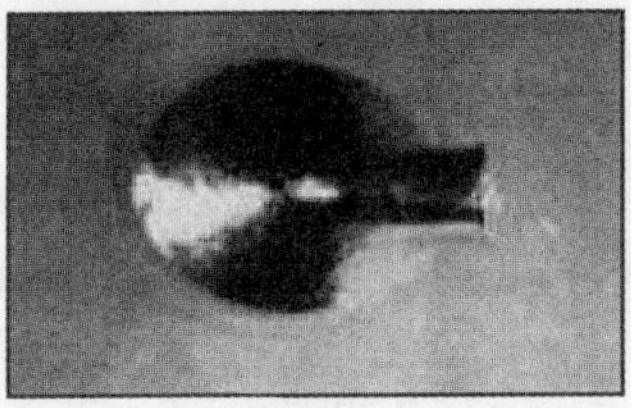 | 对需要清洗的助焊剂而言,应无可见残留物。对免清洗助焊剂而言,允许有残留物 |

续 表

| 项目 | 允许条件 |
|---|---|
| 焊锡球/泼溅/锡网 | 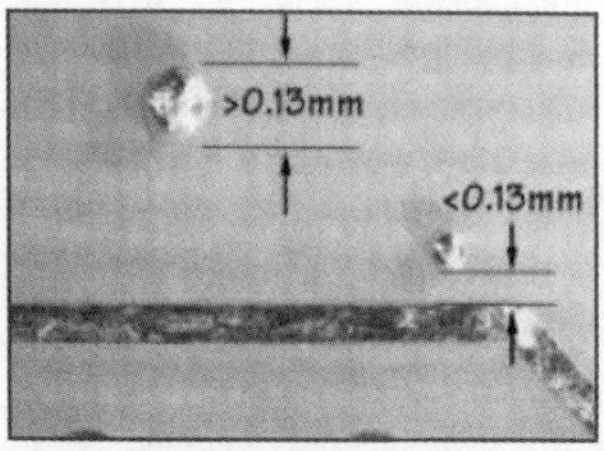 焊锡球在一般的工作条件下不会松动,距离导线在 0.13mm 以上,且 600mm² 内少于 5 个直径为 0.13mm 的焊锡球 |
| 焊锡洞和裂锡 | 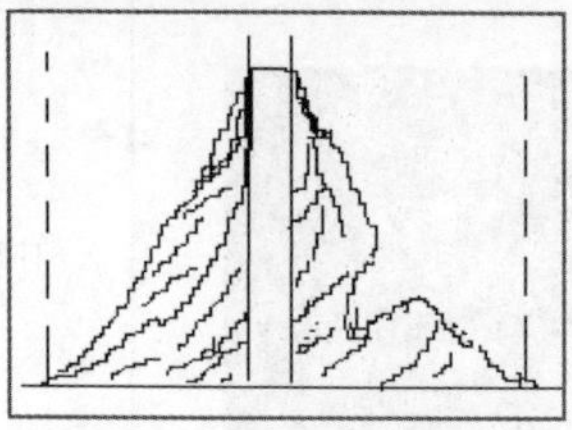 未造成裂锡(焊锡与脚或焊盘分离),且从锡洞处看不见元件引脚或焊接部的锡洞 |

表 5.4.5 手工焊接检验标准——拒收条件

| 项目 | 拒收条件 |
|---|---|
| 焊点湿润的可接受性 |  不湿润,导致焊接点形成表面的球状或粒状物;表层凸状,无顺畅连接的边缘、移位焊点、虚焊点都为不可接受 |
| 通孔垂直填充 | 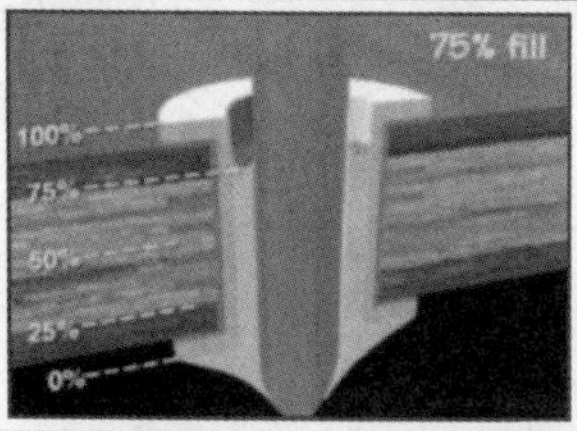 填充率少于 75% |
| PTH 通孔元件焊点状况 | 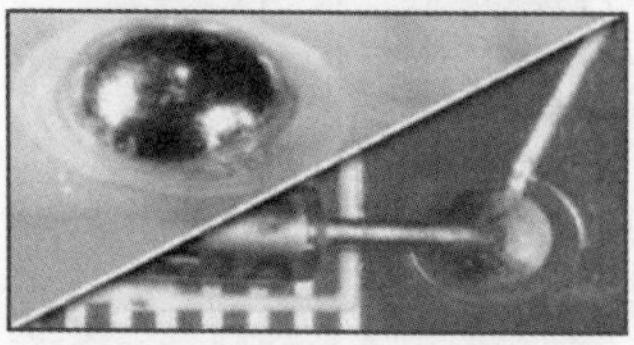 由于引脚弯曲或润湿导致引脚形状不可辨识,出现包焊现象 |
| 焊锡高度 | 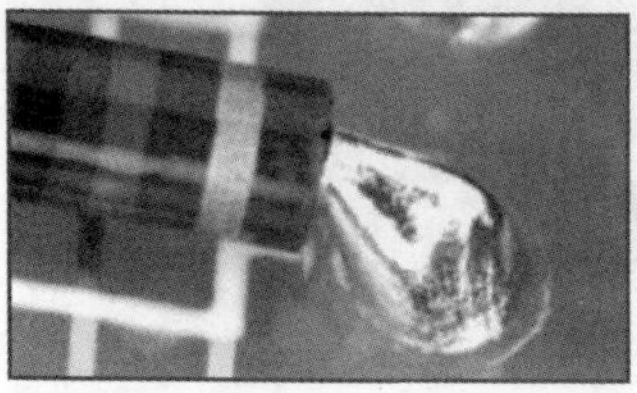 引脚折弯处的焊锡接触元件本体或密封端 |

续 表

| 项目 | 拒收条件 | |
|---|---|---|
| 引脚包线绝缘层 | 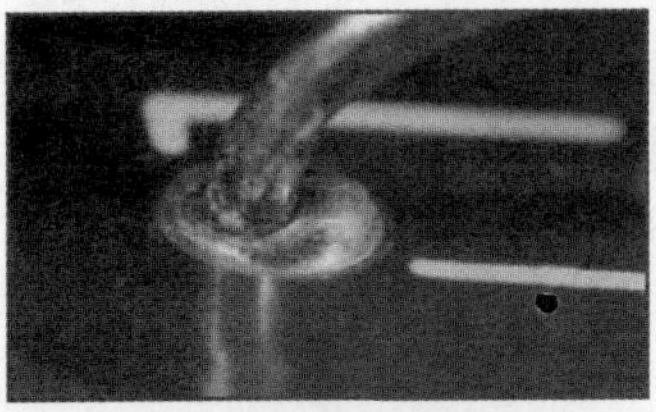 | 焊接处润湿不良且不满足焊接要求；<br>引脚的绝缘包线插入孔中 |
| 焊接后的引脚剪切 | 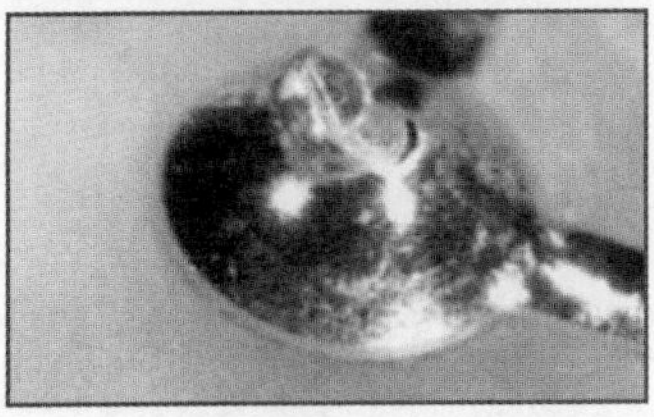 | 引脚和焊接点间破裂；<br>引脚突出未在规定范围内均不可接受 |
| 拉尖 | 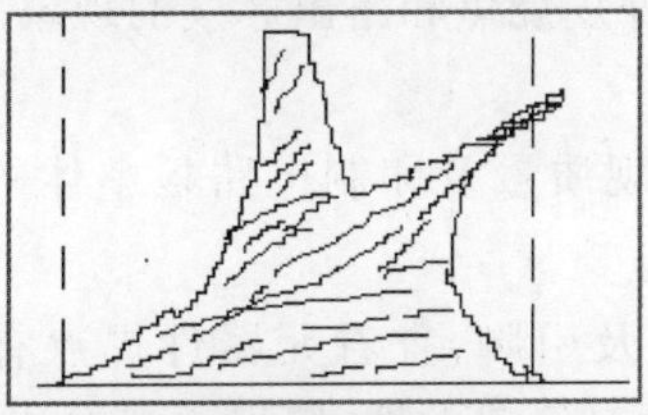 | 焊锡尖在图示范围以外 |
| 助焊剂残留物 | 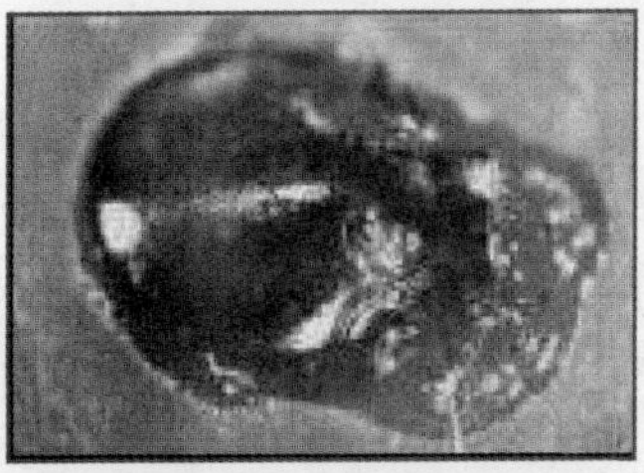 | 有助焊剂残留物 |
| 焊锡球/泼溅/锡网 | 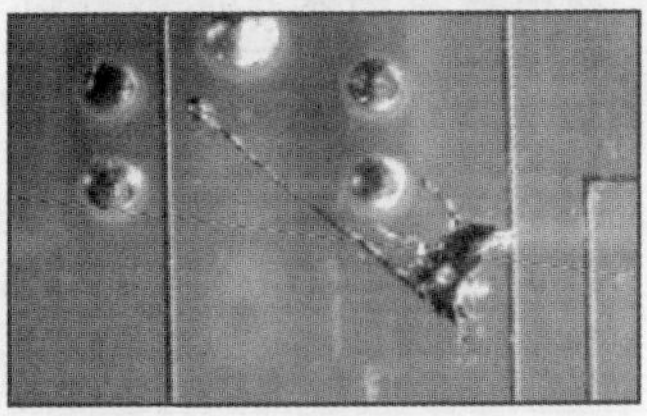 | 焊锡球违反最小电气间隙，未固定的焊锡球、焊锡球的数量和直径超过表 5.4.4 中的要求 |
| 焊锡洞和裂锡 | 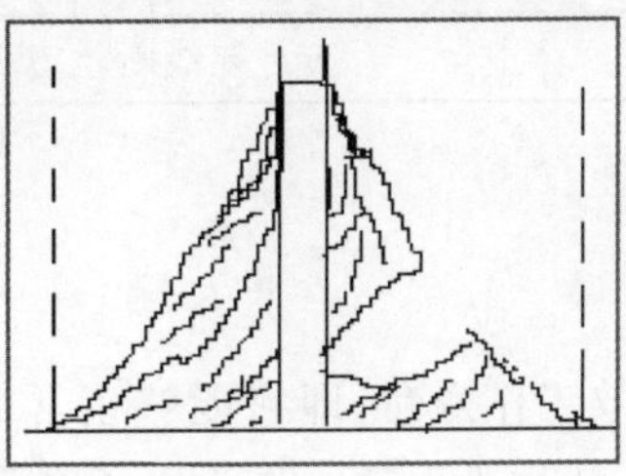 | 任何裂锡均不可接受；<br>肉眼可见元件脚或焊接部的锡洞不可接受 |

3. 焊接质量检验

焊接质量的检验分为外观检查和电性能检查。

(1)外观检查。电子产品在装配焊接完毕后,用人工的方式来检查电路板的焊接质量,通常称为外观检查。目前自动焊接系统生成的印制电路板可以不进行这一步,但如果电路板在通电检查后出现问题,这一步将是不可缺少的。

1)外观检查标准。

a. 是否有漏焊;

b. 焊点的光泽好不好;

c. 是否有桥接现象;

d. 焊点是否有裂纹、针孔和夹渣;

e. 焊点是否有拉尖现象;

f. 焊盘是否有起翘或脱落情况;

g. 焊点周围是否有残留的焊剂;

h. 导线是否有部分或全部断线、外皮烧焦和露出芯线的现象。

2)外观检查的方法。

a. 目测法。用目测观察焊点的外观质量及印制电路板整体的情况是否符合外观检验标准,可以借助放大镜或显微镜观测。

b. 手触法。用手触摸元件的外壳及引脚,查看元器件焊点有无松动、焊接不牢的现象。对可疑焊点也可以用镊子轻拉引线,这对发现虚焊、假焊非常有效,可检查有无导线断线、焊盘剥离等缺陷。

(2)电性能检验。检验电路性能的关键步骤就是通电检查。通电检查必须是在外观检查和连线无误后才能进行,如果不经过严格的外观检查,进行通电检查时不仅困难较多,而且有可能损坏设备仪器,造成安全事故。通电检查可以发现许多微小的缺陷,但内部虚焊的隐患不容易检查出来,所以关键还是要提高焊接操作的技艺水平,不能把问题留到检验阶段去解决。通电检查的结果及原因分析见表5.4.6。

表5.4.6 通电检查结果及原因分析

| 通电检查结果 | | 原因分析 |
| --- | --- | --- |
| 元器件损坏 | 失效 | 过热损坏、电烙铁漏电 |
| | 性能降低 | 电烙铁漏电 |
| 导通不良 | 断路 | 焊点开焊、松香夹渣、虚焊、插座接触不良 |
| | 短路 | 桥接、错焊或焊料飞溅 |
| | 时通时断 | 导线断丝、焊盘脱落等 |

## 5.4.4 焊点失效分析

电子元器件的可靠性是指它的有效工作寿命,即它能够正常完成某一特定电气功能的时间。一旦电子元器件的工作寿命结束,就称为失效。作为电子产品主要连接方法的焊点,应该保证在产品有效使用期内不失效。然而在实际使用中,总有一些焊点在正常使用期内失效。

焊点的失效通常由各种复杂因素相互作用引发,不同的使用环境有不同的失效机理,焊点的主要失效机理包括热致失效、机械失效和电化学失效等。

**1. 热致失效**

热致失效主要是由热循环和热冲击引起的疲劳失效。由于表面贴装元件、印制电路板和焊料之间的热膨胀系数不匹配,电子产品在反复通电和断电过程中,环境温度的变化和发热元件的热量传导,会使焊点产生热应力,应力的周期性变化导致焊点的热疲劳失效。

相对于热循环而言,热冲击造成的失效是由不同温升速率和冷却速率给组件带来的较大附加应力而产生的。在热冲击条件下由于比热、质量、结构和加热方式等各种因素的影响,组件各部分温度不相同,从而产生附加的热应力,会导致许多可靠性问题。

**2. 机械失效**

人们一般都希望电子设备工作在无震动、无机械冲击的理想环境中,然而事实上,对设备的震动和冲击是无法避免的。如果设备选用的元器件的机械强度不高,就会在震动时发生断裂,造成损坏,使电子设备失效。机械失效主要是指由机械冲击引起的过载与冲击失效以及由机械振动引起的机械疲劳失效。当印制电路组件受到弯曲、晃动或其他应力作用时,将可能导致焊点失效。

组装有引脚的元器件时,由于引脚可以吸收一部分应力,所以焊点不会承受很大的应力。组装无引脚的元器件如 BGA 器件,当组件受到机械冲击时由于元器件本身的刚性比较强,焊点就会承受较大的应力。特别是对于无铅焊接的便携式电子产品,由于体积小、质量轻,在使用过程中更容易发生碰撞和跌落,相较于传统的铅锡焊料,无铅焊料的抗机械冲击能力较差。因此对于无铅化后的便携式电子产品,要重视其跌落冲击的可靠性,当焊接部位受到由振动产生的机械应力反复作用时会导致焊点疲劳失效,经过多次循环将会在焊点处产生裂纹。

**3. 电化学失效**

电化学失效是指在一定的温度、湿度和偏压条件下由于发生电化学反应而引起的失效。电化学失效的主要形式有导电离子污染物引起的桥连、枝晶生长、导电阳极丝生长和锡须等。离子残留物与水汽是电化学失效的核心要素,残留在印制电路板上的导电离子污染物可能引起焊点间的桥连,特别是在潮湿的环境中,离子残留物能跨过金属和绝缘表面移动而形成短路。离子污染物可以由多种途径产生,包括印制电路板制造工艺中焊膏和助焊剂残留物、手工操作污染和大气中的污染物。在水气和低电流的直流偏压的综合影响下,由于电解引起金属从一个导体向另一个导体迁移,会发生外形像树枝和蕨类植物的金属枝晶成长。银的迁徙是最常见的,铜、锡、铅也容易受枝晶生长的影响,这种失效机理能够导致短路、漏电和其他电故障。锡须指器件在长期存储使用过程中,在机械、湿度、环境的作用下,会在锡镀层的表面生长出一些胡须状的锡单晶体,其中主要成分是锡。

---

### 质量是产品的生命

2014 年 12 月 28 日飞往新加坡的印度尼西亚亚航 QZ8501 航班不幸坠入海中,导致 162 名乘客和机组人员全部死亡。

---

印度尼西亚国家运输安全委员会提交的事故报告显示,电路板上的焊点破裂是导致事故的主要原因。飞机维修记录显示,在过去的12个月中飞机出现了23次方向舵行程受限系统问题,该问题是由方向舵行程限制器(Rudder Travel Limiter Unit, RTLU)电路板上的焊接裂纹引起的。裂纹导致 RTLU 失去电气连续性,从而导致其失效(见图5.4.3)。

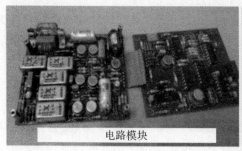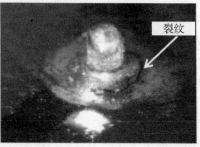

图 5.4.3　RTLU 电路模块

## 5.5　工业生产锡焊技术

随着科学技术的发展,电子整机产品日趋小型化、微型化,电路越来越复杂,产品组装密度也越来越高,单靠手工烙铁焊接虽能满足高可靠性的要求,但是很难满足高效的要求。自动化焊接是实现我国电子信息产品制造业由大到强转变的基石,是电子信息产品制造业由粗放型、作坊式的经营模式向高技术、集约型转变的重要标志。采用自动焊接技术,提高了焊接速度,降低了成本,减小了人为因素的影响,提高了焊点质量。本节主要介绍当前工业生产中普遍采用的浸焊和波峰焊技术,再流焊技术将在第8章表面贴装技术中专门介绍。

### 5.5.1　浸焊

浸焊是将插装好元器件的印制电路板在熔化后的锡槽内浸焊,一次完成印制电路板所有焊点的焊接方式。这种方法不仅比手工焊接高效、操作简单,而且可消除漏焊的现象,适用于批量生产。浸焊的工艺流程如图5.5.1所示。

浸焊分手工浸焊和自动浸焊两种形式。手工浸焊是由人工用夹具将已插接好元器件、涂好助焊剂的印制电路板,浸在锡锅内,完成浸锡的方法,由操作者控制浸入时间,通过调整夹持装置调节浸入角度,浸焊后以相同的角度缓慢取出,如图5.5.2(a)所示。

自动浸焊一般是利用具有振动头或是超声波的浸焊机进行浸焊。将插装好元器件的印制电路板用专用夹具安装在传送带上,由传动机构自动导入锡锅,浸焊时间一般为2～5s,如图5.5.2(b)所示。

图 5.5.1　浸焊工艺流程

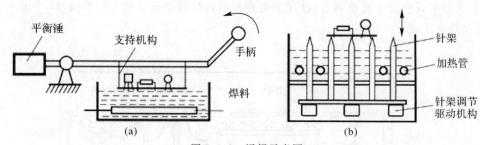

图 5.5.2　浸焊示意图
（a）夹持式；（b）针床式

浸焊的优点是浸焊效率高，设备也比较简单；缺点是由于锡槽内的焊锡表面是静止的，表面上的氧化物易粘在被焊物的焊接处，容易造成虚焊，又由于温度高，容易烫坏元器件，并导致印制电路板变形，所以在现代电子产品生产中浸焊逐渐被波峰焊取代。

### 5.5.2　波峰焊

波峰焊接技术自 20 世纪 50 年代中期研制成功以来，目前已是世界电子工业技术中一项具有普遍意义的焊接方法，已成为大规模装配生产自动化的主要技术。波峰焊是采用波峰焊机一次完成印制电路板上全部焊点的焊接。波峰焊的工艺流程如图 5.5.3 所示。

图 5.5.3　浸焊工艺流程

波峰焊示意图如图 5.5.4 所示，波峰焊利用焊锡槽内的机械式或电磁式离心泵，使熔融的液态焊料压向喷嘴，形成特定形状的焊料波，当装有元器件的印制电路板通过时，焊锡以波峰的形式不断溢出至印制电路板面形成润湿焊点从而完成焊接，其工作原理如图 5.5.5 所示。波峰焊分为单波峰焊、双波峰焊、多波峰焊和宽波峰焊等。

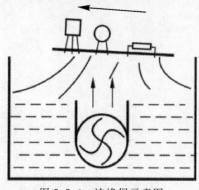

图 5.5.4　波峰焊示意图

波峰焊接的优点：

（1）电路板接触高温焊锡时间短，可以减轻电路板的翘曲变形。

（2）熔焊锡的外表漂浮了一层抗氧化剂用来隔离空气，焊锡波表露在空气中时能够削减氧化的时机，可以减少氧化渣带来的焊锡浪费。

（3）大量的焊料处于流动状态，使印制电路板的被焊面能充分地与焊料接触，导热性好，有利于提高焊点质量。

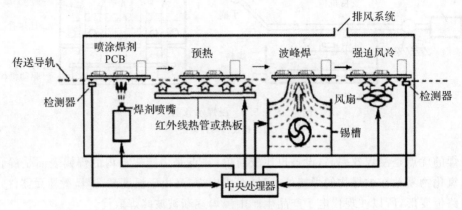

图 5.5.5　波峰焊工作原理

科学是从测量开始的。

——门捷列夫

# 第 6 章　电子测量技术

## 6.1　电子测量技术概述

### 6.1.1 电子测量的概念

电子测量一般是指运用电子科学的原理、方法和设备对各种电量、电信号及电路元器件的特性和参数进行测量的过程,它是测量学和电子学结合的产物。同时还可以利用各种敏感装置(传感器)将非电量(如温度、速度、压力等)转换成电量,再利用电子测量设备进行测量。

### 6.1.2 电子测量的内容

1. 电能量的测量

电能量的测量主要包括电压、电流和功率等的测量。

2. 电路元器件参数的测量

电路元器件参数的测量包括电阻、电感、电容、阻抗、品质因数及电子器件参数等的测量。

3. 电信号特性的测量

电信号特性的测量包括波形、频率、周期、相位、失真度、调幅度、调频指数及数字信号的逻辑状态等的测量。

4. 电子设备性能指标的测量

电子设备性能指标的测量包括增益、衰减、灵敏度、频率特性和噪声系数等的测量。

### 6.1.3 电子测量的特点

1. 测量频率范围宽

电子测量能够测量的信号频率极宽,除了直流电量,还可以测量低至 $\mu Hz$、高至 $THz$ 的信号频率。

2. 测量量程广

电子测量被测对象的量值大小相差悬殊,因而电子测量仪器的量程很广,最大的仪器量程可达 18 个数量级。

3. 测量准确度高

相比其他的测量,电子测量的准确度可以达到极高的水平。例如对于时间和频率的测量,相对误差可以达到 $10^{-15}$ 量级。

4. 测量速度快

由于电子测量基于电子运动和电磁波的传播,加之现代测试系统中高速电子计算机的应用,所以无论是测量速度还是测量结果的处理和传输,都能以极高的速度进行。

5. 易于实现遥测

电子测量可以将被测量转化成电信号,通过有线或无线的方式传输到测控台,实现遥控测量。

6. 易于实现测量自动化和测试智能化

现代电子测量技术融合了计算机、数字信号处理和软件工程等领域的最新技术,智能仪器、虚拟仪器的发展使得电子测量仪器实现了从硬件到软件、从单一功能到多功能、从简单功能到智能处理的发展,各种测量专用、通用总线技术的发展为测量自动化技术的实现奠定了基础。

### 6.1.4 电子测量方法的分类

1. 按测量手段分类

(1)直接测量法。直接测量法就是直接从测量仪器中读取被测量的值的方法,如用电压表测量电压值。

(2)间接测量法。间接测量法就是对一个与被测量有确定函数关系的物理量进行直接测量,然后通过代表该函数关系的公式、图表等求出被测量的方法。例如测量某一电阻消耗的功率,可以通过测量加在电阻两端的电压和流过电阻的电流,求出消耗的功率。

(3)组合测量法。组合测量法是指在某些测量中,被测量与几个未知量有关,仅测量一次无法得出完整的结果,可以通过改变测量条件进行多次测量,然后按照被测量与未知量之间的函数关系组成联立方程组,通过求解得出未知量的方法。

2. 按被测信号性质分类

(1)时域测量。时域测量是观测被测量在不同时间点上的特性或者说观察信号随时间的变化趋势的方法,如用示波器测量某一信号的瞬时波形,观测波形的幅度、上升时间等。

(2)频域测量。频域测量是指测量被测量在不同频率点上的特性的方法,如用频谱仪测量幅频特性曲线。

(3)数据域测量。数据域测量是指对数字系统的逻辑特性进行测量的方法。

（4）随机测量。随机测量是指利用噪声信号源进行动态测量的方法。

### 6.1.5 电子测量仪器的发展过程及趋势

利用电子技术对各种待测量进行测量的设备,统称为电子测量仪器,仪器不是机器,而是认知世界的眼睛。电子测量仪器经历了从模拟仪器、数字仪器、智能仪器到虚拟仪器的发展过程。2004 年以来,随着新一代自动测试系统的发展,合成仪器的概念应运而生。

**1. 模拟仪器**

早期的模拟仪器采用电磁机械式的基本结构,借助指针来显示最终结果。图 6.1.1 为指针式万用表。

图 6.1.1　指针式万用表　　　　图 6.1.2　数字万用表

**2. 数字仪器**

20 世纪中后期,A/D 和 D/A 转换技术的发展,促进了数字化仪器的产生。该类仪器将模拟信号转化为数字信号,并以数字显示,图 6.1.2 为数字万用表。

**3. 智能仪器**

20 世纪 70 年代以来,随着半导体集成电路和计算机技术的发展,微控制器开始被嵌入测量仪器中,构成了智能仪器。智能仪器由于微处理器的嵌入和相关软件算法的应用,实现了操作自动化,具有的自测功能包括自动调零、故障与状态检验、自动校准、自诊断及量程自动转换等;具有数据处理功能,能利用软件算法对一些硬件无法直接测量的参数进行计算输出;具有良好的人机交互能力,操作人员可以通过键盘对仪器发出指令;具有可编程操控能力,一般智能仪器都配有 GPIB、RS232C、RS485 等标准的通信接口,可以方便地与计算机和其他仪器一起组成用户所需要的多种功能的自动测量系统,来完成更复杂的测试任务。图 6.1.3 为频谱分析仪。

图 6.1.3　频谱分析仪

### 4. 虚拟仪器

1986 年,美国国家仪器公司提出了虚拟仪器(Virtual Instrumentation)的概念,虚拟仪器技术就是利用高性能的模块化硬件,结合高效灵活的软件来完成各种测试、测量和自动化的应用,图 6.1.4 为虚拟仪器面板。虚拟仪器的问世引发了传统仪器领域的重大革命,使得计算机软件、网络技术和仪器紧密结合起来,从而开创了"软件即是仪器"的先河。

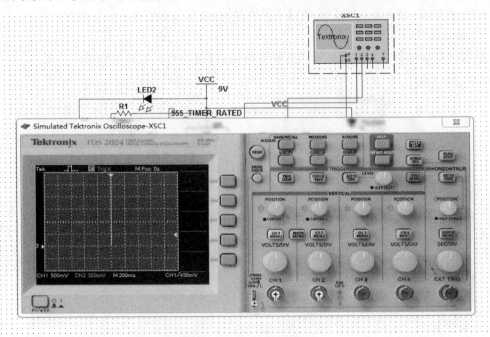

图 6.1.4　虚拟仪器面板

### 5. 合成仪器

合成仪器是一种可以重新配置的系统,它通过标准化的接口连接一系列基础硬件或软件组件,并使用数字信号处理技术产生信号或进行测量。基础组件可通过软件命令调整和重新配置,以模拟一种或多种传统测试设备。图 6.1.5 所示,在射频/微波应用中,多部仪器的基本单元通过信号调节器、频率转换器(向上变频器或向下变频器)、数据转换器(数字化器或任意波形发生器)和数字处理器四类组件实现。通过排列和重新排列这些组件和互连关系,可以在尽量小的物理空间内实现示波器、频谱分析仪、网络分析仪、功率计等绝大多数射频/微波仪器的功能。

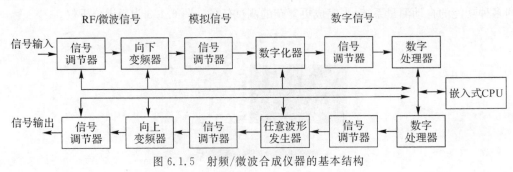

图 6.1.5　射频/微波合成仪器的基本结构

6. 测量仪器的发展方向

随着计算机技术、网络技术及人工智能技术的飞速发展,相应地对测量仪器也提出了更高的要求,一个国家测量仪器和测量技术水平的高低可以体现出国家高新技术水平的高低,因此,未来我国测量仪器的发展应该具备以下特点:

(1)通用化。未来仪器将打破现行仪器的局限性,利用先进的计算机软件技术弥补硬件的不足,使得多个测量对象的不同参数可以通过一台仪器进行测量。

(2)应用范围的拓展。未来的测量仪器功能将更加强大,应用到科学生产的各个领域,如生物学、医学等。

(3)智能化。今后的测量仪器将对用户更加开放,自身功能也更加完善,通常具备的功能如下:自定义功能、自联想功能、自组织功能、自寻优功能、自检测功能、自维修功能、自适应功能和自标定功能等。

(4)网络化。目前大数据技术在我们的生活中发挥着越来越重要的作用,将来的测量数据必定会通过数据库实现共享,此外测量仪器的在线升级、自检和维修等功能都会以网络互联为基础得以实现。

## 6.1.6 测量误差的基本概念

寸而度之,至丈必差。

——《淮南子·泰族训》

1. 测量误差的定义

在《国际通用计量学基本术语》中,测量误差定义为测量结果减去被测量的真值,即

$$测量误差＝测量值－真值$$

真值是指在一定的时间和空间下,某被测物体所具有的真实大小。真值是一个客观存在的确定数值,实际中很难测得,是一个理想的概念。正因如此,在《国际计量学词汇——通用基本概念及相关术语》(VIM)2006 第 3 版和 JJF1001-2011《通用计量学术及定义技术规范》中,将"测量误差"定义为:

$$测量误差＝测量值－参考量值$$

可以用参考量值来摆脱真值的困扰,在实际的应用中,真值或参考量值常使用"约定真值"或"相对真值"来代替。

2. 误差的来源

测量误差的来源多种多样,可分为以下几类:

(1)仪器误差。测量仪器仪表及其附件在测量过程中引入的误差即为仪器误差,例如零位漂移、示波器的探头误差、数字表显示位数限制等。

(2)方法误差。测量方法不合理所造成的误差为方法误差,例如用普通模拟万用表测高阻上的电压,由于万用表输入电阻不够高引起的误差。

(3)理论误差。测量方法建立在近似公式或不完整的理论基础上以及用近似值计算测量

结果时所引起的误差称为理论误差。

(4)操作误差。测量人员的不当操作造成的误差称为操作误差,如测量人员因读错数据、情绪因素操作失误等。

(5)环境误差。它指环境变化引起的误差,如温度、湿度、磁场强度等。

误差的研究具有极其重要的意义,通过对误差的性质和特点进行深入研究,能找出最大限度减小误差的方法途径,使测量结果尽可能地接近真值,合理准确地处理数据得到理想的结果。

### 3. 测量误差的表达形式

测量误差主要有两种表示方法:绝对误差和相对误差。

(1)绝对误差。由测量所得到的测量值与真值的差值称为绝对误差,其表达式为

$$\Delta X = X - A_0$$

式中:$X$ 为测量值,$A_0$ 为真值,根据前文的描述可知真值很难测得,因此用约定真值 $A$ 来代替 $A_0$,得到

$$\Delta X = X - A$$

若测量值小于真值,则绝对误差为负数,反之则为正数,因此绝对误差是一个有符号、有大小、有量纲的物理量。绝对误差不仅能反映测量值和真值之间的差值,还能反映方向。绝对误差的大小和计量单位有关。

修正值:定义为与绝对误差大小相等、符号相反的量,用 $C$ 表示:

$$C = -\Delta X = A - X$$

一般测量仪器在说明书和校准报告中常常以表格、曲线或公式的形式给出修正值。利用修正值可以求出用该仪器测量的被测量的实际值:

$$A = C + X$$

(2)相对误差。绝对误差并不能完全表示测量的准确程度,它的大小不能作为衡量测量结果准确度高低的依据。例如,当测量两个频率时,其中一个被测频率为 $50\,\text{Hz}$,其绝对误差为 $1\,\text{Hz}$,另一个被测频率为 $50\,\text{kHz}$,其绝对误差为 $10\,\text{Hz}$。后者的绝对误差虽然是前者的 10 倍,但测量准确度却比前者高,这就引出了相对误差的概念。相对误差定义为绝对误差与真值之比,用 $\gamma$ 表示:

$$\gamma = \frac{\Delta X}{A_0} \times 100\%$$

相对误差是一个比值,数值大小与计量单位无关,通常用百分数表示。

(3)满度相对误差。相对误差可以较好地反映某次测量的准确程度,但并不适用于表示或衡量测量仪器的准确度。因为同一量程内,被测量可能有不同的数值,这将导致相对误差计算式中的分母发生变化,求得的相对误差也随之改变。为了计算和划分仪器准确程度,引入了满度相对误差的概念,定义为仪器的绝对误差与量程的比值,表示为

$$\gamma_m = \frac{\Delta X}{A_m} \times 100\%$$

仪器仪表的准确度等级可分为 0.1、0.2、0.5、1.0、1.5、2.5、5.0 七个等级。一般来说,若仪表为 S 级,则仪表的最大满度误差的绝对值不超过 S%,但不能认为每个刻度上的示数都有

S%的准确度。

（4）分贝误差。分贝误差是相对误差的另一种表现形式，主要应用在电子学和声学的测量中，其测量结果用分贝来表示。

电压、电流的分贝误差表示：

$$\gamma_{dB} = 20\lg\left(1 + \frac{\Delta X}{X}\right)$$

功率的分贝误差表示：

$$\gamma_{dB} = 10\lg\left(1 + \frac{\Delta X}{X}\right)$$

**4. 测量误差的分类**

误差按照性质和特点，可以分为系统误差、随机误差和粗大误差三类。

（1）系统误差 $\varepsilon$。在相同的测量条件下，对某一被测量多次重复测量，误差的数值（大小和方向）保持不变或根据条件按一定规律变化的误差称为系统误差，有

$$\varepsilon = \overline{X_\infty} - A_0$$

公式表示的意义为：在重复性条件下，对同一被测量无限多次测量所得结果的平均值与被测量的真值之差。

（2）随机误差 $\delta$。在相同的测量条件下，对某一被测量多次重复测量，受偶然因素影响而出现的没有一定规律的测量误差称为随机误差（不可预定方式变化的误差），有

$$\delta_i = X_i - \overline{X_\infty}$$

公式表达的含义为：在重复性条件下，测量结果与对同一被测量进行无限多次测量所得结果的平均值差。

（3）粗大误差。在一定条件下，误差值明显偏离实际值对应的误差称为粗大误差。粗大误差一般会由于读数错误、仪器损坏等偶然因素导致，在数据处理时，粗大误差显著偏离实际值，应该剔除掉。

三种误差间存在如下的关系：

$$\Delta X = \varepsilon + \delta + 粗大误差$$

所以

$$\Delta X \doteq \varepsilon + \delta$$

## 6.2　万用表的基本原理与操作

### 6.2.1 万用表的概念

电量和电路元件参数的测量主要通过万用表完成，"万用表（Multimeter）"是万用电表的简称，它是检测修理计量仪器仪表、自动化装置和家用电器最常用的多用途电测仪表。万用表能测量电流、电压和电阻，有的还可以测量三极管的放大倍数、频率、周期、电容值、温度、逻辑电位和分贝值等。

### 6.2.2 万用表的分类和原理

万用表主要可分为三大类,包括早期的指针式模拟万用表、手持数字式万用表和台式数字万用表,如图 6.2.1 所示。

图 6.2.1 各类万用表

#### 1. 指针式万用表的测量原理

指针式万用表的理论基础为欧姆定律,即

$$I=U/R$$

式中:$I$ 为电流,A;$U$ 为电压,V;$R$ 为电阻,$\Omega$。

指针式万用表的测量功能相对简单,一般用来测量电阻、电压和电流,也叫三用表。其原理是利用一只灵敏的磁电式直流电流表(微安级电流表)做表头,当微小电流通过表头时,就会有电流指示。由于表头不能通过大电流,因此,必须在表头上并联与串联一些电阻进行分流或降压,从而测出电路中的电流、电压和电阻,具体结构如图 6.2.2 所示。

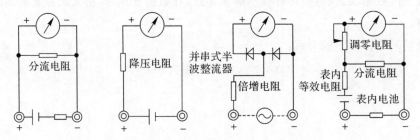

图 6.2.2 指针式万用表测量原理示意图

#### 2. 数字式万用表的测量原理

现代数字式万用表测量原理与传统指针式万用表大大不同,同一个表的不同测量功能在原理上也有所不同。本节将以 RIGOL[①] 公司的台式万用表为例简单介绍数字万用表的测量原理。

图 6.2.3 所示,主 CPU 发送命令控制模拟前端完成功能和量程切换,然后模拟前端将被测信号的 A/D 变换结果或频率计数结果返回给主 CPU,主 CPU 用校准数据对 A/D 变换结

---

① https://www.rigol.com

果或频率计数结果进行校正,最后将测量结果通过 LCD 模块显示出来。

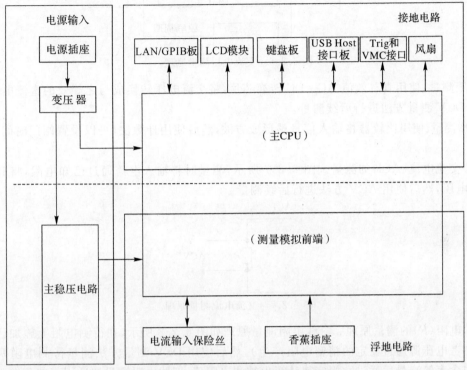

图 6.2.3　RIGOL DM3058 系列结构图

　　(1)直流电压(DCV)的测量。图 6.2.4 所示,测量时,大的量程进行分压,小的量程进行放大,最终能够将所有量程变换到 0～2V。

　　(2)直流电流(DCI)的测量。图 6.2.5 所示,测量时将输入电流通过已知电阻,然后测量电阻两端的直流电压,换算后即可得到被测电流:$I=U/R$。

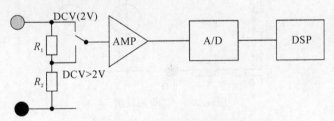

图 6.2.4　直流电压测量原理

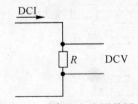

图 6.2.5　直流电流测量原理

　　(3)交流电压(ACV)的测量。图 6.2.6 所示,在测量交流电压的同时,也可以完成交流电频率的测量。

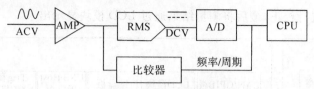

图 6.2.6 交流电压测量原理

电压测量:使用真有效值 AC-DC 转换芯片,将交流电压转换成与之等效的直流电压,然后使用 DCV 测量方法进行后续测量。

频率测量:使用比较器将输入信号整形成方波,然后使用计数法(可以设置闸门时间)进行测量。

(4)交流电流(ACI)的测量。图 6.2.7 所示,测量时将输入电流通过已知电阻,将其转换成交流电压,然后使用 ACV 方法进行后续测量。

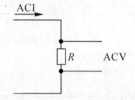

图 6.2.7 交流电流测量原理

(5)电阻($R$)的测量原理。二线电阻测量原理如图 6.2.8 所示,在待测电阻上施加已知电流(由参考电压源通过稳定的精密电阻产生),然后使用 DCV 测量方法测量待测电阻两端的电压(包含表笔),最后通过欧姆定律计算出被测电阻值;四线电阻测量法适用于待测电阻较小的情况($< 100\text{k}\Omega$),必须考虑引线电阻产生的压降,其原理如图 6.2.9 所示,通过被测电阻两端的电压(不含表笔)和流经被测电阻的电流计算出被测电阻值。

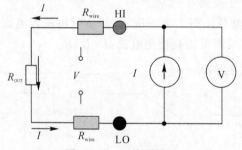

图 6.2.8 二线测量法

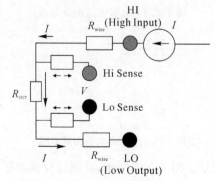

图 6.2.9 四线测量法

(6)电容(C)的测量原理。根据公式 $C = Q/U = It/U$,用充放电的方法测量电容大小。先将电容放电到初始状态,然后用恒定电流给电容充电到终止状态。测量初始状态和终止状态电容两端的电压差,充电过程中同时测量充电的时间,用电压差除以充电时间即得到电压变化率,根据电压变化率和恒定电流可得出电容值。

(7)二极管(D)的测量原理。图 6.2.10 所示,测量时将参考电流源施加到待测二极管,测量其两端的电压。如果二极管反向接入,则相当于开路,测得的电压很大,由此可判定极性。如果二极管正常接入,根据导通压降,可判定管型(硅二极管正向压降一般为 0.6~0.7V,锗二极管正向压降一般为 0.1~0.3V)。

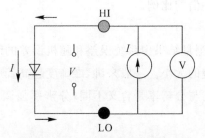

图 6.2.10　二极管测量原理

总结以上各种参量的测量原理,可以看到几乎所有的信号最终都转换成了直流电压进行测量,因此,直流电压本身测量的准确性(A/D 的性能)直接决定了一款表的性能表现。

### 6.2.3 数字万用表的性能指标

数字万用表的性能指标主要有位数、分辨率、测量范围、测量速率、准确度和输入阻抗等。

1. 位数

我们常常会听到在介绍万用表的时候会说它是三位半($3\frac{1}{2}$)万用表或者四位半($4\frac{1}{2}$)万用表等,那么这是什么意思呢? 下面先来看一个公式:

$$位数 = n\frac{N}{N+1}$$

式中:$n$ 表示能显示"0~9"十个数字的位数,$N$ 表示没有进位时,首位能显示的最高数字。根据此公式把三位半代入公式中,3 就表示显示的时候有三个数位是可以显示 0~9 的,1 就表示首位能显示的最高数字,所以三位半最大能显示 ±1 999,同理四位半最大能显示 ±19 999。现在还有一些万用表标的是 $5\frac{3}{4}$ 位等,首位数字越大,表明其显示的分辨率越高,相应的价格就越贵。

---

**为什么要这个半位呢,它有什么意义?**

以三位半数字万用表为例,最大能显示 1 999,如果没有半位,则最大只能显示 999。比如测量 12V 的电压,只能使用 100V 挡,使用 10V 挡肯定会溢出(因为最大只能显示到 9.99),而使用 100V 挡时,只能显示 0.1V 的分辨率。如果是三位半的表,使用 10V 挡位就可以了,此时的分辨率是 0.01V;再者,当测量电网电压 220V 或 380V

---

时,用三位半的万用表首位只能是 0 或 1,所以只有三位能用,分辨率为 1V,而用 3½ 位的万用表,首位可以显示 0~5,能显示四位,分辨率为 0.1V。

### 2. 分辨率

分辨率也称为分辨力,其定义为:引起指示值产生可觉察改变的被测量或供出量的最小变化。测量分辨率指万用表能够响应输入信号变化的最小量值,读数分辨率指万用表指定量程内,可以显示的最大值和最小值的比例。

### 3. 准确度

数字万用表的准确度是测量结果中系统误差和随机误差的综合。它表示测量值与真值的一致程度,也反映了测量误差的大小。一般来讲,准确度越高,测量误差就越小,反之亦然。准确度是一个很重要的指标,它与分辨率是含义不同,分辨率强调的是对微小电压的识别能力,准确度强调的是准确性。

### 4. 测量速率

数字万用表在单位时间内完成的测量次数称为测量速率,单位为"次/秒"。它主要取决于 A/D 的采样转换速率。

### 5. 输入阻抗

输入阻抗指在工作状态下,输入端子间测得的输入回路的阻抗。测量电压时,仪表应具有很高的输入阻抗,这样在测量过程中从被测电路中吸取的电流极少,不会影响被测电路或信号源的工作状态,能够减少测量误差。测量电流时,仪表应该具有很低的输入阻抗,这样接入被测电路后,可尽量减小仪表对被测电路的影响。

## 6.2.4 DM3058 系列数字万用表

本节将以北京普源精电科技有限公司生产的 DM3058 系列数字万用表为例,介绍数字万用表的使用方法和操作过程。

DM3058 系列是一款 5½ 位双显数字万用表,它是针对高精度、多功能、自动测量的用户需求而设计的产品,集基本测量功能、多种数学运算功能、任意传感器测量等功能于一身。DM3058 系列数字万用表拥有高清晰的 $256 \times 64$ 点阵单色液晶显示屏,易于操作的键盘布局和清晰的按键背光和操作提示,使其更具灵活、易用的操作特点,支持 RS-232、USB、LAN (仅 DM3058)和 GPIB(仅 DM3058)接口。

### 1. DM3058E 基本结构和功能

(1)可调节手柄。DM3058E 具有一个可调节手柄,方便手提携带并在测量过程中满足不同观测角度的需求。具体的调整方法为握住表体两侧的手柄并向外拉,然后将手柄旋转到所需位置,操作方法如图 6.2.11 所示。

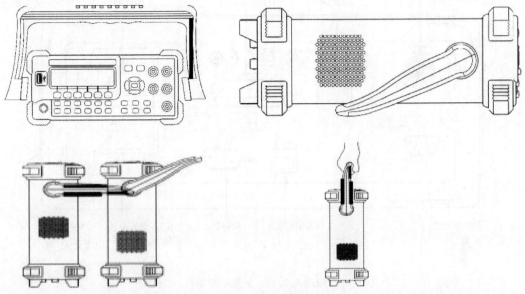

图 6.2.11　手柄调节方法

（2）前、后面板，如图 6.2.12 所示。

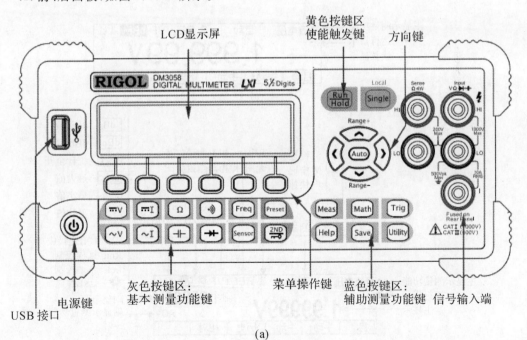

图 6.2.12　面板示意图

（a）前面板示意图

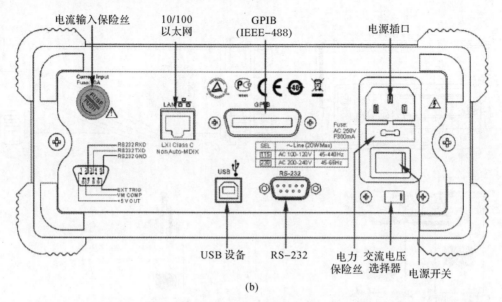

续图 6.2.12　面板示意图

（b）后面板示意图

（3）用户界面。单显界面如图 6.2.13（a）所示，双显界面如图 6.2.13（b）所示。

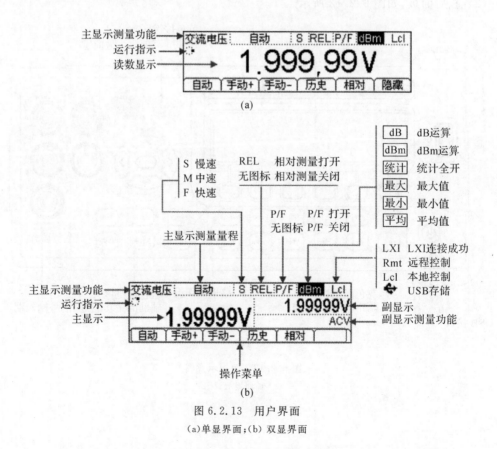

图 6.2.13　用户界面

（a）单显界面；（b）双显界面

（4）按键功能见表 6.2.1。

**表 6.2.1　按键功能说明**

| | | | | |
|---|---|---|---|---|
| Auto ∨ ∧ | 选择量程 | Freq | 测量频率或周期 |
| ⟨ ⟩ | 选择测量速率 | Sensor | 任意传感器测量 |
| ⎓V | 测量直流电压 | Preset | 预设模式 |
| ∼V | 测量交流电压 | 2ND | 第二功能 |
| ⎓I | 测量直流电流 | Run Hold / Single | 使能触发 |
| ∼I | 测量交流电流 | Meas | 设置测量参数 |
| Ω | 测量电阻 | Math | 数学运算功能 |
| ⊣⊢ | 测量电容 | Trig | 设置触发参数 |
| ·))) | 测试连通性 | Save | 存储与调用 |
| ⊶ | 检查二极管 | Utility | 辅助系统功能设置 |
| Help | | | 使用内置帮助系统 |

**2. DM3058E 操作过程**

万用表操作的一般过程为：开机前检查→开机→功能选择→测量速率、量程设置→输入通道选择→接入被测量→读数。

（1）检查和开机。使用万用表进行测量之前，应先检查仪器外观是否破损，配件是否齐全，若发现问题，应停止使用，及时联系经销商或厂家提供帮助，确保安全。检查无误后，可以对仪器上电开机，具体步骤为：

1)根据所在国家电源标准调整交流电压选择器挡位"115"（100～120V，45～440Hz，AC）或"230"（200～240V，45～60Hz，AC）；

2）使用随机提供的电源线连接仪器至交流电中；

3）打开仪器后面板的电源开关；

4）按下前面板的电源键，等待数秒后，仪器显示画面。

（2）测量量程设置。DM3058E 有两种设置量程的模式，分别为手动设置和自动设置，手动量程设置能使测量过程获得更高的精确度，但设置相对麻烦，自动设置表示万用表可以自动根据输入信号的强度选择合适的量程，可以使量程设置变得非常方便。这两种方式在操作过程中分别有两种不同的方法实现：

1）通过前面板的功能键选择量程，如图 6.2.14 所示。

自动量程：按 AUTO 键，启用自动量程，禁用手动量程。

手动量程：按向上键，量程递增，按向下键，量程递减。此时禁用自动量程。

2）在测量主界面，使用软键菜单选择量程，如图 6.2.15 所示。

自动量程：按自动，选择自动量程，禁用手动量程。

手动量程：按手动＋或手动－，手动设置量程。此时禁用自动量程。

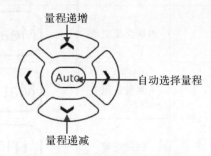

图 6.2.14　面板功能键设置量程

图 6.2.15　菜单软键

注意事项：

·当输入信号超出当前量程范围时，万用表提示过载信息"超出量程"。

·上电和远程复位后，量程选择默认为自动。

·建议用户在无法预知测量范围的情况下，选择自动量程，以保护仪器并获得较为准确的数据。

·测试连通性和检查二极管时，量程是固定的。连通性的量程为 2kΩ，二极管检查的量程为 2.4 V。

（3）测量速率设置。DM3058E 可设置三种测量速率：2.5 reading/s、20 reading/s 和 123 reading/s。

2.5 reading/s 对应"慢"（Slow）速率，状态栏标识为"S"，显示刷新率为 2.5Hz；20 reading/s 对应"中"(Middle)速率,状态栏标识为"M",显示刷新率为 20Hz;123 reading/s 对应"快"(Fast)速率,状态栏标识为"F",显示刷新速率为 50Hz。

测量速率可通过面板上的左、右两个方向键控制。按下左键,速率增加一挡,按下右键,速率降低一挡(见图 6.2.16)。

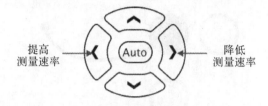

图 6.2.16　测量速率设置

注意事项:
- DCV、ACV、DCI、ACI 和 OHM 功能三种读数速率可选。
- 读数分辨率和测量速率设置联动:
- 2.5reading/s 时对应 5.5 位读数分辨率;
- 20reading/s 和 123 reading/s 时对应 4.5 位读数分辨率;
- Sensor 固定为 5.5 位读数分辨率,"中"速率或"慢"速率可选;
- 二极管和连通性功能固定为 4.5 位读数分辨率,"快"速率;
- Freq 功能固定为 5.5 位读数分辨率,"慢"速率;
- Cap 功能固定为 3.5 位读数分辨率,"慢"速率。

(4)基本测量功能操作。DM3058E 数字万用表的基本测量功能包括交直流电压、电流测量、测量电阻、测量电容、测试连通性、检查二极管、测量频率或周期以及任意传感器测量。

1)测量直流电压。

a. 在前面板选择直流电压功能,进入直流电压测量界面,如图 6.2.17 所示。

图 6.2.17　直流电压测量界面

b. 图 6.2.18 所示连接测试引线和被测电路,红色测试引线接 Input - HI 端,黑色测试引线接 Input - LO 端。

c. 根据被测电压范围,选择合适量程(或设置自动量程),直流电压最大不能超过 1 000V。

d. 设置直流输入阻抗。按 Meas →阻抗设置直流输入阻抗值,直流输入阻抗的默认值为 10MΩ,此参数出厂时已经设置,可直接进行电压测量(如果不需要修改此参数,直接执行下一步)。

e. 设置相对值(可选操作)。按下相对打开或关闭相对运算功能,相对运算打开时,显示屏上方显示"REL",此时显示的读数为实际测量值减去所设定的相对值。

f. 读取被测值。接入被测电压,同时可通过左右方向键设置测量速率,读出测量结果。

g. 查看历史测量数据。按历史键,进入图 6.2.19 所示界面,对本次测量所得数据进行查看或保存处理。可通过"信息""列表"和"直方图"三种方式,对所测量的历史数据进行查看。查看

后可通过 保存 键对历史数据进行保存。按 更新 键,刷新历史信息为当前最新信息。

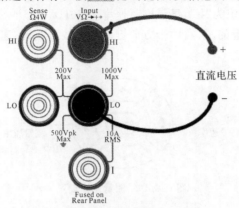

图 6.2.18　直流电压测量连线示意图

图 6.2.19　直流电压历史数据界面

2)测量交流电压。

a. 在前面板选择交流电压功能,进入交流电压测量界面,如图 6.2.20 所示。

图 6.2.20　交流电压测量界面

b. 图 6.2.21 所示连接测试引线和被测电路,红色测试引线接 Input - HI 端,黑色测试引线接 Input - LO 端。

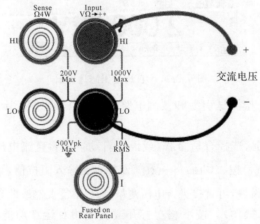

图 6.2.21　交流电压测量连线示意图

c. 根据被测电压范围,选择合适的量程(或设置自动量程),交流电压最大不能超过 750V。

d. 设置相对值(可选操作)。按下 相对 打开或关闭相对运算功能,相对运算打开时,显示屏上方显示"REL",此时显示的读数为实际测量值减去所设定的相对值。

e. 读取被测值。接入被测电压,可通过左右方向键设置测量速率,还可通过选择第二功能键进入第二测量功能,并选中 Freq 键进入频率测量,同时完成交流电压和频率的测量,读出测量结果,如图 6.2.22 所示。

图 6.2.22　双显功能测量交流电

f. 查看历史测量数据。按历史键,进入图 6.2.23 所示界面,对本次测量所得数据进行查看或保存处理。可通过"信息""列表"和"直方图"三种方式,对所测量的历史数据进行查看。查看后可通过保存键对历史数据进行保存。按更新键,刷新历史信息为当前最新信息。

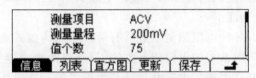

图 6.2.23　交流电压历史数据界面

3)测量直流电流。

a. 在前面板选择直流电流测量功能,进入直流电流测量界面,如图 6.2.24 所示。

图 6.2.24　直流电流测量界面

b. 图 6.2.25 所示连接测试引线和被测电路,红色测试引线接 Input‐HI 端,黑色测试引线接 Input‐LO 端。

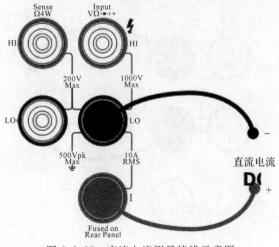

图 6.2.25　直流电流测量接线示意图

c. 根据被测电流范围,选择合适量程(或设置自动量程),直流电流最大不能超过 10A。

d. 设置相对值(可选操作)。按下 相对 打开或关闭相对运算功能,相对运算打开时,显示屏上方显示"REL",此时显示的读数为实际测量值减去所设定的相对值。

e. 读取被测值。接入被测电流,同时可通过左右方向键设置测量速率,读出测量结果。

f. 查看历史测量数据。按 历史 键,进入如图 6.2.26 所示界面,对本次测量所得数据进行查看或保存处理。可通过"信息""列表"和"直方图"三种方式,对所测量的历史数据进行查看。查看后可通过 保存 键对历史数据进行保存。按 更新 键,刷新历史信息为当前最新信息。

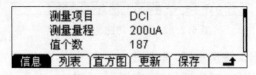

图 6.2.26　直流电流历史数据界面

4)测量交流电流。交流电流测量方法与直流电流测量方法步骤一致,只须将第一步功能选择修改为交流电流测量功能。

5)测量电阻。DM3058E 的电阻测量功能具有两种不同的模式,分别为"二线电阻"和"四线电阻"测量法。二线电阻即常规的电阻测量方法,只须将两根表笔接在电阻两端即可,当被测电阻阻值小于 $100k\Omega$,测试引线的电阻和探针与测试点的接触电阻与被测电阻相比已不能忽略不计时,若仍采用二线法测量必将导致测量误差增大,此时可以使用四线法进行测量。

a. 二线电阻测量。

Ⅰ. 在前面板选择电阻功能,进入二线电阻模式,显示二线电阻测量界面,如图 6.2.27 所示。

图 6.2.27　二线电阻测量界面

Ⅱ. 如图 6.2.28 所示连接测试引线,红色测试引线接 Input - HI 端,黑色测试引线接 Input - LO 端。

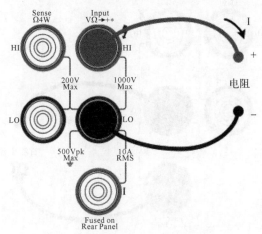

图 6.2.28　电阻测量接线示意图

Ⅲ．根据被测电阻的阻值范围,选择合适的量程(或设置自动量程)。

Ⅳ．设置相对值(可选操作)。按下 相对 打开或关闭相对运算功能,相对运算打开时,显示屏上方显示"REL",此时显示的读数为实际测量值减去所设定的相对值。

Ⅴ．读取测量值。接入被测电阻,同时可通过左右方向键设置测量速率,读出测量结果。

Ⅵ．查看历史测量数据。按 历史 键,进入图 6.2.29 所示界面,对本次测量所得数据进行查看或保存处理。可通过"信息""列表"和"直方图"三种方式,对所测量的历史数据进行查看。查看后可通过 保存 键对历史数据进行保存。按 更新 键,刷新历史信息为当前最新信息。

图 6.2.29　二线电阻历史数据界面

b.四线电阻测量。

Ⅰ．在前面板连续选择电阻测量功能两次,即可进入四线电阻模式,如图 6.2.30 所示。

图 6.2.30　四线电阻测量界面

Ⅱ．图 6.2.31 所示连接测试引线,红色测试引线接 Input – HI 和 HI Sense 端,黑色测试引线接 Input – LO 和 LO Sense 端。

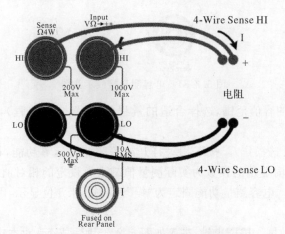

图 6.2.31　四线电阻测量接线示意图

Ⅲ．根据被测电阻的阻值范围,选择合适的量程(或设置自动量程)。

Ⅳ．设置相对值(可选操作)。按下 相对 打开或关闭相对运算功能,相对运算打开时,显示屏上方显示"REL",此时显示的读数为实际测量值减去所设定的相对值。

Ⅴ．读取测量值。接入被测电阻,同时可通过左右方向键设置测量速率,读出测量结果。

Ⅵ．查看历史测量数据。按历史键,进入图 6.2.32 所示界面,对本次测量所得数据进行查看或保存处理。可通过"信息""列表"和"直方图"三种方式,对所测量的历史数据进行查看。查看后可通过保存键对历史数据进行保存。按更新键,刷新历史信息为当前最新信息。

图 6.2.32　四线电阻历史数据界面

6)测量电容。

a. 在前面板选择电容测量功能,进入电容测量界面,如图 6.2.33 所示。

图 6.2.33　电容测量界面

b. 图 6.2.34 所示,将测试引线接于被测电容两端,红色测试引线接 Input-HI 端和电容的正极,黑色测试引线接 Input-LO 端和电容的负极。

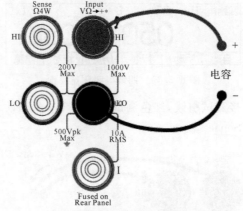

图 6.2.34　电容测量接线示意图

c. 根据被测电容的容值范围,选择合适的量程(或设置自动量程),被测电容最大不能超过 $10\,000\mu F$。

d. 设置相对值(可选操作)。按下相对打开或关闭相对运算功能,相对运算打开时,显示屏上方显示"REL",此时显示的读数为实际测量值减去所设定的相对值。

e. 读取测量结果。电容测量功能固定为"慢"速测量,3.5 位显示,因此读取测量结果时不能调节读数速率。

f. 查看历史测量数据。按历史键,进入如图 6.2.35 所示界面,对本次测量所得数据进行查看或保存处理。可通过"信息""列表"和"直方图"三种方式,对所测量的历史数据进行查看。查看后可通过保存键对历史数据进行保存。按更新键,刷新历史信息为当前最新信息。

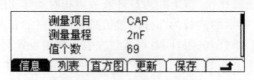

图 6.2.35　电容历史数据界面

7)测试连通性。当短路测试电路中测量的电阻值低于设定的短路电阻时,仪器判断电路是连通的,发出蜂鸣提示音(声音已打开)。

a. 在前面板选择连通性测量功能,进入图 6.2.36 所示界面。

图 6.2.36　短路测试界面

b. 图 6.2.37 所示,连接测试引线,红色测试引线接 Input‐HI 端,黑色测试引线接 Input‐LO端。

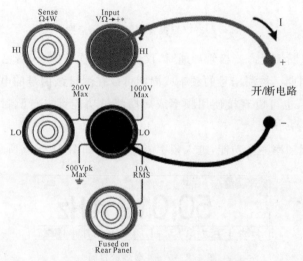

图 6.2.37　短路测试接线示意图

c. 设置短路阻抗。按设置键,设置短路电阻值,短路电阻值的默认值为 $10\Omega$,此参数出厂时已经设置,可直接进行连通性测试(如果不需要修改此参数,直接执行下一步)。

d. 接入被测电路,根据示数或提示音判断通断。

8) 检查二极管。

a. 在前面板选择二极管测量功能,进入二极管测量界面,如图 6.2.38 所示。

图 6.2.38　二极管测量界面

b. 图 6.2.39 所示,连接测试引线和被测二极管,红色测试引线接 Input‐HI 端和二极管正极,黑色测试引线接 Input‐LO 端和二极管负极。

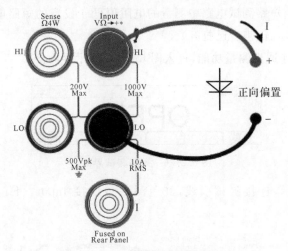

图 6.2.39　二极管测量接线示意图

c. 检查二极管通断情况。二极管导通时,仪器发出一次蜂鸣(声音已打开)。

9) 测量频率和周期。被测信号的频率或周期可以在测量该信号的电压或电流时,通过打开第二功能测量得到,也可以直接使用频率或周期测量功能键进行测量。DM3058E 的频率测量的上限为 1MHz。

a. 在前面板选择频率测量功能,进入频率测量界面,如图 6.2.40 所示。

图 6.2.40　频率测量界面

b. 图 6.2.41 所示连接测试引线,红色测试引线接 Input - HI 端,黑色测试引线接 Input - LO 端。

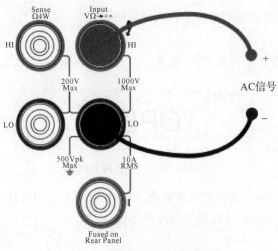

图 6.2.41　频率测量接线示意图

c. 设置相对值(可选操作)。按下 相对 打开或关闭相对运算功能,相对运算打开时,显示屏上方显示"REL",此时显示的读数为实际测量值减去所设定的相对值。

d. 读取测量值。Freq 功能固定为"慢"速测量,5.5 位显示,因此读取测量结果时不能调节读数速率。

e. 查看历史测量数据。按 历史 键,进入图 6.2.42 所示界面,对本次测量所得数据进行查看或保存处理。可通过"信息""列表"和"直方图"三种方式,对所测量的历史数据进行查看。查看后可通过 保存 键对历史数据进行保存。按 更新 键,刷新历史信息为当前最新信息。

图 6.2.42　频率历史数据界面

周期测量与频率测量操作方法一致。

# 6.3　信号发生器基本的原理及操作

## 6.3.1 信号发生器的概念

信号发生器(Signal Generator)即信号源或振荡器,指按照要求提供符合一定技术指标的电信号的仪器。一般要求其波形、频率和幅度可以调节,并能准确读数。

无论信号发生器的结构复杂与否,均可等效为一个电动势(电压源)与一个输出电阻的串联。电动势大小为信号源输出端的开路电压,输出阻抗尽可能为纯电阻,一般取值为 50Ω、75Ω、150Ω、600Ω 等。

## 6.3.2 信号发生器的功能

在研制、生产、使用、测试和维修各种电子器件、部件以及整机设备时,都需要有信号源,由它产生不同频率、不同波形的电压、电流信号并加到被测器件和设备上,用其他测量仪器观察,测量被测者的输出响应,以分析确定它们的性能参数。

作为激励源:作为某些电气设备的激励信号源,用于设备网络的检测。

进行信号仿真:在电子测量时,常需要模拟产生实际环境相同特性的信号,如对干扰信号进行仿真,生成和重现实际环境中不规则信号,如毛刺、偏移和噪声等。

作为校准源:产生标准信号对一般信号进行比对校准。

## 6.3.3 信号发生器的原理

信号发生器的信号合成方法主要有直接模拟频率合成法(Direct Analog Frequency Synthesis ,DAFS)、间接合成法(锁相环 PLL)和直接数字合成法(Direct Digital Synthesis,DDS)。

直接模拟频率合成法:通过模拟电路实现多级的连续混频分频,获得很小的频率步进,电路复杂,不易集成。

锁相环:由数字鉴相器、数字分频器、压控振荡器和模拟环路滤波器组成,为了使输出频率有更高的分辨率,常用到多环频率合成和小数分频等技术。随着频率分辨率的提高,PLL 的锁定时间越长,频率变化越慢。

以上两种是早期的频率合成方式,现代的信号发生器多以 DDS 形式合成频率。1971 年,由 J. Tierney 和 C. M. Tader 等人在 *A Digital Frequency Synthesizer*[①] 一文中首次提出了 DDS 的概念,它突破了前两种频率合成法的原理,从"相位"的概念出发进行频率合成,这种方法不仅可以产生不同频率的正弦波,而且可以控制波形的初始相位,还可以用 DDS 方法产生任意波形。

图 6.3.1 为 DDS 信号源的原理框图,其是从"相位"的概念出发直接合成所需要的波形,那么相位是怎么样生成,又是怎么通过对相位的控制进而控制输出的频率的呢?其核心部位就是"相位累加器"。

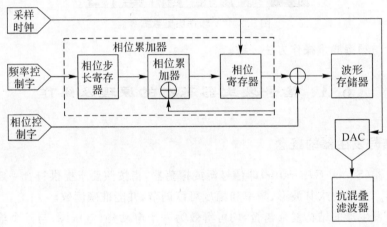

图 6.3.1　DDS 信号发生器原理框图

相位累加器由 $N$ 位加法器与 $N$ 位累加寄存器级联构成。每来一个时钟脉冲 $f_s$,加法器将频率控制字 $k$ 与累加寄存器输出的累加相位数据相加,把相加后的结果送至累加寄存器的数据输入端。累加寄存器将加法器在上一个时钟脉冲作用后所产生的新相位数据反馈到加法器的输入端,以使加法器在下一个时钟脉冲的作用下继续与频率控制字 $k$ 相加。这样,相位累加器在时钟作用下,不断地对频率控制字进行线性相位累加。由此可以看出,相位累加器在每一个时钟脉冲输入时,把频率控制字累加一次,相位累加器输出的数据就是合成信号的相位,相位累加器的溢出频率就是 DDS 输出的信号频率。

用相位累加器输出的数据作为波形存储器(ROM)的相位取样地址,这样就可把存储在波形存储器内的波形抽样值(二进制编码)经查找表查出,完成相位到幅值转换。波形存储器的输出送到 D/A 转换器,D/A 转换器将数字量形式的波形幅值转换成所要求合成频率的模拟量形式信号。低通滤波器用于滤除不需要的取样分量,以便输出频谱纯净的正弦波信号,如图6.3.2 所示。

①　TIERNEY J, RADER C, GOLD B. A digital frequency synthesizer[J]. IEEE Transactions on Audio and Electroacoustics,1971,19(1):48 - 57.

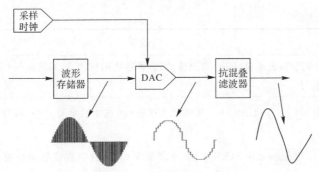

图 6.3.2　DDS 的波形输出

### 6.3.4 DG4000 系列信号发生器

DG4000 系列信号发生器集函数发生器、任意波形发生器、脉冲发生器、谐波发生器、模拟/数字调制器、频率计等功能于一身,是一款经济型、高性能和多功能的双通道函数/任意波发生器。下面以 DG4102 信号发生器为例介绍信号发生器的基本结构、功能和设置。

1. DG4102 信号发生器基本结构和功能

(1)前面板结构及功能。图 6.3.3 为 DG4102 信号发生器前面板,相应说明见表 6.3.1。

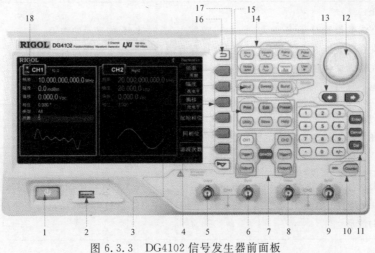

图 6.3.3　DG4102 信号发生器前面板

**表 6.3.1　DG4102 信号发生器前面板说明**

| 编号 | 说明 |
|---|---|
| 1 | 电源键:用于启动或关闭信号发生器,当电源键关闭时,信号发生器处于待机模式。该功能可以禁用,当禁用该功能时,上电无须按下电源键直接开机 |
| 2 | USB Host:读取 U 盘中的波形或状态文件;将当前的仪器状态或编辑的任意波形数据存储到 U 盘中;将当前屏幕显示的内容以指定的图片格式(.Bmp 或 .Jpeg)存储到 U 盘中 |
| 3 | 菜单软键:与屏幕中的菜单一一对应,按下按键即可选中菜单 |
| 4 | 菜单翻页键:打开菜单的上一页或下一页 |
| 5,8 | CH1/CH2 输出端口:BNC 类型接口,标称输出阻抗为 $50\Omega$,输出 CH1/CH2 配置的波形,通过 Output1 / Output2 按键选择打开或关闭输出 |

续 表

| 编号 | 说明 |
|------|------|
| 6,9 | CH1/CH2 同步输出端口:BNC 类型接口,标称输出阻抗为 50Ω,输出与 CH1/CH2 当前配置相匹配的同步信号 |
| 7 | 通道控制区: CH1 / CH2 ——通道 1/2 选择键,选中后背灯点亮,可以设置通道 1/2 波形、参数和配置<br>Trigger1 / Trigger2 ——CH1/CH2 手动触发按键,在扫频或脉冲串模式下,用于手动触发 CH1/CH2 产生一次扫频或脉冲串输出(仅当 Output1 / Output2 打开时)。<br>Output1 / Output2 ——开启或关闭 CH1/CH2 的输出。<br>CH1 ⇆ CH2 ——通道复制 |
| 10 | 频率计:按下 Counter 按键,开启或关闭频率计功能 |
| 11 | 数字键盘:用于输入参数,包括数字键 0~9、小数点".″、符号键"+/-″、按键"Enter″"Cancel″和"Del″。注意:要输入一个负数,需在输入数值前输入一个符号"-″。此外,小数点".″还可以用于快速切换单位;符号键"+/-″用于切换大小写 |
| 12 | 旋钮:<br>在参数设置时,用于增大(顺时针)或减小(逆时针)当前显示的数值;<br>在存储或读取文件时,用于选择文件保存的位置或用于选择需要读取的文件;<br>在输入文件名时,用于切换软键盘中的字符;<br>在定义 User 按键快捷波形时,用于选择内置波形 |
| 13 | 方向键:<br>在使用旋钮和方向键设置参数时,用于切换数值的位;<br>在文件名输入时,用于移动光标的位置 |
| 14 | 波形选择区,提供的波形包含 Sine(正弦波)、Square(方波)、Ramp(锯齿波)、Pulse(脉冲波)、Noise(噪声波)、Arb(任意波)、Harmonic(谐波),还可以通过 User(用户自定义波形)快捷选择自定义的波形 |
| 15 | 模式选择区:<br>Mod ——调制。可输出经过调制的波形,提供多种模拟调制和数字调制方式,可产生 AM、FM、PM、ASK、FSK、PSK、BPSK、QPSK、3FSK、4FSK、OSK 和 PWM 调制信号。选中该功能时,按键背灯将变亮。<br>Sweep ——扫频。可产生"正弦波″"方波″"锯齿波″和"任意波(DC 除外)″的扫频信号。支持"线性″"对数″和"步进″3 种扫频方式,支持"内部″"外部″和"手动″3 种触发源,提供"标记″功能,选中该功能时,按键背灯将变亮。<br>Burst ——脉冲串。可产生"正弦波″"方波″"锯齿波″"脉冲波″和"任意波(DC 除外)″的脉冲串输出。支持"N 循环″"无限″和"门控″3 种脉冲串模式,"噪声″也可用于产生门控脉冲串,支持"内部″"外部″和"手动″3 种触发源,选中该功能时,按键背灯将变亮 |

**续　表**

| 编号 | 说明 |
|---|---|
| 16 | 返回上一级菜单,该按键用于返回上一级菜单 |
| 17 | 快捷/辅助功能区:<br>Print——打印功能键。执行打印功能,将波形以图片格式保存到 U 盘。<br>Edit —编辑波形快捷键。用于快速打开任意波形编辑界面。<br>Preset——恢复预设值。用于将仪器状态恢复到出厂默认值或用户自定义状态。<br>Utility——辅助功能与系统设置。用于设置辅助功能参数和系统参数。<br>Store——存储功能键。可存储/调用仪器状态或者用户编辑的任意波数据。<br>Help——帮助。按下该键后再选择需要了解的功能按键或菜单软键,可获得相关帮助<br>信息。 |
| 18 | LCD 显示屏 |

(2)后面板结构概述。图 6.3.4 为 DG4102 信号发生器后面板,相应说明见表 6.3.2。

图 6.3.4　DG4102 信号发生器后面板

**表 6.3.2　DG4102 信号发生器后面板说明**

| 编号 | 功能 |
|---|---|
| 1 | AC 电源输入 |
| 2 | LAN 接口:用于将仪器接入局域网中,进行远程控制 |
| 3 | 防盗锁孔 |
| 4 | USB 设备 |

续 表

| 编号 | 功能 |
|------|------|
| 5 | 10MHz 输入/输出端 |
| 6 | CH1 外调制/触发输入端 |
| 7 | CH2 外调制/触发输入端 |
| 8 | 外部信号输入端:用于接收频率计测量的外部信号 |

(3)用户界面。图 6.3.5 为 DG4102 信号发生器用户界面,相应说明见表 6.3.3。

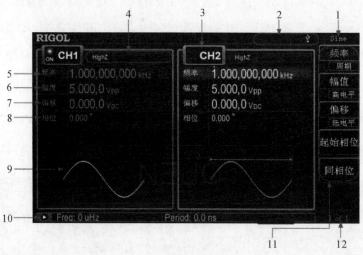

图 6.3.5　DG4102 信号发生器用户界面

**表 6.3.3　DG4102 信号发生器用户界面说明**

| 编号 | 功　能 |
|------|--------|
| 1 | 当前功能:显示当前已选中的功能名称 |
| 2 | 状态栏,用不同图标显示当前的配置:<br>![LXI]——仪器正确连接至局域网时点亮该图标;<br>![远程]——仪器工作于远程控制模式时点亮该图标;<br>![U盘]——仪器检测到 U 盘时点亮该图标 |
| 3 | **通道状态**:指示 CH1 和 CH2 通道的选择状态和开关状态,当前选中的通道区域为高亮状态时,当前已打开输出的通道状态为"ON" |
| 4 | 通道配置,显示各通道当前的输出配置,包括输出阻抗的类型、工作模式、调制或触发源的类型。<br>①输出阻抗——高阻:显示"HighZ";负载:显示负载电阻值,默认为"50Ω"。<br>②工作模式——调制:显示"Mod";扫频:显示"Sweep";脉冲串:显示"Burst"。<br>③调制类型/触发源——内部调制或内部触发源:显示"Internal";外部调制或外部触发源:显示"External";手动触发源:显示"Manual" |

续 表

| 编号 | 功能 |
|---|---|
| 5 | 频率值:显示当前通道波形设置的频率值 |
| 6 | 幅度值:显示当前通道波形设置的幅度值 |
| 7 | 偏移:显示当前通道波形设置的偏移值 |
| 8 | 相位:显示当前通道波形设置的相位值 |
| 9 | 波形:显示当前通道设置的波形 |
| 10 | 频率计:仅在频率计功能打开且屏幕处于非频率计界面时显示频率计的简要信息 |
| 11 | 菜单:显示当前已选功能的菜单,选择不同功能时出现不同菜单,面板上的键与菜单一一对应 |
| 12 | 菜单页码:显示当前菜单的页数和页码 |

2. DG4102 信号发生器常用设置

(1)开机设置。在信号发生器开机之前,应先检查仪器外观是否完好,配件是否齐全,若发现问题,应停止使用,及时联系经销商或厂家,确保仪器使用安全。在确保信号发生器外观及配件没问题后,可以对信号发生器进行通电,通电前应仔细阅读说明书,确保当前电压符合仪器安全使用要求,DG4000 信号发生器支持的交流电规格为 100～240V,45～440Hz。通电后按下前面板电源按键开机,检查显示屏显示是否正常。

(2)信号参数设置。

方法一:键盘输入,通过前面板的数字键盘输入信号的具体参数,选择对应的单位。

方法二:旋钮+方向键(见图 6.3.6)。

方向键:移动光标用于切换所需要修改的数位。

旋钮:通过左右旋转以一定的步进增大或减小数值。

3. 基本波形设置

DG4102 信号发生器两个通道均能输出基本波形,包括正弦波、方波、锯齿波、脉冲和噪声。下面介绍基本波形的配置方法。

(1)在配置波形前先选择需要输出的通道,在前面板通道控制区按下 CH1 或 CH2 按键进行选择,每次只能选择一个通道;

图 6.3.6　旋钮与方向键

(2)选择通道输出的波形,在前面板波形选择区按下波形对应的按键,默认为正弦波;

(3)选择完波形之后,在屏幕的右侧菜单区域会出现波形相关的参数,包括频率、幅度、偏移、起始相位和占空比等,按照需求选择相应的参数进行设置;

(4)最后,在确认波形选择及参数配置无误后,按下通道控制区的 Output 按键输出波形。

4. 谐波设置

DG4102 可以输出具有指定次数、幅度和相位的谐波,通常应用于谐波检测设备或谐波滤波设备的测试中。谐波的配置过程如下:

(1)设置基波参数：在前面板按下谐波 Harmonic 按键进入谐波参数设置菜单，先对基波参数进行设置，包括频率、幅度、偏移电压、起始相位等参数，设置方法与基本波形一致。

(2)设置谐波次数：设置完基波参数后，在菜单区域按下谐波次数对应的软键，使用数字键盘或方向键和旋钮调节谐波的次数，最大次数不超过 16。

(3)选择谐波类型：DG4102 可输出偶次谐波、奇次谐波、全部次数谐波或用户自定义次数谐波。在菜单区域按下谐波类型对应的软键，进入谐波类型的选择菜单，选择需要的类型。

偶次谐波：输出基波和偶数倍谐波；

奇次谐波：输出基波和奇数倍谐波；

顺序谐波：依次输出基波和各次谐波；

自定义：可自定义输出谐波的次数，最高为 16 次。使用 16 位二进制数分别代表 16 次谐波的输出状态，1 表示打开相应次谐波的输出，0 表示关闭相应次谐波的输出。只须使用数字键盘修改各数据位的数值即可，其中最左侧的位表示基波，固定为 X，不允许修改。

(4)设置谐波幅度：在菜单区域按下谐波幅度对应的软键，按下序号软键选择需要设置的谐波次数，按下谐波幅度软键，通过数字键盘输入该次数谐波的幅度值。

(5)设置谐波相位：在菜单区域按下谐波幅度对应的软键，按下序号软键选择需要设置的谐波次数，按下谐波幅度软键，通过数字键盘输入该次数谐波的相位。

(5)检查参数并输出波形。

**5. 调制波设置**

DG4102 支持的调制方式包括 AM、FM、PM、ASK、FSK、3FSK、4FSK、PSK、BPSK、QPSK、PWM 和 OSK。已调制波形由载波和调制波构成。载波可以是正弦波、方波、锯齿波、任意波（DC 除外）或脉冲（仅 PWM），调制波可以来自内部调制源或外部调制源。

(1)设置载波：在前面板的波形选择区域选择载波的信号类型，然后对载波的频率值进行配置，不同的载波波形可设置的频率范围不同。

(2)选择调制方式：在前面板模式选择区按下 MOD 按键，进入调制菜单，按下调制类型对应的菜单软键，进入调制类型菜单，选择所需要的调制类型，比如 AM。

(3)设置调制参数：选择完调制类型后（以 AM 为例），在调制菜单中，还有信号源、调制波形、调制频率、调制深度、载波抑制等菜单可以依次设置。其中信号源可选择"内部"或"外部"，调制频率范围为 2mHz～50kHz。

(4)检查参数并输出波形。

**6. 脉冲串设置**

DG4102 可从单通道或同时从双通道输出具有指定循环数目的波形（称为脉冲串，Burst）。DG4102 支持由内部、手动或外部触发源控制脉冲串输出，支持三种脉冲串类型，包括 N 循环、无限和门控。信号发生器可以使用正弦波、方波、锯齿波、脉冲、噪声（仅适用于门控脉冲串）或任意波（DC 除外）生成脉冲串。

(1)设置波形：在前面板波形选择区域选择需要输出的波形，设置波形的参数，比如选择脉冲(Pulse)，周期 $T=10\text{ms}$。

(2)设置脉冲串类型：在前面板模式区域按下 Burst 按键，进入脉冲串设置菜单，连续按下类型类型对应的软键切换类型，共有三种类型即 N 循环、门控、无限，比如选择 N 循环，在屏幕上对应通道的显示区域会出现循环数这一参数,用数字键盘输入脉冲串的脉冲个数。

（3）设置脉冲串参数:选择完脉冲串的类型后,还有脉冲串相位、脉冲串周期、脉冲串延时和触发源等参数需要设置。其中脉冲串周期仅适用于内部触发 $N$ 循环脉冲串模式,脉冲串延时仅适用于 $N$ 循环和无限脉冲串模式,触发源可选择内部触发、外部触发和手动触发。

（4）检查参数并输出波形。

7. 阻抗设置

在前面板按下 Utility 按键,进入系统设置菜单,选择要设置输出阻抗的通道对应的设置菜单,比如 CH1 设置 ,进入通道设置菜单后,连续按下阻抗对应的软键切换阻抗,比如高阻。完成阻抗设置,再次按下 Utility 退出系统设置。

## 6.4　电子示波器的基本原理及使用

### 6.4.1 电子示波器的概念

示波器（Oscilloscope）是显示信号波形随时间变化特性的仪器。它能把人肉眼无法直接观察到的电信号转换成人眼能够看到的波形,直观地显示在屏幕上,以便对波形信号进行定性和定量观测,包括一些非电量也可以经过传感器的转换继而使用示波器进行观测。因此,示波器被广泛地应用在国防、科研、工商业和高等学校等各个领域。示波器是电子工程师的眼睛。

### 6.4.2 电子示波器的发展和分类

电子示波器可以分为模拟示波器和数字示波器两类。早期的示波器就是模拟示波器,20世纪 30 年代,美国出现第一台军用示波器,40 年代,美国泰克公司（Tektronix）推出第一款商用示波器,此后模拟示波器的带宽不断提高,到 20 世纪 70 年代模拟示波器的应用达到高峰,带宽为 1GHz 的多功能插件式示波器标志着当时的最高水平。自此之后,模拟示波器便逐步发展缓慢,随着模/数转换器（Analog to Digital Converter,ADC）技术的成熟,模拟示波器开始让位于数字示波器,80 年代数字示波器异军突起,从 80 年代到 90 年代,仅 10 年时间,模拟示波器就退居幕后。

数字示波器是数据采集、A/D 转换、软件编程等一系列的技术制造出来的高性能示波器,数字示波器能达到更高的带宽,能存储波形数据,易于扩展,可以与计算机软件技术相结合,但实时性不是很理想;模拟示波器的带宽不高,但是其连续性和实时性很好。可以通俗形象地理解为模拟示波器就好像是在现场直播,数字示波器是在看转播（见图 6.4.1 和图 6.4.2）。

图 6.4.1　模拟示波器

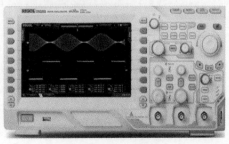

图 6.4.2 数字示波器

**科技强国,仪器强国**

 1946 年泰克公司(Tektronix)成立,并于同年推出第一款商用示波器 Vollum-scope,它是一款 10MHz 带宽的同步示波器,尽管质量高达 60 多 lb,但其仍然是当时最便携的示波器,也是当时速度最快、精度最高的示波器。后来又出现了早期的模拟示波器,到 20 世纪 70 年代,模拟示波器发展到顶峰,随着 ADC 技术的发展数字示波器慢慢地进入人们的视野,1971 年,力科(LeCroy)推出了世界上第一台实时数字示波器——WD2000,其具有 100MHz 带宽。18 年后,另一家电子科技公司惠普(HP)也推出了具有 100MHz 带宽的数字示波器,此后,示波器进入了百家争鸣时代。2018 年,德科技(Keysight)发布的具有 110GHz 带宽和 256G Sa/s 采样率的 UXR 系列示波器代表着目前行业的最高水准。

 我国的示波器产业于 20 世纪 50 年代末开始起步,虽然我们相对国外起步稍晚了一些,但在电子管示波器领域我国与国外的整体制造水平差距并不大。直到 80 年代,国外先进厂商早已提前 10 多年进入晶体管及集成电路示波器的制造和应用,我国仍在进行电子管示波器的研制、生产。进入数字化时代之后,我国与国外先进厂商的差距逐渐拉大,最主要体现在高性能的集成电路和高效算法等方面,而要解决这一系列的问题并不能一蹴而就,可能需要几代人的努力和积累,长路漫漫,但请相信,长风破浪会有时,直挂云帆济沧海。图 6.4.3 为示波器品牌。

美国品牌

美国品牌

美国品牌

国产品牌

图 6.4.3 常见的示波器品牌标志

 《百名院士谈建设科技强国》[①]中指出:"建设世界科技强国,首先必须建设世界仪器强国,建设世界仪器强国是建设世界科技强国的必备基础和前提条件。"

### 6.4.3 电子示波器的基本原理

1. 模拟示波器

 模拟示波器和数字示波器的原理不相同,模拟示波器的核心部件是示波管,示波管是一种整个

---

① 《百名院士谈建设科技强国》于 2019 年 2 月首次出版,其中第 447~458 页刊登了我国精密测量与仪器工程专家谭久彬院士撰写的《建设世界仪器强国的使命与任务》一文。

被密封在玻璃壳内的大型真空电子器件,也叫阴极射线管,模拟示波器的结构如图 6.4.4 所示。

　　示波管主要由电子枪、偏转系统和荧光屏三部分组成。电子枪用于产生并形成高速、聚束的电子流,去轰击荧光屏使之发光。偏转系统由两对相互垂直的平行金属板($X$、$Y$ 方向),即水平偏转板和垂直偏转板组成,分别控制电子束在水平方向和垂直方向的运动。荧光屏位于示波管终端,内壁涂有一层发光物质,受到高速电子冲击的地点发出荧光,将偏转后的电子束显示出来。

　　偏转系统中还包括 $Y$ 轴放大电路、$X$ 轴放大电路和水平扫描电路,由于示波管的偏转灵敏度甚低(约 12V 电压产生 1cm 的偏转量),一般被测信号电压要先经过垂直放大电路,再加到示波管的垂直偏转板上,以得到垂直方向适当大小的图形,水平放大电路同理。扫描电路产生一个锯齿波电压,使示波管阴极发出的电子束在荧光屏上形成周期性的、与时间成正比的水平位移,即形成时间基线,这样才能把加在垂直方向的被测信号按时间的变化波形展现在荧光屏上。

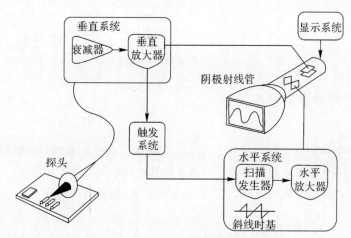

图 6.4.4　模拟示波器结构图

## 2.数字示波器

　　数字示波器的结构如图 6.4.5 所示,衰减器和放大器将输入信号调整到适合模数转换器的电平,采样系统利用模数转换器将模拟信号转换为数字信号,并进行存储,触发电路触发和同步满足触发条件的信号,处理和显示系统将存储后的信号经过运算和处理形成显示的波形。

　　整个过程如下:输入的电压信号经耦合电路后送至前端放大器,前端放大器将信号放大,以提高示波器的灵敏度和动态范围。放大器输出的信号由取样/保持电路进行取样,并由 A/D 转换器数字化,经过 A/D 转换后,信号变成了数字形式存入存储器中,微处理器对存储器中的数字化信号波形进行相应的处理,并显示在显示屏上。

　　通过对比模拟和数字示波器的原理,能更好地理解两种示波器的优、缺点。数字示波器的波形首先要通过探头,经由前端的放大器进行放大,之后由模数转换单元进行转换,进而存储到采集内存中,然后显示到显示器上,在这个过程中不难发现,波形并不是实时呈现在屏幕上的,而是经过采集存储之后又呈现在屏幕上的。如果整个采样和转换时间较长的话,就会产生较大的死区时间,死区时间内的波形就无法观察到了,因此数字示波器的实时性和连续性不如模拟示波器。

但模拟示波器的不足也很明显,一是带宽有限,模拟示波器的输入信号是放大后直接控制阴极射线显像管(Cathode Ray Tube,CRT)显示屏的电子枪偏转,虽然放大器的带宽可以越来越高,但是 CRT 电子枪的偏转速度是有限的,对于高频信号,电子枪的速度跟不上信号变化。因此,当前模拟示波器带宽很难再提高。二是无法存储和分析,很多经验丰富的工程师都非常清楚,用模拟示波器保存波形是要拿相机拍照的,如果要测幅度、周期、上升时间,只能手动去测,要是想要测相位差、功率等,对于数字示波器而言仅仅勾选一下选项就能完成,但对于模拟示波器来说却是一件体力活。三是触发能力太弱,基本只能边沿触发。

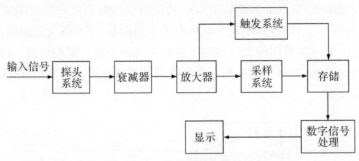

图 6.4.5　数字示波器结构图

### 6.4.4　电子示波器的性能指标

1. 频带宽度

输入正弦信号衰减到其实际幅度的 70.7%(下降 3dB)时的频率值,是表征示波器所能测量的频率范围,单位 Hz。数字示波器带宽一般都是指其前端放大器的模拟带宽。带宽不足会产生什么影响呢? 一是高频信号幅度下降,二是高频成分消失,测得上升时间变慢,如图6.4.6所示。

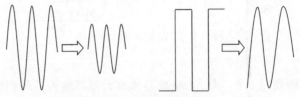

图 6.4.6　带宽不足的影响

在选择示波器的带宽时,可以以谐波情况为核心或以上升时间为核心选择带宽。应该让示波器的带宽大于波形的主要谐波分量或让示波器的上升时间小于信号的上升时间。

2. 采样率

采样是将模拟信号通过 AD 转换变成数字信号的过程,采样是等间隔进行的,每秒采集的点数就是采样率(相邻两点时间间隔倒数)。采样率以"点/秒"(Sa/s)来表示。采样的模式可分为实时采样和等效采样,实时采样是触发一次采集所需点,等效采样是对周期性波形重复采样,然后将多次触发采集到的采样点拼接起来重建波形,其要求信号必须是重复的,必须能稳定触发。

虽然示波器的放大器带宽保证了输入信号不失真,但采样率不足会造成信号漏失和失真,因此示波器必须有足够的采样率来保证捕捉单次脉冲和精确恢复捕捉波。按照奈奎斯特采样定理,在正弦波上采样,采样频率 $f_s$ 必须大于信号频率的两倍以上才能确保从采样值完全重构原来的信号。如果信号只是由各点表示,则很难观察,特别是信号的高频部分,获取的点很少,更增加了观察的难度。为增加信号的可视性,数字示波器一般都使用插值法显示模式。线性内插是在相邻采样点直接连上直线,局限于直边缘信号,为准确再现信号,示波器的采样速率应至少是信号最高频率成分的 10 倍。正弦内插是利用曲线来连接相邻采样点的,通用性更强,为准确再现信号,示波器的采样速率应至少为信号最高频率成分的 2.5 倍。

采样率不足会造成波形失真、波形混淆、波形漏失等影响,如图 6.4.7 所示。波形失真是出于某些原因导致示波器采样显示的波形与实际信号存在较大的差异,波形混淆是指由于采样率低于实际信号频率的 2 倍(奈奎斯特频率)时,对采样数据进行重新构建时出现的波形的频率小于实际信号频率的一种现象,波形漏失是指由于采样率低而造成的没有反映全部实际信号的一种现象。

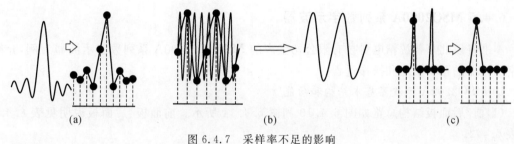

图 6.4.7　采样率不足的影响

(a) 波形失真;(b) 波形混淆;(c) 波形漏失

### 3. 存储深度

存储深度指在一次触发采集中所能存储的波形点数,单位 pts。存储深度是示波器对数字化波形的最大存储能力。波形存储时间(s)=存储深度(pts)/采样率(Sa/s),由此可以看出,深存储可保证在同等时间下,以更高采样率采集波形,还可保证在同等采样率下,采集更长时间的波形,如图 6.4.8 所示。

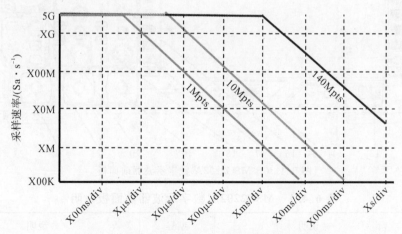

图 6.4.8　不同存储深度与存储时间和采样速率

### 4. 波形捕获率

波形捕获率又叫波形刷新率,是指示波器每秒钟捕获波形的次数,单位为 wfms/s(波形数/秒)。对于示波器,并不是实时地将所有进入的波形都显示出来,而是每一次波形捕获都包含一段死区时间(死区时间就是两次采集之间进行数据处理与显示等的时间),如图 6.4.9 所示。波形捕获率的高低直接影响波形捕获偶然事件发生的概率。

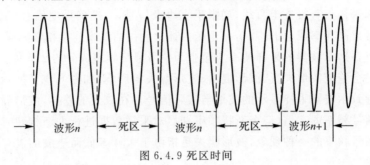

图 6.4.9 死区时间

### 6.4.5 MSO2000A 系列数字示波器

本书将以北京普源精电科技有限公司生产的 MSO/DS2000A 系列数字示波器为例,介绍数字示波器的基本功能和操作过程。

1. MSO2202A 示波器基本结构和功能

(1)前/后面板结构总览如图 6.4.10 和图 6.4.11 所示。前面板、后面板说明见表 6.4.1 和表 6.4.2。

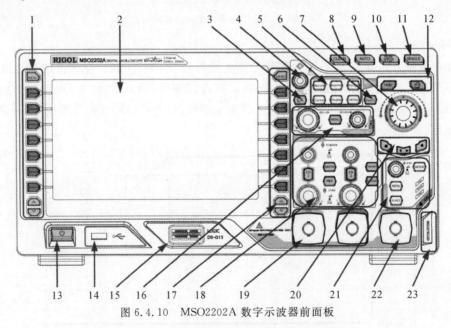

图 6.4.10 MSO2202A 数字示波器前面板

**表 6.4.1 MSO2202A 数字示波器前面板说明**

| 编号 | 说明 | 编号 | 说明 |
|---|---|---|---|
| 1 | 测量菜单软键 | 13 | 电源键 |
| 2 | LCD | 14 | USB HOST 接口 |
| 3 | 逻辑分析仪控制键 | 15 | 数字通道输入接口 |

续 表

| 编号 | 说明 | 编号 | 说明 |
|---|---|---|---|
| 4 | 多功能旋钮 | 16 | 水平控制区 |
| 5 | 功能按键 | 17 | 功能菜单软键 |
| 6 | 信号源 | 18 | 垂直控制区 |
| 7 | 导航旋钮 | 19 | 模拟通道输入区 |
| 8 | 全部清除键 | 20 | 波形录制和回放控制键 |
| 9 | 波形自动显示 | 21 | 触发控制区 |
| 10 | 运行/停止控制键 | 22 | 外部触发信号输入端 |
| 11 | 单次触发控制键 | 23 | 探头补偿信号输出端和接地端 |
| 12 | 内置帮助键和打印键 | | |

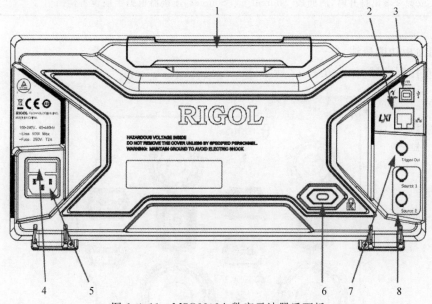

图 6.4.11 MSO2202A 数字示波器后面板

**表 6.4.2 MSO2202A 数字示波器后面板说明**

| 编号 | 说明 |
|---|---|
| 1 | 手柄。垂直拉起该手柄,可方便提携示波器。不需要时,向下轻按手柄即可 |
| 2 | LAN 接口。通过该接口将示波器连接到网络中,对其进行远程控制 |
| 3 | USB DEVICE。通过该接口可连接 PictBridge 打印机以执行打印操作,或连接计算机以通过上位机软件对示波器进行控制 |

续 表

| 编号 | 说明 |
|---|---|
| 4 | 保险丝。如需更换保险丝,须使用符合规格的保险丝,更换方法为:<br>(1)关闭仪器,断开电源,拔出电源线。<br>(2)使用小一字螺丝刀插入电源插孔处的凹槽,轻轻撬出保险丝座。<br>(3)取出保险丝,更换指定规格的保险丝,然后将保险丝座安装回原处 |
| 5 | AC 电源插孔。AC 电源输入端。本示波器的供电要求为 $100\sim240\,\text{V}$,$45\sim440\,\text{Hz}$ |
| 6 | 锁孔。可以使用安全锁通过该锁孔将示波器锁定在固定位置 |
| 7 | 触发输出与通过/失败。当示波器产生一次触发时,该连接器输出一个反映示波器当前捕获率的信号。将该信号连接至波形显示设备,测量该信号的频率,测量结果与当前捕获率相同。在通过/失败测试中,当示波器监测到一次失败波形时,该连接器将输出一个负脉冲。未监测到失败波形时,该连接器将持续输出低电平 |
| 8 | 信号源输出连接器。示波器内置的 2 个信号源通道的输出端。当示波器中对应的源 1 输出或源 2 输出打开时,后面板[Source1]或[Source2]连接器根据当前设置输出信号 |

(2)前面板功能概述。

1)垂直控制区域,如图 6.4.12 所示。

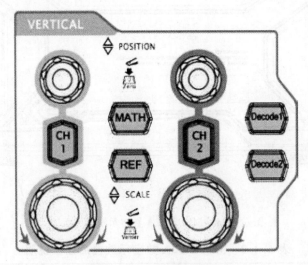

图 6.4.12　垂直控制区域

CH1、CH2:模拟输入通道。2 个通道用不同颜色标识,并且屏幕中的波形和通道输入连接器的颜色也与之对应。按下任一按键打开相应通道菜单,再次按下关闭通道。

MATH:按下该键打开数学运算菜单。可进行加、减、乘、除、FFT、数字滤波、逻辑和高级运算。

REF:按下该键打开参考波形功能。可将实测波形和参考波形比较。

POSITION(垂直):修改当前通道波形的垂直位移,转动过程中波形会发生垂直位移。

SCALE(垂直):修改当前通道的垂直挡,转动过程中波形显示的幅度会发生变化(实际幅值不变)。

Decode1、Decode2:解码功能按键,按下相应的按键打开解码功能菜单。

2)水平控制区域,如图 6.4.13 所示。

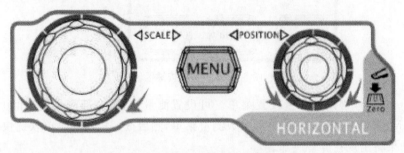

图 6.4.13 水平控制区域

MENU:按下该键打开水平控制菜单。可开关延迟扫描功能,切换不同的时基模式,切换水平挡位的微调或粗调,以及修改水平参考设置。

POSITION(水平):修改水平位移。转动过程中波形会发生水平位移,可同时控制所有波形。

SCALE(水平):修改水平时基。修改过程中,所有通道的波形被扩展或压缩显示,同时屏幕上的时基信息实时变化。

3)触发控制区域,如图 6.4.14 所示。

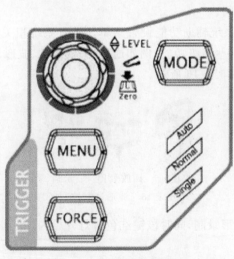

图 6.4.14 触发控制区域

MODE:按下该键切换触发方式为 Auto、Normal 或 Single,当前触发方式对应的状态背灯会变亮。

LEVEL(触发):触发电平。转动旋钮触发电平线上下移动,同时屏幕左下角的触发电平消息框中的值实时变化,按下该旋钮可快速恢复触发电平至零点。

MENU:按下该键打开触发操作菜单。

FORCE:在 Normal 和 Single 触发方式下,按下该键将强制产生一个触发信号。

4）功能按键菜单，如图 6.4.15 所示。

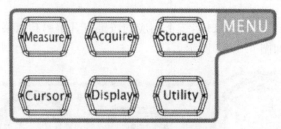

图 6.4.15　功能按键区

Measure：按下该键进入测量设置菜单。可设置测量设置、全部测量、统计功能等。按下屏幕左侧的 MENU，可打开 29 种波形参数测量菜单，然后按下相应的菜单软键快速实现一键测量，测量结果将出现在屏幕底部。

Acquire：按下该键进入采样设置菜单。可设置示波器的获取方式、存储深度和抗混叠功能。

Storage：按下该键进入文件存储和调用界面。可存储的文件类型包括轨迹存储、波形存储、设置存储、图像存储和 CSV 存储，图像可存储为 bmp、png、jpeg、tiff 格式。同时支持内、外部存储和磁盘管理。

Cursor：按下该键进入光标测量菜单。示波器提供手动、追踪、自动测量和 $X-Y$（仅在水平时基为 $X-Y$ 时）四种光标模式。

Display：按下该键进入显示设置菜单。设置波形显示类型、余辉时间、波形亮度、屏幕网格、网格亮度和菜单保持时间。

Utility：按下该键进入系统辅助功能设置菜单。设置系统相关功能或参数，例如接口、声音、语言等。此外，还支持一些高级功能，例如通过/失败测试、波形录制和打印设置等。

5）波形录制区域，如图 6.4.16 所示。

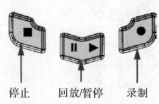

停止　　回放/暂停　　录制
图 6.4.16　波形录制控制区

录制：按下该键开始波形录制，同时该键红色背灯开始闪烁。此外，打开录制常开模式时，该键红色背灯也不停闪烁。

回放/暂停：在停止或暂停的状态下，按下该键回放波形，再次按下该键暂停回放，按键背灯为黄色。

停止：按下该键停止正在录制或回放的波形，该键橙色背灯点亮。

6）全部清除，如图 6.4.17 所示。按下该键清除屏幕上所有的波形。如果示波器处于"运行"状态，则继续显示新波形。

7）波形自动显示，如图 6.4.18 所示。按下该键启用波形自动设置功能。示波器将根据输入信号自动调整垂直挡位、水平时基以及触发方式，使波形显示达到最佳状态（被测信号低于 25Hz 时无效)。

8)运行控制,如图 6.4.19 所示。按下该键将示波器的运行状态设置为"运行"或"停止"。
"运行"状态下,该键黄色背灯点亮。
"停止"状态下,该键红色背灯点亮。

图 6.4.17　全部清除按键　　　图 6.4.18　波形自动显示按键　　　图 6.4.19　运行控制按键

9)单次触发,如图 6.4.20 所示。按下该键将示波器的触发方式设置为"Single",该键橙色背灯点亮。单次触发方式下,按 FORCE 键立即产生一个触发信号。

10)信号源,如图 6.4.21 所示。按下该键进入信号源设置界面,可以打开或关闭后面板〔Source1〕或〔Source2〕连接器的输出,设置信号源输出信号的波形及参数、打开或关闭当前信号源的状态显示。

11)逻辑分析仪,如图 6.4.22 所示。按下该键打开逻辑分析仪控制菜单。可以打开或关闭任意通道或通道组、更改数字通道的波形显示大小、更改数字通道的逻辑阈值、对 16 个数字通道进行分组并将其显示为总线,还可以为每一个数字通道设置标签。

图 6.4.20　单次触发按键　　　图 6.4.21　信号源按键　　　图 6.4.22　逻辑分析仪按键

12)打印,如图 6.4.23 所示。按下该键执行打印功能或将屏幕显示内容以图片文件保存到 U 盘中。若当前已连接 PictBridge 打印机,并且打印机处于闲置状态,按下该键将执行打印功能。若当前未连接打印机,但连接 U 盘,按下该键则将屏幕内容默认以".png"格式保存到 U 盘中。也可以按 Storage 键选择存储类型为图像存储,再按图片格式软键,将屏幕图形以指定的图片格式(bmp、png、jpeg 和 tiff)保存。同时连接打印机和 U 盘时,打印机优先级较高。

13)导航旋钮,如图 6.4.24 所示。对于某些可设置范围较大的数值参数,该旋钮提供了快速调节的功能。顺时针(逆时针)旋转增大(减小)数值;内层旋钮可微调,外层旋钮可粗调。

14)多功能旋钮,如图 6.4.25 所示。

·调节波形亮度。非菜单操作时(菜单隐藏),转动该旋钮可调整波形的亮度。亮度可调节范围为 0~100%。顺时针转动增大波形亮度,逆时针转动减小波形亮度。按下旋钮将波形亮度恢复至 50%。也可按 Display →波形亮度,使用该旋钮调节波形亮度。

·多功能(操作时,背灯变亮)。菜单操作时,按下某个菜单软键后,转动该旋钮可选择该菜单下的子菜单,然后按下旋钮可选中当前选择的子菜单。该旋钮还可以用于修改参数、输入文件名等。

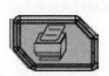

图 6.4.23 打印按键

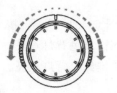

图 6.4.24 导航旋钮

图 6.4.25 多功能旋钮

**2. 用户界面**

MSO2000A 系列数字示波器配备一块 8in（1in＝2.54cm）TFT LCD，目前最新系列（如 MSO8000 系列）配备了触摸屏，更加便于使用，提升人机交互的体验感。液晶显示屏在测量过程中不仅能显示各项测量数据，而且包含了各种菜单和选项供用户选择和设置。图 6.4.26 为 MSO2202A 示波器的用户界面，用户界面说明见表 6.4.4。

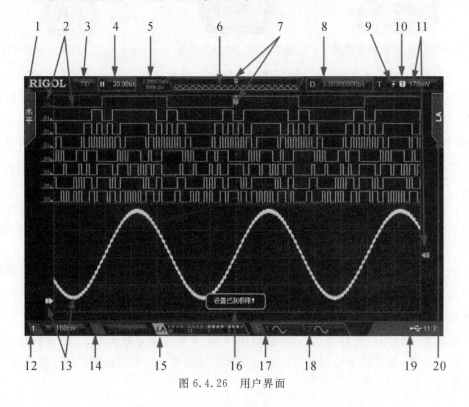

图 6.4.26 用户界面

## 表 6.4.4　MSO2202A 数字示波器用户界面说明

| 编号 | 说明 |
|---|---|
| 1 | 自动测量选项:提供 16 种水平和 13 种垂直测量参数,按下面板左上方的 MENU 按键即可进入测量菜单,通过对应的软件选择需要的参数。连续按下 MENU 键可切换水平或垂直参数 |
| 2 | 数字通道波形和标签:数字波形的逻辑高电平显示为蓝色,逻辑低电平显示为绿色(与通道标签颜色一致),边沿呈白色。当前选中数字通道的标签和波形均显示为红色 |
| 3 | 运行状态:可能的状态包括:RUN(运行)、STOP(停止)、TD(已触发)、WAIT(等待)和 AU-TO(自动) |
| 4 | 水平时基:表示屏幕上水平每一格代表的时间长度,使用水平 SCALE 可修改此参数 |
| 5 | 采样率/存储深度:显示示波器模拟通道当前的实时采样率和存储深度;该参数会随着水平时基的变化而变化 |
| 6 | 波形存储器:提供当前屏幕中的波形在存储器中的位置示意图 |
| 7 | 触发位置:显示波形存储器和屏幕中波形的触发位置 |
| 8 | 水平位移:使用水平 Position 可以调节该参数。按下旋钮时该参数自动设置为 0 |
| 9 | 触发类型:显示当前选择的触发类型及触发条件设置 |
| 10 | 触发源:显示当前选择的触发信源(CH1、CH2、EXT、市电或 D0−D15) |
| 11 | 触发电平:触发信源选择 CH1 或 CH2 时,屏幕右侧将出现触发电平标记 T,右上角为触发电平值;<br>触发信源选择 EXT 时,右上角为触发电平值,无触发电平标记;<br>触发信源选择市电时,无触发电平值和触发电平标记;<br>触发信源选择 D0 至 D15 时,右上角为触发阈值,无触发电平标记;<br>欠幅脉冲触发、斜率触发和超幅触发时,有两个触发电平标记 |
| 12/14 | CH1/CH2 垂直挡位:显示 CH1/ CH2 的打开/关闭状态以及屏幕垂直方向 CH1/CH2 每格波形所代表的电压大小。<br>根据当前通道的设置给出耦合方式、输入阻抗、带宽限制的标记 |
| 13 | 模拟通道标签/波形:用不同颜色表示不同通道的波形,标签颜色与波形一致 |
| 15 | 数字通道状态区:显示 16 个数字通道当前的状态(从右至左依次为 D0 至 D15)。当前打开的数字通道显示为绿色,当前选中的数字通道突出显示为红色,任何已关闭的数字通道均显示为灰色 |
| 16 | 消息框:显示提示信息 |
| 17/18 | 源 1/2 波形:显示当前源 1/2 选择的波形类型 |
| 19 | 通知区域:显示系统时间、声音图标、U 盘图标和 PictBridge 打印机图标 |
| 20 | 操作菜单:按下对应软键可以选择相应菜单 |

3. MSO2000A 示波器常用设置

(1)开机设置。

1)开机前检查。在示波器开机之前,应先检查仪器外观是否完好,配件是否齐全,若发现问题,应停止使用,及时联系经销商或厂家,确保仪器使用安全。确保示波器外观及配件没问题后,可以对示波器进行通电,通电前应仔细阅读说明书,确保当前电压符合仪器安全使用要求,MSO2202A 示波器支持的交流电规格为 $100\sim240\text{V},45\sim440\text{Hz}$。

2)使用前检查。

·开机检查。当示波器处于通电状态时,按下前面板的电源键即可开机,开机自检后能正常出现人机交互界面。

·连接探头。MSO2202A 示波器可以连接 BNC 接口探头和逻辑探头,根据测量需求正确连接探头。

·功能检查。按 Storage → 默认设置,将示波器恢复至出厂状态,将探头接地端接入示波器"接地端",输入探针接入示波器"探头补偿信号输出端",如图 6.4.27 所示。将探头衰减比设置为 10X,然后"自动测量",观察示波器中测量的波形,若波形有失真,则进行探头补偿。

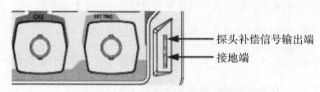

图 6.4.27 探头补偿信号输出接口

3)探头补偿。首次使用探头或对探头进行检查时,如果发现补偿信号失真,如图 6.4.28 所示,则需要进行探头补偿调节,使探头与输入通道相匹配,可以通过无感改锥调节探头上的电容进行探头补偿调节。

补偿过度          补偿正确          补偿不足

图 6.4.28 补偿信号示意图

(2)通道耦合设置。不同的耦合方式可以滤除不同的信号,MSO2202A 示波器每个通道都有三种不同的耦合方式,分别为直流耦合、交流耦合和接地。

直流耦合:被测信号中的直流分量和交流分量都可以通过;

交流耦合:被测信号含有的直流分量不能通过;

接地:被测信号中含有的直流分量和交流分量都不能通过。

以模拟通道一为例进行设置:按下 CH1 → 耦合,通过多功能旋钮选择所需要的耦合方式,当前选中的耦合方式会出现在通道状态标签中,如图 6.4.29 所示。

直流          交流          接地

图 6.4.29 不同耦合方式示意图

（3）探头比设置。示波器所设置的探头衰减系数应与探头所选的衰减系数保持一致。MSO2202A 可设置的探头比见表 6.4.5。

**表 6.4.5　探头比与衰减系数对应关系**

| 示波器探头比 | 衰减系数<br>（被测信号的显示幅度∶被测信号的实际幅度） |
| :---: | :---: |
| 0.01 x | 0.01∶1 |
| 0.02 x | 0.02∶1 |
| 0.05 x | 0.05∶1 |
| 0.1 x | 0.1∶1 |
| 0.2 x | 0.2∶1 |
| 0.5 x | 0.5∶1 |
| 1 x | 1∶1 |
| 2 x | 2∶1 |
| 5 x | 5∶1 |
| 10 x | 10∶1 |
| 20 x | 20∶1 |
| 50 x | 50∶1 |
| 100 x | 100∶1 |
| 200 x | 200∶1 |
| 500 x | 500∶1 |
| 1000 x | 100∶1 |

以通道一为例进行设置：按下 $\boxed{\text{CH1}}$ →探头比，通过多功能旋钮选择所需要的探头比。

（4）输入阻抗设置。MSO2202A 示波器有两种阻抗可以设置，分别为 50Ω 和 1MΩ（默认）。

1MΩ：此时示波器的输入阻抗非常高，从被测电路流入示波器的电流可忽略不计；

50Ω：使示波器和输出阻抗为 50Ω 的设备相匹配。

以通道一为例进行设置：按下 $\boxed{\text{CH1}}$ →输入，设置输入阻抗。

（5）触发设置。所谓触发，是指按照需求设置一定的触发条件，当波形流中的某一个波形满足这一条件时，示波器即时捕获该波形和其相邻的部分，并显示在屏幕上。数字示波器在工作时，不论仪器是否稳定触发，总是在不断地采集波形，但只有稳定的触发才能有稳定的显示。触发模块保证每次时基扫描或采集时，都从输入信号满足用户定义的触发条件时开始，即每一次扫描与采集同步，捕获的波形相重叠，从而显示稳定的波形。

1）触发源设置。MSO2202A 示波器的触发信号来源包含模拟通道 CH1/CH2、外部信号 EXT、数字通道 D0～D15 以及市电。

模拟通道：模拟通道 CH1 和 CH2 的输入信号均可以作为触发信源，被选中的通道不论是否被打开，都能正常工作。

数字通道:数字通道 D0～D15 的输入信号均可以作为触发信源,被选中的通道不论是否被打开,都能正常工作。

外部信号:通过外触发输入端[EXT TRIG]连接器接入的信号(如外部时钟或待测电路的信号等)可以作为触发信源。当 2 个模拟通道和 16 个数字通道均用于数据采集时,可以通过[EXT TRIG]连接器接入触发信号,使用外部触发信源。

市电:触发信号取自示波器的交流电源输入。市电触发通常用于测量与交流电源频率有关的信号。

以通道一为例进行设置:在前面找到 TRIGGER(触发)区域,按下 MENU → 信源选择,通过多功能旋钮选择设置的触发源。

2) 触发模式设置。MSO2202A 示波器具有三种触发模式:Auto(自动)、Normal(普通)和 Single(单次)。

Auto(自动):在该触发方式下,如果未搜索到指定的触发条件,示波器将强制进行触发和采集以显示波形。该触发方式适用于未知信号电平或需要显示直流时,以及触发条件经常发生,不需要进行强制触发时。

Normal(普通):在该触发方式下,仅在搜索到指定的触发条件时,示波器才进行触发和采集。该触发方式适用于低重复率信号,仅需要采集由触发设置指定的特定事件时,以及为获得稳定显示,需防止示波器自动触发时。

Single(单次):在该触发方式下,仅在搜索到指定的触发条件时,示波器才进行一次触发和采集,然后停止。该触发方式适用于仅需要单次采集特定事件并对采集结果进行分析的情况(可以平移和缩放当前显示波形,且后续波形数据不会覆盖当前波形)。

以通道一为例进行设置:在前面找到 TRIGGER(触发)区域,连续按下 MODE 按键,面板上三种模式就会切换,对应的提示灯会被电亮。

3) 触发类型设置。MSO2202A 具有多种不同的触发类型,如边沿触发、脉宽触发、欠幅脉冲触发等。下面以边沿触发为例介绍触发类型的设置。

在前面找到 TRIGGER(触发)区域,按下 MENU → 触发类型,通过多功能旋钮选择边沿触发,按下边沿类型对应的软键,通过多功能旋钮选择在何种边沿上触发波形,共有三种边沿类型:

上升沿触发:在输入信号的上升沿处,且电压电平满足设定的触发电平时触发。

下降沿触发:在输入信号的下降沿处,且电压电平满足设定的触发电平时触发。

上升、下降沿触发:在输入信号的上升或下降沿处,且电压电平满足设定的触发电平时触发。

4) 触发电平设置。输入信号需要达到设定的触发电平时才能触发,通过旋转触发区域的 LEVEL 旋钮,调节触发电平。若信源选择数字通道,屏幕右上角将显示当前触发电平值,若信源选择模拟通道,屏幕上会出现一条橘红色的触发电平线以及触发标志"T",并跟随旋钮的调节而上下移动,同时在屏幕左下角显示当前触发电平值。

> 我不相信一个人只由理论，就可以知道实际。
>
> ——海因里希·鲁道夫·赫兹

# 第7章　收音机原理与组装实训

在电子技术高速发展的今天，收音机早已进入千家万户，打开收音机，就可以收到广播电台播出的节目。这种广播节目的传播方式不同于用导线传送的有线广播，它是利用一种无形的无线电波，将广播电台播出的节目传送到收音机的，这种广播就是无线电广播。本章将介绍无线电广播发送与接收的基础知识，学习收音机工作原理并完成收音机的组装。

## 7.1　无线电波的发射与接收

1864 年，麦克斯韦[①]在总结前人研究成果的基础上，建立了完整的电磁场理论，并预言与光具有同样传播速度的电磁波的存在。他在《论法拉第力线》《论物理力线》《电磁场的动力学理论》中提出了许多复杂的数学公式来支持他的理论，但未能用实验证明。

麦克斯韦逝世后的 8 年，赫兹[②]根据麦克斯韦的理论构造了一个简单的偶极子天线，元件之间有火花隙，通过实验验证了电磁波的存在，并测出了电磁波的速度等于光速。赫兹打开了电磁学研究的大门，为电磁波在无线电广播、电视和雷达等方面的应用奠定了基础。

### 7.1.1 声音及其传播

声音是由物体的机械振动产生的，以 340m/s 的速度向周围传播，这就是声波。当声波传

---

① 詹姆斯·克拉克·麦克斯韦(James Clerk Maxwell，1831—1879)，英国物理学家、数学家，电磁理论的奠基人之一，麦克斯韦电磁学方程被称为"物理学中的第二次大统一"。
② 海因里希·鲁道夫·赫兹(Heinrich Rudolf Hertz1，1857—1894)，德国物理学家，于 1888 年首先证实了电磁波的存在，频率的国际单位制单位以他的名字命名。

播到我们的耳朵里时,耳膜将产生受迫振动,耳膜的振动作用于听觉神经,就听到了振动物体发出的声音。能发声的物体叫作声源,声源振动的频率有高、有低,频率的单位是 Hz(赫兹)。一般人耳能听到的声音频率范围为 20Hz～20kHz,叫作音频,有时也称为声频。声音可以用有线广播的方式进行传送,如图 7.1.1 所示。

图 7.1.1　声音的传输

由于有线广播必须使用导线来传输音频信号,所以使传播距离受到限制。广播电台是利用无线电波向远方传送节目信号的。

### 7.1.2 无线电波

无线电波的频率范围很宽,按其频率(或波长)的不同可划分为若干个波段,见表 7.1.1,其波长($\lambda$)与频率($f$)的关系为 $\lambda = C/f$(C 为光速)。

表 7.1.1　无线电波段的划分

| 波段名称 | 波长范围 | 频段名称 | 频率范围 |
|---|---|---|---|
| 超长波 | $1 \times 10^4 \sim 1 \times 10^6 \, m$ | 甚低频(VLF) | 3～30kHz |
| 长波 | $1 \times 10^3 \sim 1 \times 10^4 \, m$ | 低频(LF) | 30～300kHz |
| 中波 | $1 \times 10^2 \sim 1 \times 10^3 \, m$ | 中频(MF) | 300～1500kHz |
| 中短波 | 50～200 m | 中高频(IF) | 1500～6000kHz |
| 短波 | 10～50 m | 高频(HF) | 6～30MHz |
| 米波 | 1～10 m | 甚高频(VHF) | 30～300MHz |
| 分米波 | 10～100 cm | 特高频(UHF) | 300～3000MHz |
| 厘米波 | 1～10 cm | 超高频(SHF) | 3～30GHz |
| 毫米波 | 1～10 mm | 极高频(EHF) | 30～300GHz |
| 亚毫米波 | 1 mm 以下 | 超极高频(SEHF) | 300GHz 以上 |

一般常把分米波和米波合称为超短波,把波长小于 30cm 的分米波和厘米波合称为微波。无线电波随着波段的不同,其传播方式可分为地波、天波和空间波三种,如图 7.1.2 所示,一般甚低频(VLF)的超长波、低频(LF)长波以地波方式传播;中频(MF)的中波、中高频(IF)的中短波、高频(HF)的短波以天波方式传播;甚高频(VHF)、特高频(UHF)的超短波和超高频(SHF)、极高频(EHF)的微波以空间波方式传播。

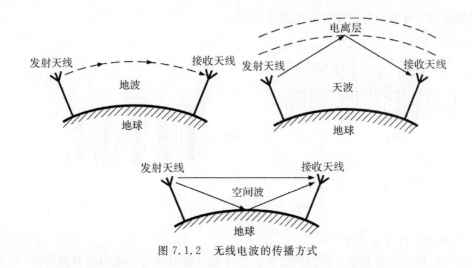

图 7.1.2 无线电波的传播方式

### 7.1.3 无线电广播的发送

**1. 调制**

无线电广播的发送是通过天线,利用无线电波将音频(低频)信号向远方传播的。发射天线的高度与电波的波长可比时,无线电波才能有效发射出去。音频信号的频率很低,通常在 $20 \sim 20\,000\,\mathrm{Hz}$ 的范围内,属于低频信号,是不能直接由天线来发射的。若天线能直接发射音频信号,则接收机可收到许多电台的信号,就无法区分各个电台而混淆不清。因此,无线电广播是利用高频信号作为"运输工具",先把音频信号"装载"到高频信号上,然后再由发射天线发送出去。调制就是把音频信号装载到高频载波信号上的过程,其中,高频信号称为载波,音频信号称为调制信号,调制后的信号称为已调波。在无线电广播中,一般采用调幅制或调频制。

(1)调幅。调幅制指使高频载波的幅度随音频信号的幅值变化而改变,而高频载波的频率和相位不变,如图 7.1.3 所示。图中高频调幅波的幅度与音频信号瞬时值的大小成正比例变化,已调波振幅的音频包络(虚线部分)与音频信号的波形完全一致,包含了音频信号的所有信息。

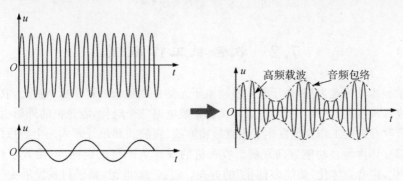

图 7.1.3 调幅波的波形

(2)调频。调频是指使高频载波的频率随音频信号的幅值变化而改变,而高频载波的幅度和相位不变,如图 7.1.4 所示。图中调频波的幅度是不变的,而高频载波的频率发生了变化。当音频信号的幅度增大时,调频波的频率也随之升高;反之,当音频信号的幅度减小时,调频波的频率也随之降低;当音频信号的幅度过零点时,调频波的频率为载波的基本频率。调频波频率的变化反映了音频信号幅度的变化规律。

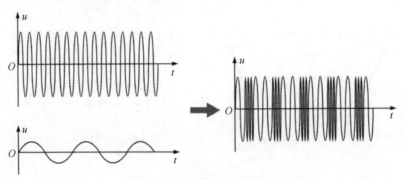

图 7.1.4　调频波的波形

### 2. 无线电广播的基本过程

无线电广播的发射基本方框图如图 7.1.5 所示。在无线电广播的发射过程中,声音信号经传声器(话筒)转换为音频信号,并送入音频放大器,音频信号在音频放大器中得到放大,被放大后的音频信号作为调制信号被送入调制器。高频振荡器产生等幅的高频信号,作为载波被送入调制器。在调制器中,调制信号对载波进行幅度(或频率)调制,形成调幅波(或调频波),调幅波和调频波统称为已调波。已调波再送入高频功率放大器,经放大后送入发射天线,向空间发射出去。

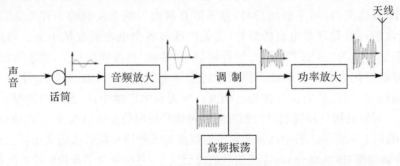

图 7.1.5　广播电台的发射

## 7.2　收音机工作原理

随着科学技术的飞速发展,电子技术推动电子元器件以更快的速度更新换代,收音机的发展也是如此。收音机发展经历了电子管、晶体管和集成电路三个时代,收音机的外形由台式转向便携式、袖珍式,收音机的工作原理发生了由直接检波式、直放式和超外差式三个阶段的转变,向调幅/调频、调频立体声等多功能方向发展。收音机的设计生产早已走向"电路数字化,线路集成化,调谐数字化,声音立体化,功能多样化"的方向。进入 21 世纪,量子科技发展突飞猛进,国外的研究人员已设计出基于这一技术的收音机,收听收音机也许会成为一种复古潮流重新回来。

### 7.2.1 收音机的主要性能指标

#### 1. 接收频率范围

接收频率范围表示收音机所能收听的频率范围,也称波段。中波(MW)一般为 525~

1 605kHz,FM 为 87.0～108.0MHz。

**2. 灵敏度**

灵敏度表示收音机正常工作时,接收微弱无线电波的能力,其值越小,灵敏度越高。显然,灵敏度高的收音机能够收到远地电台信号或微弱信号,而灵敏度低的收音机则只能收到本地强电台信号。单位:磁性天线为 mV/m,拉杆天线为 $\mu$V/m。

**3. 选择性**

选择性表示收音机选择电台的能力,即收音机分隔邻近电台的能力。选择性好的收音机能选择出所要接收的电台信号,同时抑制掉其他电台信号和干扰信号,选择性差的收音机会产生串台现象。选择性的大小用分贝数(dB)来衡量,分贝数越大,选择性越好。

**4. 输出功率**

(1)最大输出功率:指不考虑失真时,收音机能够输出的最大功率。

(2)不失真输出功率:指非线性失真不大于 10% 时,收音机的实际输出功率。

(3)额定输出功率:指收音机达到最低限度不失真时的输出功率。

### 7.2.2 直接检波式收音机

直接检波式收音机是最古老的收音机,也是最简单的收音机。图 7.2.1 是一个比较典型的直接检波式收音机电路原理图。由天线接收到的空间无线电波在 LC 谐振回路中转换为电压;改变可变电容 $C_a$ 的容量,则 LC 谐振回路的固有频率也随之改变,起到频率选择的作用。二极管 D 与电容 $C_2$、高阻耳机 SP 共同组成包络检波器,且高阻耳机也同时作为检波器的负载(早期这种收音机的检波器件多是由天然矿石和金属探针构成的,矿石收音机因此得名)。这种收音机对接收到的信号没有进行放大,灵敏度很低,选择性极差,仅仅能接收到本地大功率电台的信号。

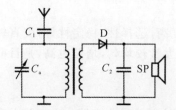

图 7.2.1　直接检波式收音机电路原理图

### 7.2.3 直放式收音机

直放式收音机的原理方框图如图 7.2.2 所示,其特点是在检波以前,不改变接收信号已调波的频率。由输入回路选择出天线接收的电台信号,经高放电路直接放大后送去检波,检出的音频信号经低频放大后送至扬声器。直放式收音机在频率低端信号和高端信号的放大量不均匀,而且电路的稳定性、选择性较差,失真度较大,整机的增益受到限制,灵敏度不高,已被性能优异的超外差式收音机所取代。

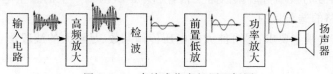

图 7.2.2　直放式收音机原理框图

### 7.2.4 调幅超外差式收音机

调幅超外差式收音机的原理方框图如图 7.2.3 所示,其工作过程是:天空中传播的无线电波(已调波)在收音机输入电路的电感线圈中感应出相应的电动势,并转换成电压信号经过输入电路的调谐回路选择出需要的电台信号,并抑制掉其他不需要的电台信号和各种干扰及噪声信号,将选择出的电台信号送入混频器与本机振荡器送来的高频信号进行混频,产生各种频率成分的信号(输出端不仅有 $f_本$、$f_信$外,还有合频 $f_本+f_信$、差频 $f_本-f_信$ 等信号),由混频器的谐振电路的选频作用选出差频 $f_本-f_信$ 信号,这就是外差作用。输入电路在选择各个电台的同时本振电路的频率也随之改变(四连同轴可变电容器中两个可变电容为调幅的输入调谐电容和本振电容,它们随选台同时减小或增加),经过混频器的谐振回路选出 $f_本-f_信$ 频率固定的中频信号;中频信号的频率为 $f_本-f_信=465\text{kHz}$,混频器混频前后只改变了载波频率,而包含音频的调制信号(包络线)不改变。固定的中频信号送到中频放大器进行放大;经检波器把需要的音频信号(即包络线)"检出"送至低频的前置放大器进行音频放大,以激励功率放大器进行功率放大,使其具有足够高的输出功率,来推动扬声器工作而发出声音。

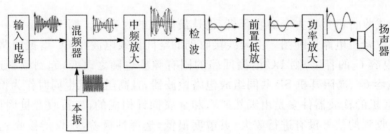

图 7.2.3　超外差式收音机工作原理框图

超外差式收音机不仅灵敏度高,选择性、稳定性好,失真较小,而且对接收波段内信号的放大量较均匀,增益也高,是目前被普遍采用的收音机制式。

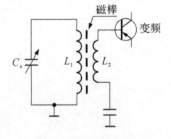

图 7.2.4　输入回路

**1. 输入电路**

从接收天线到混频器输入端之间为输入电路。由接收电台信号的天线线圈、选择信号的调谐电路(回路)和向混频器输送信号的耦合电路组成,如图 7.2.4 所示。

磁性天线是把天线线圈 $L_1$ 绕在特制骨架上套入磁棒构成的,因磁棒导磁率高,可在天线线圈 $L_1$ 中感应出较高的外来电台信号,$L_1$ 位于磁棒两端最好。可变电容 $C_a$ 和天线线圈 $L_1$ 组成调谐回路,回路的固有谐振频率为 $f_0=1/2\pi\sqrt{L_1C_a}$,调节 $C_a$ 使谐振回路的频率 $f_0$ 与磁性天线接收的外来某一电台信号频率 $f_1$ 相同时,$f_1$ 在 $L_1C_a$ 串联谐振回路中发生谐振。$L_1$ 两端产生的感生电动势最强,经 $L_1$ 与 $L_2$ 的耦合,将选择出的电台信号 $f_1$ 送入变频级电路。由于其他电台的信号及干扰信号的频率与谐振回路失谐,所以在 $L_1$ 两端产生的感生电动势极小,被抑制掉,以达到输入电路的选频目的。

输入电路的三个基本要求:尽可能大的电压传输系数、足够大的波段覆盖系数和良好的选择性。

#### 2. 变频电路

本机振荡器、变频器及中频选频回路组成变频电路,如图 7.2.5 所示。变频电路是利用非线性元件的混频作用,把本机振荡信号 $f_2$ 与接收信号 $f_1$ 同时加到非线性元件的输入端,在其输出端有 $f_1$、$f_2$、和频($f_1 + f_2$)、差频($f_2 - f_1$)及其他新的频率成分,这就叫混频。然后,经谐振电路选频,从多频率的混频信号中选出($f_2 - f_1$)的差频信号,也就是所需的中频信号 $f_3$。中频信号 $f_3$ 的包络与接收信号 $f_1$ 的包络完全一致,使传送的低频信号不致失真,一般中频信号频率[①]选 455kHz 或 465kHz。变频器是仅用一个三极管同时完成振荡与混频的电路,接收信号 $f_1$ 加在基极,本机振荡信号 $f_2$ 加在发射极,电路中加补偿电容 $C_1$、$C_2$ 和垫整电容 $C_6$,$C_1$ 和 $C_{2a}$ 及天线线圈 $B_1$ 组成输入回路,$C_3$ 为高频旁路电容。振荡线圈 $B_2$ 与电容 $C_5$、$C_6$、$C_{2b}$ 组成振荡电路,$C_4$ 为耦合电容,中频变压器 $B_3$(俗称中周)与 $C_7$ 组成变频管 $BG_1$ 的选频负载,$R_1$、$R_2$、$R_3$ 为 $BG_1$ 的偏置电阻,用以确定合适的直流工作点。接收信号 $f_1$ 注入 $BG_1$ 基极,振荡信号 $f_2$ 经 $C_4$ 耦合注入 $BG_1$ 的发射极,由变频管 $BG_1$ 混频后经 $L_0$ 送到选频负载 $B_3$,从中选出差频($f_2 - f_1$)= 465kHz 的中频信号,送往中频放大器进行放大。

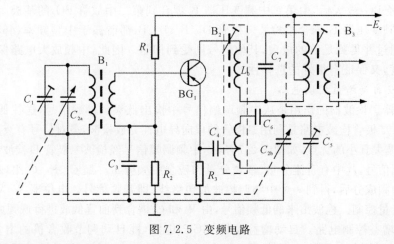

图 7.2.5　变频电路

#### 3. 中频放大器

中频放大器是指变频输出至振幅检波器之间的电路,其作用是放大中频信号。由于工作频率是固定的 465kHz,比载频频率低,所以可以有较高的增益而又不易产生自激振荡,提高了收音机的灵敏度。中放管的负载是一个与其并联的 LC 谐振电路,可对中频信号进行选择作用。中频放大器要有良好的通频带特性,防止因通频带太窄造成信号失真。

为保证足够的放大量,单调谐中频放大器中常设有两级中频放大,如图 7.2.6 所示,$BG_1$ 和 $BG_2$ 构成两级中频放大器。$R_1$、$R_2$、$R_6$ 和检波二极管 D 的输出电阻,构成 $BG_1$ 的直流偏置电路。$R_6$ 和 $C$ 构成自动增益控制(AGC)电路,控制 $BG_1$ 的直流工作点随信号的强弱变化。$BG_2$ 的直流偏置由 $R_3$、$R_4$、$R_5$ 确定。$C_1$、$C_3$、$C_6$ 为中频变压器的槽路电容,分别与中频变压器 $B_1$、$B_2$、$B_3$ 组成并联谐振电路,用作变频和两级中放的选频负载。$C_2$、$C_4$、$C_5$ 为中频旁路电容,提供中频交流通路。因三极管内部的结电容对中放级的高频信号影响很大,可加 $C_N$ 中和电容,形成负反馈。

---

① 我国中频频率是 465kHz,美国、日本等的中频频率是 455kHz。

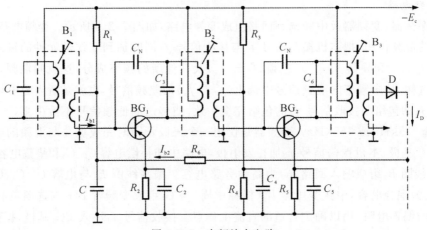

图 7.2.6 中频放大电路

从变频器送来的混频信号,经第一中频变压器 $B_1$ 选出中频信号后,耦合到第一中放管 $BG_1$ 的基极,经 $BG_1$ 放大后,由第二中频变压器 $B_2$ 耦合到第二中放管 $BG_2$ 的基极。经 $BG_2$ 放大后,由第三中频变压器 $B_3$ 耦合给检波二极管 D。$B_1$、$B_2$、$B_3$ 都谐振于中频频率(465kHz),中频信号能顺利通过并得到足够的放大,其他信号则受到抑制。因此,中频放大电路保证收音机有较高的灵敏度,又保证有很好的选择性。

4. 检波及自动增益控制电路

(1)检波器。检波器的作用是从中频调幅信号中检出低频(音频)信号,送往低频放大器进行低频放大。二极管检波电路是利用二极管的单向导电性完成检波,虽对信号有衰减作用,但有电路简单、检波失真小的优点,如图 7.2.7 所示,中频调幅信号经检波二极管 D 检波(整流),输出半个中频调幅信号,其中有直流分量、音频分量和残余中频分量。经 $C_1$、$R_1$、$C_2$ 组成的 π 型滤波器滤除残余中频成分后,得到一个中频调幅波的包络线,即音频信号。电位器 W 为检波器的负载电阻兼作音量控制。检波出来的低频信号,由 W 和 $C_3$ 耦合到前置低放进行低频放大。

(2)自动增益控制电路。自动增益控制(AGC)电路,能自动调节收音机的增益,使收音机在接收强弱不同的电台信号时,音量不致变化过大。图 7.2.6 所示,把检波后低频信号中的直流成分(来自中频)$I_{b2}$,经 R 和 C 支路滤波后注入第一中放管 $BG_1$ 的基极,控制中放管基极电流,由于 $I_{b1}$ 与 $I_{b2}$ 的方向相反,$I_{b2}$ 要抵消一部分 $I_{b1}$,使第一中放级的增益下降。外来信号越强,检波后的 $I_{b2}$ 越大,第一中放增益越低;反之,中放增益下降就小,从而实现 AGC 控制。

5. 前置低频放大器

低频放大电路的主要作用是放大低频信号电压,激励功率放大器工作,使其有足够的输出功率。低频放大器通常为两级放大,级间一般采用阻容耦合,如图 7.2.8 所示。

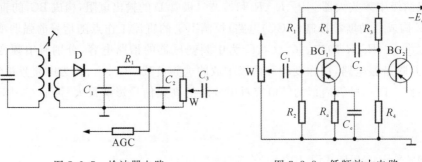

图 7.2.7 检波器电路          图 7.2.8 低频放大电路

$C_1$是输入耦合电容,$C_2$是输出耦合电容,$C_e$是发射极交流旁路电容,在很大程度上决定前置低频放大器的低频特性,容量越大,低频特性越好,$R_4$为$BG_1$的集电极负载电阻,产生直流负反馈,起稳定本级工作点的作用。中频信号经检波以后,加到检波器的负载 W(电位器)上,由$C_2$耦合到$BG_1$的基极,经$BG_1$放大后由$C_2$耦合到下一级低放电路,进行再放大。

6. 功率放大器

功率放大器是把前置低放送来的低频(音频)信号进行功率放大,以足够高的功率输出去推动扬声器工作。利用三极管的放大作用,将直流电源的电流、电压转换成由输入信号控制的交变电流、电压。因功放电路工作在大信号输入状态,功放管的工作电流、电压都较大,所以直流电源的消耗主要在功放级上。收音机常用乙类推挽功率放大器,如图 7.2.9 所示。

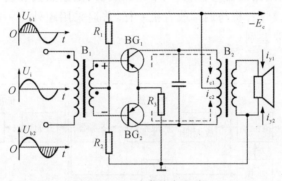

图 7.2.9　功率放大电路

采用输入变压器$B_1$次级中心抽头的方法,使电路输入端出现幅度相等、相位相反的到相信号。当输入信号$U_i$由变压器$B_1$耦合到功放级输入端时,$BG_1$管和$BG_2$管基极上的信号$U_{b1}$和$U_{b2}$等值反相,在信号$U_i$的一个周期内,$BG_1$、$BG_2$轮流工作。正半周时,$BG_2$导通、$BG_1$截止($i_{c1}=0$),有$i_{c2}$通过$B_2$的初级流向中心抽头,负半周时,$BG_1$导通、$BG_2$截止($i_{c2}=0$),有$i_{c1}$通过$B_2$的初级流向中心抽头。两个半波电流$i_{c1}$和$i_{c2}$等值反相,在一个信号周期内交替加到$B_2$的初级,使次级感应出等值反相的$i_{y1}$和$i_{y2}$,在负载扬声器上叠加出一个完整的、与输入信号相似并经放大的正弦波信号。此电路未加均流电阻,而是选配电流放大倍数基本相同的三极管,使并联的两个三极管的电流和功率分配基本相等。

### 7.2.3　调频广播的基础

随着科学技术的发展,人们对声音广播的要求也越来越高,声音信号的高保真度要求传送 15kHz 的音频成分,此时频带宽度为 30kHz。由于调幅波的频带宽度为 6kHz,且噪声大、音质差,电台拥挤,容易使各电台的信号混在一起,形成串音和干扰。所以,开设调频广播是实现高质量的声音广播、缓解电台拥挤的重要途径。调频广播工作在甚高频的超短波波段,我国采用的是国际标准频段,频率范围为 87.0～108.0MHz,中频频率为 10.7MHz。

1. 调频广播的特点

(1)频带宽、音质好。调频广播电台的频道间隔一般为 200kHz,单声道调频广播收音机的通频带为 180kHz,立体声调频广播收音机的通频带为 198kHz,通频带可达 20～15 000Hz,

能很好地反映节目的真实情况,实现高质量的声音广播。

(2)解决电台拥挤问题。调频广播在超短波频段,电磁波在地球表面沿直线传播,传播半径为 50km 左右,整个调频波段可以设 100 个电台;在辽阔的国土上,一个调频载波频率可以在多处使用,且不会相互干扰,有效地解决了广播电台拥挤的问题。

(3)抗干扰能力强,信噪比高。由于调频广播采用调频方式广播,采取了预加重与去加重措施,并在电路中设有限幅器,使调频广播比调幅广播具有更高的信噪比,提高了抗干扰能力。

(4)存在的问题。调频波沿直线传播,受地形、地物影响较大。调频收音机的工作频率高、频带宽,为了达到一定的灵敏度和信噪比,调频收音机电路的结构比调幅收音机要复杂。

2．调频收音机

调频收音机包括调频调谐器(调频头)、中频放大器、低频放大和功率放大三个基本系统,如图 7.2.10 所示。调频收音机与调幅收音机一样,普遍采用超外差一次变频程式,工作过程大体相似,但有以下主要差别。

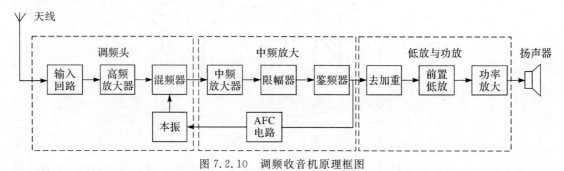

图 7.2.10　调频收音机原理框图

(1)调频收音机具有高频放大器,不但明显改善了整机的信噪比,而且提高了整机的灵敏度。

(2)调频收音机的中频放大器实质上是中频限幅器,随着输入信号的增强,中放各级从后向前依次进入限幅状态,这是调频收音机抗干扰能力强的关键因素。因为调频波的幅度与信号内容无关,而干扰又主要体现在载频的幅度变化上,所以用限幅的方法很容易将干扰消除。

(3)调频收音机的鉴频器是把已调波的瞬时频率变化变成电压的变化,其解调原理和电路都与调幅检波器不同。

(4)调频收音机一般不设 AGC 控制,为防止本振频率漂移,调频收音机一般常设有 AFC (自动频率控制)电路。

### 7.2.4 集成电路收音机

单片 FM/AM 收音机集成电路,是最常用的一类,被集成的元件数目在 100 个以上,属中规模集成电路。产品有美国史普拉格公司生产的 ULN2204A,半导体公司的 LM1866、LM1868,德国德律风根公司的 TDA1083,日本东芝公司的 TA7613,日立公司的 HA12402,索尼公司的 CXA1019 等,国产型号是仿 ULN2204A 的 D2204A 及仿 TA7613 的 D7613。

索尼公司的 CXA1019 集成电路功能齐全,外围元件少,集成化程度高,从而在调频/调幅中短波收音机中广泛使用。图 7.2.11 是它的内部功能方框图。

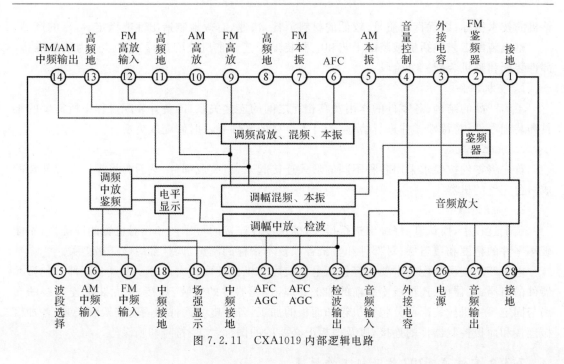

图 7.2.11　CXA1019 内部逻辑电路

---

**量子收音机在路上**

　　2021 年,美国研发量子技术的公司理德伯技术(Rydberg Technologies)展示了一种基于原子的 AM 和 FM 接收器,无需传统的无线电电路,而是使用激光将原子激发为"理德伯原子"量子态实现无线电波接收,通过发射不同频率的激光,由这种原子组成的装置便可以接收不同频率的电波。有别于传统天线,原子天线检测信号范围更广,抗电磁干扰能力强,而且更加可靠安全,可用于应急无线电、救援行动等。其论文发表在天线领域顶级学术期刊 IEEE Transactions on Antennas and Propagation[①] 上。

**本节金句与思考:**

　　近年来,量子科技发展突飞猛进,成为新一轮科技革命和产业变革的前沿领域。加快发展量子科技,对促进高质量发展、保障国家安全具有非常重要的作用。

　　　　　　　　　　——2020 年 10 月 16 日习近平在中央政治局第二十四次集体学习时的讲话

---

## 7.3　整 机 装 配

### 7.3.1 整机装配工艺

　　电子产品整机装配就是采用合理的结构设计和最简化的工艺,实现整机的设计功能,达到

---

①　ANDERSON D A, SAPIRO R E, RAITHEL G. An atomic receiver for AM and FM radio communication[J]. IEEE Transactions on Antennas and Propagation,2021,69(5):2455 - 2462.

整机的技术指标;以优良的质量,较低的材料消耗,快速、有效地制造出性能稳定、可靠的产品。

整机装配工艺包括机械装配工艺和电器装配工艺。整机装配过程一般可分为装配准备、部件装配和整机装配三个阶段。

1. 整机准备

了解产品的结构、各零件的作用及其相互之间的连接关系;准备好装配过程中所需要的工具和装配零件;对特殊零件进行检验,若有不合格的零件要及时修配或更换。

2. 装配阶段

首先将零件按要求采用各种不同的形式连接起来,组装成部件,然后再将零件和部件装配成一台完整的机器。

3. 调试阶段

装配过程中,要认真、仔细地进行操作,确保零件连接的可靠性和相对位置的准确性;不能破坏零件的精度和覆盖层;对部件和整机各项技术指标的测试、调整都应该严格把关。

电子产品整机装配的主要内容包括电器装配和机械装配两大部分。电气装配部分包括元器件的布局,元器件、连接线安装前的加工处理,各元器件的安装、焊接,单元装配连接线的布局与固定等。机械装配部分包括机箱和面板的加工,各种电气元件的固定支架的安装,各种机械连接和面板控制器件的连接,以及面板上必要的的图标、文字符号和喷涂等。

### 7.3.2 安键 A-202 收音机工作原理

安键 A-202 收音机原理图如图 7.3.1 所示。A-202 收音机电源开关是由 Q3、Q4、Q5、1Q1 组成的电子切换开关。FM/AM 转换,是 Q1 和 Q2 组成的电子开关来完成的,当 IC 的第 15 脚由电子开关转换为串接 1C14 脚接地时,IC 处于 FM 工作状态。由天线收到的调频台信号,先经过由 1C1、1L2、1C3 组成的带通滤波器,抑制调频波以外的信号,使调频段以内的信号顺利通过并达到 IC 的第 12 脚进行高频放大。放大后的高频信号被送至第 9 脚。接在第 9 脚的高放线圈 1L3 和四联电容、微调电容 C2-1、1C12 电容组成一个并联谐振回路,对高频信号进行选择后在 IC 内部与由振荡线圈 1L4、电容 CC3、C2-2 及 IC 第 7 脚所连 IC 内的有关电路组成的 FM 本机振荡器产生的频率进行混频。混频后得到的 10.7MHz 中频信号,由 IC 的第 14 脚输出。通过电阻 1R7 经 10.7MHz 的陶瓷滤波器进行选频,然后由 IC 的第 17 脚送至 IC 内的 FM 中频放大器。经中放后的 FM 中频信号,在 IC 内部进入 FM 鉴频器。IC 的第 2 脚与鉴频器 1C7、T4 相连,鉴频后的音频信号由 IC 的第 23 脚输出,并经音量电位器 VR 控制后由 1C18 脚耦合到第 24 脚进入低频功率放大器,放大后的音频信号由 IC 的第 27 脚输出去推动扬声器。

当 IC 的第 15 脚由 Q1 和 Q2 组成的电子开关换转接地时,IC 处于 AM 工作状态。中波广播信号由磁棒线圈 1T1、四联电容 C1-1 组成的谐振回路选择后,送至 IC 的第 10 脚。本振信号由振荡线圈 T2、电容 C1-2 及 IC 第 5 脚所连 IC 内的有关电路组成的 AM 本机振荡器产生,并与 IC 第 10 脚注入的广播信号在 IC 内部进行混频。混频所得 455kHz 中频信号,由 IC 的第 14 脚输出,经中频变压器 T3 和 455kHz 的陶瓷滤波器 CF2 选频后,耦合到 IC 的第 16 脚注入 IC 内进行中频放大。放大后的调幅中频信号在 IC 内部的检波器检波,检出的音频信号由 IC 的第 23 脚输出,并经音量电位器 VR 控制后由 C26 耦合到 IC 的第 24 脚进入低频功率放大器,放大后的低频信号由 IC 的第 27 脚输出去推动扬声器发声。

元器件清单列表见表 7.3.1。

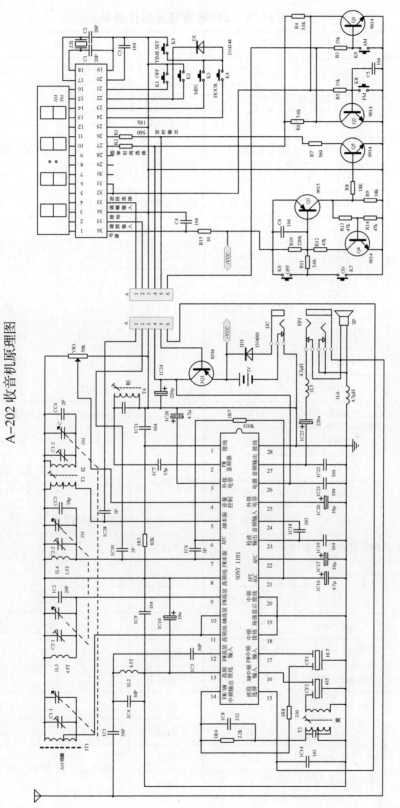

图7.3.1 收音机原理图

### 表 7.3.1 A-202 收音机元器件清单

| 接收板 | | | 控制板 | | |
|---|---|---|---|---|---|
| 名称 | 型号 | 位号 | 名称 | 型号 | 位号 |
| 以下贴片元件由贴片机完成 | | | PCB 板 | 双面电路板 | |
| 集成电路 | CD1691 | IC | 集成电路 | SC3610 | IC |
| 贴片电容 | 3pF | 1C6 1C28 1C30 | 贴片三极管 | S9014 J6 | Q1、Q2、Q4、Q5 |
| | 8pF | CC4 | | S9015 M6 | Q3 |
| | 15pF | C7 CC3 1C2 | 贴片二极管 | IN4148 | D1 |
| | 30pF | 1C1 1C4 | 贴片电容 | 24pF | C1、C2 |
| | 101pF | CC8 | | 104 | C3、C4、C5、C6 |
| | 103pF | 1C14 | | 10Ω | R15 |
| | 104pF | C051C9 1C11 1C22 | | 560Ω | R2、R7 |
| | 153pF | 1C18 | 贴片电阻 | 5.6kΩ | R4、R6、R11 |
| | 331pF | C331 | | 18kΩ | R1、R8、R9 |
| | 333pF | 1C19 | | 33kΩ | R3、R5 |
| 贴片电阻 | 2.2kΩ | 1R4 | | 47kΩ | R12、R13 |
| | 22kΩ | 1R10 | | 220kΩ | R10 |
| | 56kΩ | RR | 轻触片 | | K1、K2、K3、K4、K5、K6 K7、K8、K9 |
| | 0kΩ | R01 R08 R09 | | | |
| 贴片三极管 | S8550 Y2 | 1Q1 | 晶振 | 32.768kHz | |
| 以下直插元件由手工焊接完成 | | | 液晶屏 | | |
| 瓷片电容 | 30p | 1C3 | 两按钮 | | |
| | 104 | 1C21、C80 | 三按钮 | | |
| 电解电容 | 4.7μF/50V | 1C16 1C26 | 四按钮 | | |
| | 10μF/16V | 1C10 1C17 1C20 | 调谐轮 | | |
| | 220μF/10V | 1C23、1C24 | 正负极片 | | |
| 碳膜电阻 | 330Ω | 1R8 | 底壳 | | |
| | 5.1kΩ | 1R3 | 面壳 | | |
| | 100kΩ | 1R7 | 面罩 | | |
| 红中周 | H90C | T2 | 镜面 | | |

续 表

| 黄中周 | HE021 | T3 | 手挽带 | | | |
|---|---|---|---|---|---|---|
| 粉中周 | HE027 | T4 | 螺丝 | | | |
| 滤波器 | 455kHz | CF2 | 焊片 | | | |
| | 10.7MHz | CF1 | 导线 | 60mm | 黄色 | 拉杆天线 |
| FM 线圈 | 0.6×3.5×3.5 | 1L4 | | 50mm | 红色 | SP＋ |
| | 0.6×3.5×4.5 | 1L2 1L3 | | 50mm | 黑色 | SP－ |
| 四联电容 | | PVC | | 50mm | 绿色 | B－ |
| 电位器 | B50kΩ | VR1 | | 60mm | 红色 | B＋ |
| DC 插座 | | DC | | 60mm | 红色 | VD—Vcc |
| 耳机插座 | | JK | | 40mm | 红色 | A—A |
| AM 线圈 | | | 说明书 | | | |
| 磁棒 | | | | | | |
| 磁棒支架 | | | | | | |
| 拉杆天线 | | | | | | |
| 喇叭 | 8Ω/4W | | 面壳 | | | |

### 7.3.3 A-202 收音机装配流程

1. 收音板焊接

检查电路板 → 焊接芯片 IC → 短接线(3)→ 卧式电阻(4)→ 卧式电感(2)、二极管 → 电位器 → 瓷片电容(18)→ 高频线圈(3)→ 三极管(尽量焊低)→ 卧式电解(7)→ 滤波器(卧式安装)→ 中周、耳机插座、电源插座、四联(焊正)→ 连接 AA 飞线 → AM 线圈 → 连接导线(6) → 焊接排线 → 检查电路 → 通电检查

2. 屏显板焊接

检查电路板 → 焊接芯片 IC → 贴片电阻(15)→ 贴片电容(6)→ 贴片三极管(5)→ 贴片二极管 → 晶振 → 焊接显屏 → 贴轻触片(9)→ 通电检查

3. 整机安装

装两按钮、三按钮、四按钮(需固定) → 贴喇叭防尘网、防尘网 → 镜面 → 粘面罩(用 101)→ 喇叭 → 装电池正负极(镀锡) → 收音板屏显板导线连接 → 整机调试(看第四项)→ 固定屏显板、固定收音板 → 连接天线 → 通电检查 → 手挽带 → 装后壳

4. A-202 收音机调试方法

(1) FM 调试。

1)通道调试:旋动调谐轮,当收音机能收到两个或两个以上电台时,调出一个声音大的台,调粉色中周使声音和电台频率一致,声音最大、音质最佳。

2)调整频率范围:调谐轮逆时针拨到底,调整 1L4 线圈的间距,使低端频显为 87.0MHz (如需接收学校英语台可将低端调至 85.0MHz,但此时高端将达不到 108.0MHz)。将调谐轮拨至 91.6MHz(陕西交通广播)再将调谐轮拨至高端,收听 106.6MHz(陕西新闻综合广播)。若发现有啸叫声现象,将 1L4 用胶固定。

(2)AM 调试。

1)通道调试:旋动调谐轮,当收音机能收到两个或两个以上电台时,调出一个声音大的台,调黄色中周使声音和电台频率一致,声音最大、音质最佳。

2)调整频率范围:调谐轮逆时针拨到底,调红色中周使频显为 525kHz,将调谐论顺时针拨到底,调整四联 C1-1 使频显为 1610kHz,反复此过程两至三次使频带宽满足 525~1 610kHz。调谐轮拨至 540kHz(中央人民广播电台)调整 AM 线圈的位置,直到声音最大、音质最好,然后固定。若发现有啸叫声现象,调整四联 C1-2 使啸叫声减弱。

5. 广播电台频率

| 调幅 | 调频 |
|---|---|
| 540kHz 中央人民广播电台 | 89.6MHz 陕西财富广播 |
| 603kHz 陕西财富广播 | 91.6MHz 陕西交通广播 |
| 693kHz 陕西新闻广播 | 93.1MHz 西安音乐广播 |
| 747kHz 陕西文艺广播 | 98.8MHz 陕西音乐广播 |
| 810kHz 西安新闻广播 | 101.8MHz 陕西生活广播 |
| 900kHz 陕西电台农村广播 | 104.3MHz 西安交通旅游广播 |
| 1 323kHz陕西交通广播 | 106.6MHz 陕西新闻广播 |

6. A-202 收音机装配

(1)收音机控制电板,如图 7.3.2 所示。

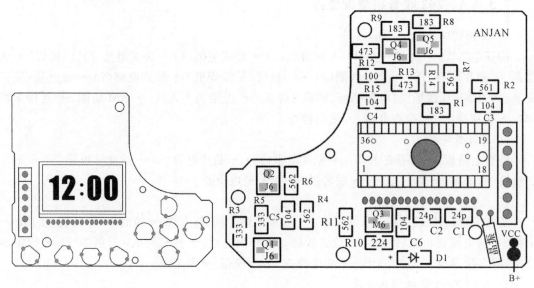

图 7.3.2 控制板

(2)收音机接收板如图 7.3.3 所示。

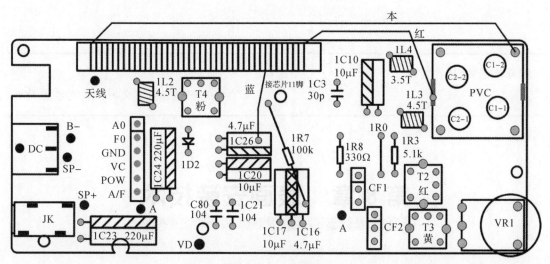

图 7.3.3　接收板

为学之实,故在践履。

# 第8章 表面安装技术

电子产品广泛应用于社会生活的各个领域,其功能要求越来越多,精度要求越来越高,产品结构朝着高性能、高可靠、高集成、微型化和轻型化方向发展。安装技术是实现电子系统微型化和集成化的关键,传统组装技术在今后相当长的一段时期还将继续发挥作用,而新一代安装技术则将会成为未来发展的重要方向。

## 8.1 表面安装技术概述

表面安装技术(Surface Mount Technology,SMT)是一种将电子元器件直接安装到印制电路板表面的方法,打破了在印制板上要先进行钻孔再安装元器件,焊接完成后将多余的引脚剪掉的传统工艺,用这种方式安装的电子器件和电子元件分别称为表面安装器件(Surface Mount Device,SMD)和表面安装元件(Surface Mount Component,SMC),它们通常分别指的是晶体管一类的有源器件和电阻电容等一类的无源器件,如图8.1.1所示。与通孔插装技术(Through Hole Technology,THT)的最大区别在于,SMT不需为元器件的管脚预留对应的通孔,此外SMT元器件尺寸也比通孔插装技术的微小许多,因为它的引线较小或根本没有引线。

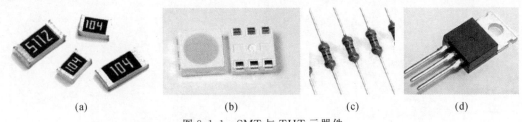

(a)                    (b)                    (c)                    (d)

图 8.1.1 SMT 与 THT 元器件

(a) SMT 元件(无源);(b) SMT 器件(有源);(c) THT 元件;(d) THT 器件

### 8.1.1 表面安装技术的发展

表面安装技术是由混合集成电路技术发展而来的新一代电子装联技术。

集成电路的发展得益于晶体管的诞生。1947 年第一个晶体管问世，1953 年第一个采用晶体管的设备——助听器进入了市场。1965 年英特尔联合创始人戈登·摩尔（Gordon Moore）提出摩尔定律[①]，预测晶体管的集成度每 18 个月到 24 个月就会翻一番。元器件集成度的迅速提高也促进了电子组装技术的改变。20 世纪 50 年代，英国人研制出世界上第一台波峰焊接机，可以说这一发明是电子工业开启大批量生产的里程碑式发明。人们将晶体管这类通孔元器件插装在 PCB 上，采用波峰焊技术完成通孔组件的装联，随后半导体收音机、黑白电视机便迅速在全世界范围普及。

---

**思考与启发：沉舟侧畔千帆过，病树前头万木春**

1945 年，贝尔实验室组建了一个半导体小组，专门研究包括硅和锗等新材料的潜在应用前景，威廉·肖克利[②]担任组长，成员包括约翰·巴丁[③]和沃尔特·布拉顿（Walter Brattain）。历经多次失败后，终于在 1947 年 12 月，半导体小组推出基于锗半导体的具有放大功能的点接触式晶体管，世界上第一个半导体晶体管诞生，他们三人也因此获得了诺贝尔物理学奖。晶体管被誉为"20 世纪最伟大的发明"，它的发明为集成电路、微处理器及计算机内存的产生奠定了基础。从 1947 年到今天，短短几十年时间，集成电路产业飞速发展，目前集成电路的成熟工艺已经将其缩小至 7nm，晶体管数量达到百亿、千亿级别。

---

SMT 是在 20 世纪 60 年代发展起来的，1963 年世界上出现第一只表面贴装元器件和飞利浦公司推出第一块表面贴装集成电路以来，SMT 已由初期主要应用在军事、航空航天等尖端产品和投资类产品逐渐广泛应用到计算机、通信、军事、工业自动化和消费类电子产品等各行各业。20 世纪 70 年代，日本电子行业发现了 SMT 的先进性，开发了 SMT 专用焊料、设备（自动贴片机、回流焊机）及片式元器件等，并逐步将贴片机从内部专用设备升级为商用通用设备，将其大量投入电子产品的生产中。进入 80 年代，SMT 技术已成为国际上最热门的新一代电子组装技术，SMC 和 SMD 大量生产，价格大幅下降，随之性能好、价格低的设备也纷纷推出。我国于 1985 年引进 SMT 自动贴片机生产线设备进行电子产品批量生产。到 90 年代后期，绝大多数高科技电子印刷电路组件都由表面贴装元器件主导。SMT 的先进性带动了一系列设备、材料的研制，未来将朝着绿色环保、高效智能等方向进一步发展。

---

**未来的智能工厂会是什么样？**

"互联网＋"时代，中国传统产业与物联网、云计算、智能制造等新技术交叉融合，一批核心技术装备研发应用取得新突破，为传统产业转型升级提供了强大动力。其中，以智能电子、汽车电子、印刷电子、智能家居等为代表的电子制造新兴产业快速崛起，推动了整个电子制造产业升级发展。

---

① 摩尔定律：集成电路上可以容纳的晶体管数目在大约每经过 18 个月到 24 个月便增加一倍，也就是说，处理器的性能大约每隔两年翻一倍。

② 威廉·布拉德福德·肖克利（William Bradford Shockley，1910—1989），物理学家，"晶体管之父"。

③ 约翰·巴丁（John Bardeen，1908—1991），美国物理学家，因晶体管效应和超导的 BCS 理论两次获得诺贝尔物理学奖。

在《物联网驱动的 SMT 车间制造执行系统研究》一文中,作者就提出综合运用射频识别(RFID)技术、传感器等物联网技术构建 SMT 车间 MES 框架体系,在此基础上提出基于 RFID 技术的 SMT 车间制造过程数据采集方法,通过物联网技术支持改变了 SMT 车间的消息传递机制,实现对生产现场进行实时采集和对现场的精确控制。

习近平总书记指出"我们要顺应第四次工业革命发展趋势,共同把握数字化、网络化、智能化发展机遇"。未来的制造业将会更智慧、更智能,从部分工艺自动化到整个无人工厂,工业 4.0 时代大型设备协作、人机互联、万物互联互通的场景绝非科幻电影中对未来科技的想象,未来制造业终将实现全面化智能制造的愿景。

### 8.1.2 表面安装技术的特点

1. SMT 与 THT

在了解 SMT 的特点之前先来了解传统通孔插装技术。从名字可以看出,在 SMT 工艺出现之前,元器件是以插装的方式安装在 PCB 通孔上的,并将其焊接到位于 PCB 另一侧的焊盘上,这种技术在电子组装技术发展过程中延用了很长一段时间。由于通孔安装提供了强大的机械连接,所以非常可靠。然而,在生产过程中钻孔会增加制造成本,此外,通孔技术限制了多层板信号走线的布线区域。因此,表面贴装技术逐渐取代传统插装技术成为了新技术、新材料和新工艺的"宠儿"。

表面贴装技术和通孔技术之间存在一些差异,主要有以下几点:

(1)与 THT 相比,SMT 元器件尺寸较小且没有引线,组件密度更高;

(2)与 THT 相比,SMT 无需钻孔,消除了通孔安装制造工艺对电路板空间的限制,降低了制造成本;

(3)与 THT 相比,SMT 容易实现更高的信号速度,减少信号衰减;

(4)通孔安装更适合生产承受周期性机械应力的大部件,特别是高压和大功率部件。

2. SMT 的特点

(1)优点。

1)成本低。SMT 元器件的集成度高促使电路板面积减少,电路板成本降低;无引线和短引线使元器件的成本降低,在安装过程中省去了引线成形、打弯和剪线等工序;电路的频率特性提高,减少了调试费用;焊点的可靠性提高,降低了调试和维修成本。在一般情况下,电子产品采用 SMC 和 SMD 后可使产品总成本下降 30% 以上。

2)高性能。表面安装元器件采用密集安装减小了电磁干扰和射频干扰,尤其在高频电路中,减小了分布参数的影响,提高了信号传输速度,改善了高频特性,提高了整个产品的性能。

3)可靠性高。手工焊接过程最容易出现虚焊的状况,不良焊点出现概率较高。SMT 采用自动化生产,由于设备本身的抗震性高,贴片元器件小而轻,抗震能力强,焊点失效率比传统安装至少降低一个数量级。

4)元器件组装密度高。SMT 片式元器件,其几何尺寸和占用空间的体积比通孔插装元器件小得多,一般可减小 60%~70%,甚至可减小 90%,质量减轻 60%~90%,有效利用了电路板的面积。

5)适合自动化生产。片状元器件外形尺寸标准化、系列化及焊接条件的一致性,使 SMT

的自动化程度很高,对于一块固定的电路板只需要在对应的设备中输入对应的程序就可实现生产。

(2)缺点。

1)元器件本身的问题。表面安装元器件的品种不齐全,有部分元器件不适于采用表贴封装;表面安装元器件的价格高于普通元器件;表面安装元器件的数值误差比较大。

2)测试与返工难度高。SMD 和 SMC 通常比通孔组件小得多,因此用于标记零件 ID 和组件值的表面积较小,进行原型设计、维修或返工过程中识别组件有一定难度。

3)维修成本高。SMT 涉及学科较广,产品损坏时需要高技能或专家级的操作员和昂贵的工具来进行组件维修。

4)初始投资大。由于 SMT 生产设备结构复杂,整个生产过程涉及的技术面宽,前期投入较大。

### 8.1.3 表面安装技术发展趋势

**1. 更高效**

高效 SMT 生产线已经从单线制造发展到双线制造,不仅减少了占地面积,而且提高了制造速度。未来 SMT 组装生产线将从单一设备发展到多设备制造线,提高批量生产效率。

**2. 更环保**

从封装材料、焊锡膏、黏结剂、助焊剂等材料到 SMT 组装过程,SMT 组装生产线在一定程度上对环境造成了很大的危害。SMT 组装生产线越多,级别越高,损坏就越严重。因此,未来的 SMT 组装生产线将向绿色生产线发展。

**3. 更灵活**

目前电子产品正向更新、更快、多品种和小批量的方向发展,可以根据用户的差异化需求和要求定制服务,以满足不同组件的安装需求,以提高整体制造灵活性和效率。

## 8.2　表面安装元器件

表面安装元器件是 SMT 的组成之一。通常人们把贴片电阻、电容、电感等表面安装无源元件称为 SMC,而将贴片二极管、三极管、场效应管、芯片等有源器件称为 SMD。这里分别对上述元器件进行简要的介绍。

### 8.2.1 表面安装电阻

表面安装电阻(通常采用数字表示法),一般都是表面黑底白字,两侧带有银色焊盘的长方体元件,如图 8.2.1 所示。

(a)　　　　　　　(b)　　　　　　　(c)

图 8.2.1　贴片电阻

1. 电阻的表示方法

贴片电阻通常采用数码表示法,这里举例三位和四位表示方法(三位表示法的精度一般在±5%,四位表示法的精度一般在±1%)。三位表示法是用三位数字来表示电阻的阻值,从左至右,前两位代表有效数字,第三位代表乘数即 $10^n$($n$ 代表 $0\sim 8$ 的任意一个数字,当 $n=9$ 时,则表示 $10^{-1}$)来表示电阻阻值;四位表示法则是用四位数字来表示电阻的阻值,四位数字从左至右,前三位代表有效数字,第四位代表乘数(乘数含义与三位表示法相同)。R 代表小数点。

例如:000=0 Ω;101=100 Ω;3R6=3.6 Ω;1 000=100 Ω;3R60=3.6 Ω。

2. 贴片电阻常见规格封装及尺寸

电阻、电容等贴片元器件通常用其外形尺寸来标记元器件的大小,现已形成了一个标准系列,元器件制造商都是按照这一标准进行制造的,一般常用英制或公制(SI)来表示。英制表示方法采用 4 位数字表示的 EIA(美国电子工业协会)代码,前两位表示电阻或电容长度,后两位表示宽度,以 in 为单位,1in=2.54cm。我们常说的 0805 封装就是指英制代码。公制代码也由 4 位数字表示,其单位为 mm,与英制类似,如 0.04in × 0.02in,就记为 0402,用 SI 制则写为 1.0mm×0.5mm。

常用的 9 种片式电阻尺寸见表 8.2.1。

**表 8.2.1 常用 SMC 系列外形尺寸**

| 英制 | 公制 | 长($L$)/mm | 宽($W$)/mm | 高($T$)/mm |
|---|---|---|---|---|
| 0201 | 0603 | 0.60±0.05 | 0.30±0.05 | 0.23±0.05 |
| 0402 | 1005 | 1.00±0.10 | 0.50±0.10 | 0.30±0.10 |
| 0603 | 1608 | 1.60±0.15 | 0.80±0.15 | 0.40±0.10 |
| 0805 | 2012 | 2.00±0.20 | 1.25±0.15 | 0.50±0.10 |
| 1206 | 3216 | 3.20±0.20 | 1.60±0.15 | 0.55±0.10 |
| 1210 | 3225 | 3.20±0.20 | 2.50±0.20 | 0.55±0.10 |
| 1812 | 4832 | 4.50±0.20 | 3.20±0.20 | 0.55±0.10 |
| 2010 | 5025 | 5.00±0.20 | 2.50±0.20 | 0.55±0.10 |

贴片电阻的功率大小和其外形尺寸相关,常规的贴片电阻额定功率及最大工作电压见表 8.2.2。

3. 贴片电阻料盘的标注

在市场上能够买到两种包装形式的贴片电阻,一种是散装(通常是一个小塑料盒或小塑料袋中装有固定数量的同一种电阻),另一种就是编带盘包装的(通常用在贴片机上),如图 8.2.2 和图 8.2.3 所示。

**表 8.2.2 贴片电阻尺寸与额定功率及最大工作电压**

| 英制 | 额定功率/W | 最大工作电压/V |
|------|-----------|----------------|
| 0201 | 1/20 | 25 |
| 0402 | 1/16 | 50 |
| 0603 | 1/10 | 50 |
| 0805 | 1/8 | 150 |
| 1206 | 1/4 | 200 |
| 1210 | 1/3 | 200 |
| 1812 | 1/2 | 200 |
| 2010 | 3/4 | 200 |
| 2512 | 1 | 200 |

图 8.2.2　国巨料盘　　　　　　　　图 8.2.3　三星料盘

下面以两家厂商的料盘工程编码进行识别举例。

(1)国巨 YAGEO[①]。以图 8.2.2 中料盘为例,料盘工程编码为 RC0402JR‐074K7,各部分说明见表 8.2.3。

**表 8.2.3　国巨 YAGEO 电阻料盘工程编码**

| RC | 0402 | J | R | — | 07 | 4K7 | L |
|----|------|---|---|---|----|----|---|
| ① | ② | ③ | ④ | ⑤ | ⑥ | ⑦ | ⑧ |
| 片状电阻 | 封装 | 精度<br>J＝5％<br>补充：F＝1％ | 包装<br>R＝纸带 | 温度系数 | 编带大小<br>07＝7in<br>补充：<br>10＝10in<br>13＝13in | 阻值 | 终端类型<br>L＝无铅 |

---

① https://www.yageo.com/zh‐CN/Home。

（2）三星。以图 8.2.3 中料盘为例，料盘工程编码为 RC2012J242CS，各部分说明见表8.2.4。

**表 8.2.4　三星电阻料盘工程编码**

| RC | 2012 | F | 242 | CS |
|---|---|---|---|---|
| ① | ② | ③ | ④ | ⑤ |
| 片状电阻 | 尺寸<br>公制　英制<br>0805　2012 | 误差<br>F 1％<br>补充：<br>G 2％<br>J 5％<br>K 10％ | 阻值<br>2.4kΩ | 包装形式<br>CS　7in<br>补充：<br>ES　10in<br>AS　13in<br>GS　盘装 |

### 8.2.2 表面安装电容

使用最多的是多层片状陶瓷电容，其结构少数为单层结构，大多数为多层叠层结构。其次使用较多的是铝和钽电解电容，如图 8.2.4 所示。

(a)　　　　　　　　　　　(b)

图 8.2.4　贴片电容

(a) 多层片状陶瓷电容；(b) 铝电解电容

**1. 电容的表示方法**

电容同样使用数码表示法，其读数方法与电阻相同，但区别在于电容的单位为法拉（F），且电容容量的数量级从 pF 起始。

**2. 贴片电容**

常见片式电容尺寸外形见表 8.2.5。

**表 8.2.5　片式电容的外形尺寸**

| 电容型号 | 长($L$)/mm | 宽($W$)/mm | 高($H$)/mm | 端宽($T$)/mm |
|---|---|---|---|---|
| CC0805 | 1.8～2.2 | 1.0～1.4 | 1.3 | 0.3～0.6 |
| CC1206 | 3.0～3.4 | 1.4～1.8 | 1.5 | 0.4～0.7 |
| CC1210 | 3.0～3.4 | 2.3～2.7 | 1.7 | 0.4～0.7 |

**3. 贴片电容料盘的标注**

此处同样以两家厂商的料盘工程编码进行识别举例。

(1)国巨 YAGEO。以图 8.2.5 中料盘为例,料盘工程编码为 C0402KRX5R6BB104,各部分说明见表 8.2.6。

图 8.2.5　国巨电容料盘

**表 8.2.6　国巨 YAGEO 电容料盘工程编码**

| CC | 0402 | K | R | X5R | 6B | B | 104 |
|---|---|---|---|---|---|---|---|
| 系列产品 | 尺寸 | 误差<br>K=10%<br>补充:J=5% | 纸编带 | 电介质<br>X5R<br>X7R<br>NPO | 额定电压<br>6B=10V<br>补充:<br>5B=6.3V<br>7B=16V<br>8B=25V<br>9B=50V | 温度系数 | 电容量<br>10pF |

(2)三星。以图 8.2.6 中料盘为例,料盘工程编码为 CL10A105KB8NNNC,各部分说明见表 8.2.7。

图 8.2.6　三星料盘

**表 8.2.7　三星电容料盘工程编码**

| CL | 10 | A | 105 | K | Q | 8 | N | N | N | C |
|---|---|---|---|---|---|---|---|---|---|---|
| 积层陶瓷电容 | 尺寸编码<br>10＝0603<br>补充：<br>03＝0201<br>05＝0402 | 电介质编码① | 电容容量<br>1μF | 电容量精度编码② | 电容额定电压编码③ | 电容厚度厚度编码④ | 内电极/端子/电镀编码 | 产品编码⑤ | 特殊编码 | 包装编码⑥ |

①电介质编码,见表 8.2.8。

**表 8.2.8　电介质编码**

| Ⅰ类 | Ⅱ类 |
|---|---|
| C＝COG　S＝S2H　L＝S2L<br>P＝P2H　T＝T2H<br>R＝R2H　U＝U2J | A＝X5R　F＝Y5V<br>B＝X7R　X＝X6S |

Ⅱ类陶瓷电容器(Class Ⅱ ceramic capacitor)称为低频陶瓷电容器,指用铁电陶瓷作为介质的电容器,因此也称铁电陶瓷电容器。这类电容器的比电容大,电容量随温度呈非线性变化,损耗较大,在电子设备中常用于旁路、耦合,或用于其他对损耗和电容量稳定性要求不高的电路中。其中Ⅱ类陶瓷电容器又分为稳定级和可用级。X5R、X7R 属于Ⅱ类陶瓷的稳定级,而 Y5V 和 Z5U 属于可用级。

X5R,X7R 电容器被称为温度稳定性的陶瓷电容器。当温度在$-55\sim+85℃/+125℃$时,其容量变化为 15%,容值老化率为1,需要注意的是此时电容容量变化是非线性的。此类电容主要应用于要求不高的工业上面,特点是在相同体积下,其电容量可以做得较大。

②电容量精度编码,见表 8.2.9。

**表 8.2.9　电容量精度编码**

| B＝±0.1pF | F＝±1pF/±1% | K＝±10% |
|---|---|---|
| C＝±0.25pF | G＝±2% | M＝±20% |
| D＝±0.5pF | J＝±5% | Z＝+80%−20% |

③ 电容额定电压编码,见表 8.2.10。

**表 8.2.10　电容额定电压编码**

| R＝4V | O＝16V | B＝50V | E＝250V | I＝1 000V |
|---|---|---|---|---|
| Q＝6.3V | A＝25V | C＝100V | G＝500V | J＝2 000V |
| P＝10V | L＝35V | D＝200V | H＝630V | K＝3 000V |

④电容厚度编码，见表 8.2.11。

**表 8.2.11　电容厚度编码**

| 3 为 0.30 | A=0.65 | M=1.15 | I=2.00 | Q=1.25 |
|---|---|---|---|---|
| 5 为 0.50 | C=0.85 | F=1.25 | J=2.50 | V=2.50 |
| 8 为 0.80 | D=1.00 | H=1.60 | L=3.20 | |

⑤ 产品编码，N=常规，C=高频，P=自动。

⑥ 包装编码，见表 8.2.12。

**表 8.2.12　电容包装编码**

| B=散装 | O=纸板箱料带,10in 料盘 | E=压花纸板箱,7in 料盘 |
|---|---|---|
| P=散装带 | D=纸板箱料带,13in 料盘 | F=压花纸板箱,13in 料盘 |
| C=纸板箱料带,7in 料盘 | L=纸板箱料带,13in 料盘 | S=压花纸板箱,10in 料盘 |

### 8.2.3　表面安装电感

**1. 电感的表示方法**

电感标识一般用数码表示法，读数方法与前面电阻、电容都相同，R 代表小数点，单位是亨利（H），数量级从 $\mu$H 起始，如图 8.2.7 所示。

图 8.2.7　贴片电感

**2. 贴片电感料盘的标注**

图 8.2.8 是一般电路用村田片状电感清单[①]，这里以产品系列工程编码 LQH32MN_23 为例，举例 LQH32MN331K23L 型号绕线电感，其各部分说明见表 8.2.13。

---

① https://www.murata.com/zh-cn/products/inductor/general/overview/lineup/ge。

一般电路用（一般用）

| 尺寸代码 In Inch (In mm) | 绕线 | 系列照片/外观 | 系列 | 高度 (mm/max) | 电感值范围 | 额定电流范围 | 数据表 | 型号列表 |
|---|---|---|---|---|---|---|---|---|
| 0402 (1005) | | | LQW15CA | | LQW15CA_00 | 0.66 | 22nH - 2µH | 130mA - 1.3A | | Click |
| 0603 (1608) | | | LQW18CA | | LQW18CA_00 | 0.95 | 32nH - 580nH | 450mA - 2.2A | | Click |
| 1206 (3216) | | | LQH31MN | | LQH31MN_03 | 2.0 | 150nH - 100µH | 45mA - 250mA | | Click |
| 1210 (3225) | Wound Ferrite Core Type | | LQH32MN | | LQH32MN_23 | 2.2 | 1µH - 560µH | 40mA - 445mA | | Click |
| | | | LQH44NN | | LQH44NN_03 | 4.5 | 510nH - 470µH | 145mA - 4.5A | | Click |
| 4mm square | | | LQH43M/N | | LQH43MN_03 | 2.8 | 1µH - 1.5mH | 40mA - 500mA | | Click |
| | | | | | LQH43NN_03 | 2.8 | 1µH - 2.4mH | 25mA - 500mA | | Click |

图 8.2.8　村田片状电感清单

**表 8.2.13　村田片状电感(片状线圈)**

| LQ | H | 32 | M | N | 331 | K | 2 | 3 | L |
|---|---|---|---|---|---|---|---|---|---|
| 型号 片状 电感 器 | 结构： G=叠层型 H=绕线型 P=薄膜型 | 尺寸 02=01005 03=0201 15=0402 18=0603 | 应用和 特性 | 类别 标准型 | 电感值 | 电感 公差 B=0.1nH J=±5% K=±10% | 特征 2=标 准型 | 电极 3= 无铅 焊料 | 包装： K=压纹 带包装 (330mm); L=压纹 带包装 (180mm) B=散装 |

## 8.2.4 表面安装集成电路

表面安装集成电路有多种封装类型,如 SOP、QFP、BGA、MCM 等。封装,是指安装半导体集成电路芯片用的外壳,它不仅起着安装、固定、密封、保护芯片和增强导热性能的作用,而且还成为沟通芯片内部世界与外部电路的桥梁,即芯片上的接点用导线连接到封装外壳的引脚上,这些引脚又通过印制电路板上的导线与其他元器件建立连接。下面简要介绍几种常见集成电路封装。

1. SOP(Small Outline Package)封装

SOP 是继 DIP(双列直插)封装方式之后出现的新的封装方式,即小外形封装,其管脚一般是如 L 形的引脚向芯片两边延伸,如图 8.2.9 所示。芯片内部通过导线将芯片各引脚与塑封外壳上的各个引脚相连,在生产中 L 形引脚更适合贴片机进行贴装焊接及人工测试与调试。SOP 封装的应用范围很广,并逐渐派生出 SOJ 封装(J 形引脚小外形封装,见图 8.2.10)、TSOP 封装(薄小外形封装)、VSOP 封装(甚小外形封装)、SSOP 封装(缩小型 SOP)和 TSSOP 封装(薄的缩小型 SOP)。

图 8.2.9　SOP 封装

图 8.2.10　SOJ 封装

**2. QFP(Quad Flat Package)封装**

QFP 封装一般多出现在方形塑封的多引脚的芯片上,引脚从四个侧面引出呈海鸥翼形,如图 8.2.11 所示。其基材有陶瓷、金属和塑料三种,塑料封装占绝大部分,当没有特别表示出材料时,多数情况为塑料 QFP 封装。

图 8.2.11　QFP 封装

**3. BGA(Ball Grid Array)封装**

QFP 封装广泛应用了很长一段时间,其引脚的数量大幅度增加到 360 个引脚,芯片面积以及引脚间距受到限制,给传统的封装方式带来一定的困难。到 20 世纪 80—90 年代催生出一种新的封装方式——BGA 封装,引脚由塑封壳外移至外壳内部,引脚长度更短,间距更大,排列密度更高,如图 8.2.12 所示。BGA 封装一出现便成为 CPU、主板上南桥、北桥芯片等高密度、高性能和多引脚封装的最佳选择。

图 8.2.12　BGA 封装

## 8.3　表面安装技术与工艺

### 8.3.1 表面安装印制电路板

作为电子元器件安装和互连的印制电路板必须适应当前SMT的迅速发展,现已普遍地把贴装SMD和SMC的印制电路板称作表面安装印制电路板(Surface Mount Printed Circuit Board,SMB)。SMB与普通印制电路板有着一定的差异,其主要特点如下。

**1. 布线密度高**

SMT集成电路的引脚数已高达100~500条,引脚间距从2.54mm缩小到1.27mm、0.635mm、0.305mm,甚至为0.1mm,因此,SMB要求细线、窄间距,从过去两个焊盘间布设两条导线增加到布设3~5条导线。高密度多层SMB多采用盲孔和埋孔技术,目的是提高多层板布线密度,减少层数和板面尺寸。

**2. 过孔孔径小**

单一的SMB中金属化孔不再用来插入元器件管脚,在金属化孔内也不再进行锡焊,而是用来实现不同层间的电气互连,因此孔径不断在减小,从过去0.5~1.0mm逐渐向0.1mm发展。国外将孔径为0.3~0.5m的孔称为小孔(Small Hole),将小于0.3mm的孔称为微孔(Micro Hole),SMB上主要是微孔和小孔。

**3. 平整度和稳定性较高**

由于细线、高精度对基板的表面缺陷要求严格,所以SMB对基板平整度的要求远高于普通印制电路板。由于采用表面贴装工艺,即便微小的翘曲,也会造成贴装设备定位精度的偏差,所以SMB的翘曲度要求控制在0.5%以内。此外要求SMB尺寸稳定性要好,安装的无引线芯片载体和基板材料的热膨胀系数要匹配,以免在恶劣环境中由于热膨胀值不同产生的应力导致引线断裂。

**4. 多层数、高性能**

为了实现微型化、高密度装配,SMB在多层板上的应用越来越广泛。如果拆开一部手机的主板就会发现,一个手机主板的电路板层数多在8~10层,并且在各个模组的位置表面都加上了屏蔽罩,一是屏蔽外界的电磁干扰,二是减少模组块相互间的影响。随着板子层数增多,其间的过孔孔径减小,大大提高了电路板的可靠性。

### 8.3.2　表面安装材料

**1. 焊锡膏**

焊锡膏(Soldering Paste)又称焊膏、锡膏。它是由焊料合金粉末(锡粉)和助焊剂组成的具有一定黏性的膏状材料,在SMT中广泛应用焊锡膏作为焊接材料。锡膏不仅能够被精确涂敷在焊盘上,而且还能够定量使用。常温下,焊锡膏具有一定的黏性,对焊盘上的元器件可以起到暂时固定的作用,在加热时,由于焊锡膏表面张力的作用,可以将偏移量小的元器件拉回原位,起到校正的作用。表8.3.1中列出了锡膏的基本成分合成比例。

**表 8.3.1　锡膏的基本成分**

| 原材料 | | 质量分数/（%） | 功效 |
|---|---|---|---|
| 金属合金 | | 85～92 | 元件与电路板间电气性和机械性的接合 |
| 助焊剂 | 松香 | 2～8 | 给以黏性、黏着力，去除金属氧化物 |
| | 黏着剂 | 1～2 | 防止滴下，防止焊料表面氧化 |
| | 活性剂 | 0～1 | 去除金属氧化物 |
| | 溶剂 | 1～7 | 黏性、印刷性的调整 |

SMT 工艺对焊锡膏的储存和使用要求：

（1）保存。锡膏需在 0～10℃ 的冰箱里冷藏，否则会影响锡膏性能，其储存时间不超过 6 个月；开封未使用完的焊锡膏，需要重新进行低温保存，保存时用刮刀刮落容器内侧附有的焊膏，再放入冰箱。

（2）回温。在锡膏回温到室温前切勿拆开容器或搅拌锡膏，一般回温时间约为 2h，回温完成后再开封使用，开封后需在 48h 内使用完，如未使用完毕，则要进行报废处理。如未回温完全就使用锡膏，会有空气中的水气进入容器中。

（3）使用。锡膏使用前需进行搅拌，容器中取出适量的焊膏后，应及时盖上容器的盖子。焊锡膏印刷在印制电路板上后需在 2～4h 内完成焊接，未焊接完成的印制电路板需进行清洗。印刷锡膏过程在 21～25℃，35％ ～ 65％RH 环境进行作业最好，不可有冷风或热风直接对着吹。此外回收的锡膏最好不要继续使用。

2. 贴装胶

在印制电路板加工过程中，施加贴装胶是片式元器件与通孔插装元器件混装时，波峰焊工艺的一个关键工序，通常把这道工序叫作点胶。贴装胶是黏结剂，通常由黏结材料、固化剂、填料及其他添加剂组成，是表面贴装元器波峰焊工艺必需的工艺材料，其质量直接影响片式元器件波峰焊工艺的质量。

（1）分类。

1）贴装胶按照粘贴材料分为环氧树脂贴片胶、丙烯酸类贴片胶及其他聚合物。

2）贴装胶按固化方式分为热固化、光固化、光热双重固化和超声固化等贴装胶。

3）贴装胶按功能分为结构型、非结构型和密封型贴装胶。

（2）作用。

1）使用波峰焊时，为防止印制电路板通过焊料槽时元器件发生掉落，使用贴装胶将元器件固定在印制电路板上。

2）双面再流焊工艺中，为防止已焊好的元件面有大型元器件因焊料受热熔化而脱落，使用贴片胶进行固定。

3）防止贴装时元器件位移和立处。

4）在波峰焊、再流焊和预涂覆过程中可以用贴装胶作标记。此外，当印制电路板和元器件批量改变时，可以用贴片胶作标记。

3. 清洗剂

经过焊机高温焊接后,印制电路板上往往出现一些氧化物的残留,对于一些精度要求较高的电路板就需要清洗剂将这些氧化物和一些残留的物质清洗掉。

(1)分类。清洗剂一般分为水、半水和有机溶剂三大类。使用过程中应根据焊接过程产生的氧化物和残渣的种类,选择不同的清洗剂和清洗方式(高压喷洗、超声波清洗、批量式清洗等)对电路板进行清洗。

(2)选用要求。

1) 对污染物有较强的溶解能力,能有效地溶解和去除角质,不残留斑迹和斑痕;

2) 不腐蚀元器件与设备,操作简单;

3) 无毒或低毒;

4) 不燃,不爆,物理、化学性能稳定;

5) 价格低廉,耗用量小并易于回收利用;

6) 表面张力低,有利于穿透元器件与基板间的狭窄缝隙,提高清洗效率;

7) 对环境无害,最好选用非 ODS 类溶剂,如水基型清洗剂、醇类溶剂等。

### 8.3.3 表面安装工艺

SMT 有两类基本的工艺方法,分别为焊锡膏-再流焊工艺和贴片胶-波峰焊工艺。

1. 再流焊工艺

再流焊,也叫回流焊。它是通过预先对需要焊接的部位涂敷上适量的焊锡膏,然后在对应位置放置贴装元器件,因为焊锡膏是具有一定黏性的,所以已经对器件起到了一个初步固化的作用,接着利用回流焊机中外部热源使得焊料回流达到焊接的目的。现在的贴装产品大都采用再流焊的技术工艺,工艺过程简单,且适合大规模自动化机器生产。

再流焊工艺的生产线主要由焊膏印刷、贴片机和再流焊炉三大设备构成。该工艺是纯表面安装工艺,它先在印制电路板焊盘上涂覆焊膏,然后通过集光、电、气及机械为一体的高精度自动化贴片机将元器件贴装在前面涂料锡膏的焊盘上,最后经过再流焊炉加热再次熔化锡膏,从而使片式元器件牢牢地焊接在焊盘上。采用再流焊的工艺流程如图 8.3.1 所示。

(1)涂焊膏。将专用焊膏涂在电路板上的焊盘上,为元器件焊接做准备。方法有丝印法、注射法(滴涂法)和针印法。

(2)贴装元器件。将表面安装元器件准确安装到印制电路板的固定位置上,所用设备为贴片机。

(3)再流焊。将电路板送入再流焊炉中,将焊膏融化,使表面组装元器件与印制电路板牢固黏结在一起,所用设备为回流焊机。

(4)清洗与测试。将组装好的印制电路板上面对人体有害的焊接残留物如助焊剂等除去,最后再进行电路检验测试。

再流焊的优点是:

(1)可以控制焊锡的用量,只需要给焊接元器件的部位涂敷焊锡膏即可;

(2)可以通过加热时焊锡膏的表面张力对位置偏移的元器件进行简单的校正;

(3)不需要将器件都浸润在熔融的钎料中,避免元器件因冲力受损。但是因为整个回流焊机中的温度设置是通过选用焊锡膏的温度曲线来调整的,所以需要注意选用元器件的耐热性。

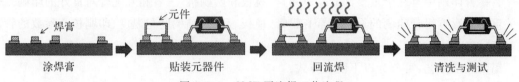

图 8.3.1 SMT 再流焊工艺流程

### 2. 波峰焊工艺

当在印制电路板上混合安装贴片元器件和传统的插孔元器件时,一般采用波峰焊的工艺,分为单面混装和双面混装。波峰焊工艺价格低廉,但要求设备多,难以实现高密度组装。采用波峰焊的工艺流程如图 8.3.2 所示。

图 8.3.2 SMT 波峰焊工艺流程

(1)点胶。将贴装胶涂到表面安装元器件的中心位置,可通过手动、半自动或自动点胶机完成。

(2)贴装元器件。将表面安装元器件准确安装到印制电路板的固定位置上,所用设备为贴片机。

(3)固化。用加热的办法,使黏结剂固化,将无引线元器件固定在电路板上。

(4)波峰焊。将经过固化的无引线元器件的电路板经过波峰焊机,使元器件浸没在熔融的锡液中,实现焊接。

(5)清洗及测试。将焊接后的印制电路板进行清洗,除去残留的助焊剂残渣,最后再进行电路检验测试。

## 8.3.4 表面安装工艺设备

SMT 生产线是将不同的加工方式和加工数量的生产设备组合成一条可连续自动化进行产品制造的生产形式。SMT 生产线的基本组成包括涂敷设备、贴片机、回流焊机及检测设备,如图 8.3.3 所示。

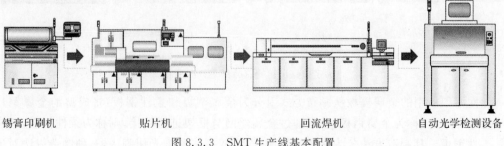

锡膏印刷机        贴片机              回流焊机          自动光学检测设备

图 8.3.3 SMT 生产线基本配置

### 1. 锡膏印刷工艺及设备

锡膏的印刷是再流焊工艺中的首道生产工序,它是影响 SMB 产品质量好坏的重要因素之一。锡膏印刷中有三个重要部分——锡膏、模板和印刷机,三者相互配合对良好的印刷效果至关重要。影响锡膏印刷的重要因素有锡膏、模板、刮刀、黏稠度与温度、印刷核心参数的管理控制等。

锡膏涂敷工艺,可分为以下两种方式:

(1)注射法。采用点膏机针筒向 SMB 上注射焊膏。通过针孔直径的选择,时间、压力和温度等的控制来调整焊膏的用量。该方法分为手动法和自动法。手工法多用于新产品研制,极小批量生产,以及生产过程中修补、更换元器件等。

(2)丝印法。将丝网作为印刷版把锡膏印刷到印制电路板上,现在使用金属模板取代了丝网,但基本原理和工艺流程还是一样的。模板的主要功能是帮助锡膏沉积到印制电路板的焊盘上,目的是将准确数量的锡膏转移到印制电路板上准确的位置,如图 8.3.4 所示。

图 8.3.4　金属模板

丝网上预先将需要涂敷焊锡膏的地方刻成镂空的图形。涂敷时,将电路板固定在底座上,使电路板与丝网直接接触,刮刀以均匀的速度移动,对具有黏性的焊锡膏产生一定的压力和推动力,使得焊膏在丝网上移动。通过镂空的地方时,焊锡膏受力填满打孔部位,直接粘贴在电路板上,在刮刀完成压印之后,丝网离开电路板,需要贴装元器件的焊盘上就敷上焊锡膏了,工艺流程如图 8.3.5 所示。

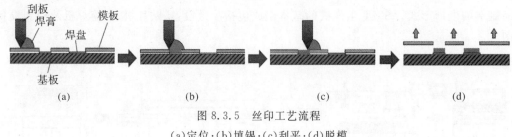

图 8.3.5　丝印工艺流程

(a)定位;(b)填锡;(c)刮平;(d)脱模

丝网漏印使用的金属模板从黏结方式上分为金属钢板和柔性钢板:将成型的金属钢片直接粘接在框架上,称为金属钢板;若是通过金属丝网与框架进行粘接,则称为柔性钢板,通常用的是柔性钢板。其制造方法分为化学蚀刻法、电铸成型法和激光切割法,三种制造方法对比见表 8.3.2。

**表 8.3.2　模板制造方法对比**

| 方法 | 制作过程 | 优点 | 缺点 |
| --- | --- | --- | --- |
| 化学蚀刻法 | 在金属箔上涂抗蚀保护剂，用销钉定位感光工具将图形曝光在金属箔两面，然后使用双面工艺同时从两面腐蚀金属箔 | 成本低 | 开孔形状差 |
| 电铸成型法 | 在一个要形成开孔的基板上显影刻胶，然后逐个逐层地在光刻胶周围电镀出模板 | 孔壁光滑 | 价格贵，制作周期长，工艺较难控制 |
| 激光切割法 | 直接从原始 Gerber 数据产生，传送到激光机，由激光光束进行切割 | 精度高 | 价格较高，孔壁粗糙 |

这种印刷方法是目前最常用的涂敷方式，适合大批量生产应用。生产设备有手动、半自动和自动等各种规格的锡膏印刷机。

2. 贴片机

对印制电路板进行锡膏印刷后，就要利用贴片机将片式元器件进行贴装，这是再流焊工艺中的第二道工序。这里以华志城 H806 型高精度泛型贴片机为例，介绍全自动贴片机的结构及其工作过程，整机外观如图 8.3.6 所示。

(1)全自动贴片机的结构。无论是全自动贴片机还是手动贴片机，无论是高速贴片机还是中低速贴片机，它们的总体结构均有类似之处。贴片机的结构可分为机架、印制电路板传送机构与支撑台、定位系统、光学系统、贴片头、供料器、传感器和计算机操作系统等。

下面具体介绍图 8.3.6 中的贴片机组成部分，将其正面分为四个部分来介绍：

1)气缸。气缸区域分为两部分，其中可视的部分为数字压力表，用来显示设定的气压值及当前气压值，另一部分位于机器内部的是气压调节面板，可以调节贴片头气压大小、顶板气压大小和总气压大小。

2)指示灯。指示灯是一个三色灯，其中绿色部分表示机器正在运行，红色表示冻结状态（报警状态），黄色表示空闲状态。

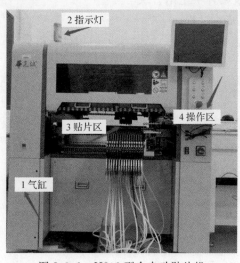

图 8.3.6　H806 型全自动贴片机

3)贴片区:顶板(安全门)、喂料器、贴片头。

a.顶板。顶板通过气压阀控制压力大小,在门两侧的位置装有红外检测装置,设备运行过程中安全门处于关闭状态。若安全门状态有变化则会立即报警并暂停设备运行,除非问题解除,否则无法继续运行。

b.喂料器。喂料器也称供料器、送料器或飞达,飞达的名称来源于英文 feeder 的音译,其作用是将片式元器件 SMC、SMD 按照一定的规律和顺序提供给贴片头,以便准确方便地被拾取。喂料器中有一个马达用来传送编带料盘前进,在喂料器取完一次料后,马达就向前传送一个物料的距离。实际使用时根据元器件的种类和大小选用不同尺寸和类型的飞达,一般适合贴装元器件的飞达有盘式、带式、管式和散装等几种。图 8.3.7 是带式喂料器。

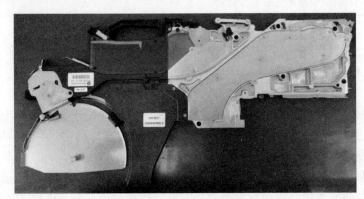

图 8.3.7　带式喂料器

c.贴片头。贴片头是贴片机的关键部件,与气缸部分相连接,通过气压拾取元器件后能在校正系统的控制下自动校正位置,并将元器件准确地贴放到指定的位置。贴片头前端是可拆卸的吸嘴,吸嘴的选择直接影响物料的吸取(抛料率)和贴片精度,因此应根据物料的形状和尺寸选择正确的吸嘴,不合适的吸嘴有可能造成堵塞等情况。

d.操作区。从上到下分别是显示器、操作面板、键盘鼠标、电源面板几个部分。显示器用来显示编程、贴板进度、报错等界面;操作面板有紧急按钮、飞达准备按钮、报错复位按钮等;电源面板有设备上电开关以及贴片头上电开关。

(2)贴片机进行贴装的基本过程。

1)电路板经传送带传送至设定坐标,贴片头上的相机进行检测:判断是否检测到设定的两个标记 Mark 点。

2)贴片头切换好对应大小的吸嘴头后,从喂料器的编带中进行取料(取料时控制吸嘴以适当的空气吸力将器件吸出),贴片机的光学检测系统与贴片头相互配合,完成对元器件的检测以及位置调整(检测取出元器件大小是否正确,其放置角度是否需要进行旋转),若元器件取料检测错误,则取出的物料将被投放至抛料盒中,然后再次进行取料。

3)贴片头按照程序到达对应的位置后,吸嘴通过适量的压力将元器件准确地放置到指定的位置上,焊锡膏的黏性可以将元器件短暂地粘在板子上。

4)重复上述 2)3)步骤,直到所需贴片元器件全部贴装完成,经传送带将电路板送出,经接驳机后送入回流焊机。

3.回流焊机及其结构

回流焊机是通过重新熔化预先分配到印制电路板焊盘上的焊料,实现表面组装元器件焊端或引脚与印制板焊盘间机械与电气连接的软钎焊设备。这里以 JAGUAR M6 型回流焊机为例,介绍其结构及工作过程,整机外观如图 8.3.8 所示。

图 8.3.8 JAGUAR M6 型无铅回流焊机

(1)回流焊机系统。

运输系统:印制电路板产品是通过运输系统的传送而通过回流焊炉的。运输系统主要由运输导轨、传送链轮、链条和传送网带等组成。运输导轨的宽度根据印制电路板尺寸可通过齿轮及丝杆、螺母传动自动调节,最宽可调节至 400mm。

驱动系统:驱动系统安装在焊炉的出口。驱动系统包括驱动马达、驱动轴、驱动链条及链轮等。

炉内温区构成:M 系列回流焊炉体由进口、预热区、保温区、回流区及冷却区组成。以导轨为中心,上下温区独立循环、独立控温。每一独立温区的气流均经过加速增压及加热后通过整流板均匀作用在印制电路板上、下两面上。

冷却区:回流焊炉冷却区在回流区之后采用增压式风机冷却。

(2)回流焊机工作过程及工作原理。回流焊工艺流程就是液态合金焊料对被焊接金属表面的润湿过程,包括预热、保温、回流和冷却四个阶段。其工作原理是当 SMB 基板进入预热时间时使焊锡膏的水分、气体蒸发掉,同时焊膏中的助焊剂润湿焊盘、元器件引脚,当焊膏软化、塌落、覆盖了焊盘时,将焊盘、元器件引脚与氧气隔离,随后印制电路板和元器件在预热过程得到充分预热。在进入焊接时间时,温度迅速上升使得焊膏达到熔化状态时,对印制电路板的焊盘和器件引脚润湿、扩散、漫流或回流混合形成锡焊接头,实现回流焊接。最后印制电路板经过冷却区充分冷却后,从出口被送出回流焊炉。

M6 型回流焊机一共有六个温区,其中第一至第四个温区的温度逐渐升温,从 10℃升温至 230℃左右,第五和第六个温区温度设置在 150℃左右,使电路板上的焊锡膏在达到熔点成流动状态对元器件完成焊接后有一个降温的过程,增强了焊点的可靠性。其工作过程如下:

预热区:SMB 与材料(元器件)预热,使被焊接材料达到热均衡。

保温区:除去表面氧化物,一些气流开始蒸发(开始焊接),温度达到焊膏熔点(此时焊膏处在将熔未熔的状态)。

回流区:从焊料熔点至峰值再降至熔点,是焊料熔融的过程,焊盘与焊料形成焊点。

冷却区:从焊料熔点降至 50℃左右,是合金焊点的形成过程。

炉温要求平缓、平稳,让气流完全蒸发,急速升温和降温都会导致焊料内部产生气泡,或是焊点粗糙、假焊、焊点有裂痕等现象。对应的温度曲线如图 8.3.9 所示。

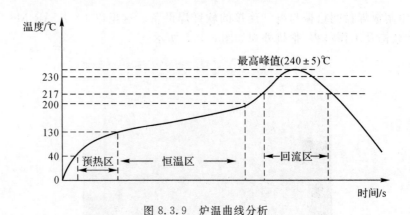

图 8.3.9　炉温曲线分析

回流炉温的工艺要求如下：

1）起始温度（40℃）到 150 ℃时的温升率为 1～3℃/s；

2）150～200℃时的恒温时间要控制在 60～120s；

3）高过 217℃的时间要控制在 30～70s 之间；

4）高过 230℃的时间控制在 10～30s，最高峰值在（240±5）℃；

降温率控制在 3～5℃/s 之间为好，一般炉子的传送速度控制在 70～90cm/min 为佳。

4．SMT 检测技术及设备

SMT 组装工艺质量检测与分析、控制是 SMT 生产线上必不可少的工序之一，几乎每道生产工序之后都需要检测，包括印刷、贴片、焊接和清洗等组装全过程各工序的质量检测方法、策略以及组装缺陷分析及其处理、组装设备检测与工艺参数控制等。在 SMT 电子组装领域中使用的检测技术种类繁多，常用的有人工目检、飞针测试、自动光学检测（Automatic Optic Inspection，AOI）、自动 X 射线检测（Automatic X - Ray Inspection，AXI）等，这里着重介绍 AOI 技术。

AOI 技术是基于光学原理来对焊接生产中遇到的常见缺陷进行检测的技术。机器通过摄像头自动扫描印制电路板采集图像，将采集的测试点数据与数据库中的合格参数进行比较，经过图像处理，检查出印制电路板上的缺陷，并通过显示器或自动标志把缺陷显示或标识出来，供维修人员修整。

AOI 可放置在印刷后、焊前、焊后不同位置：

AOI 放置在印刷后：可对焊膏的印刷质量做工序检测。可以检测焊膏量过多、过少，焊膏图形的位置有无偏移、焊膏图形之间有无粘连。

AOI 放置在贴装机后、焊接前：可对贴片质量做工序检测。可检测元件贴错、元件移位、元件贴反（如电阻翻面）、元件侧立、元件丢失、极性错误以及贴片压力过大造成焊膏图形之间粘连等。

AOI 放置在再流焊炉后：可做焊接质量检测。可检测元件贴错、元件移位、元件贴反（如电阻翻面）、元件丢失、极性错误、焊点润湿度、焊锡量过多、焊锡量过少、漏焊、虚焊、桥接、引脚之间的焊球、立碑等焊接缺陷。

AOI 在 SMT 制程中应用非常广泛，可以检测高组装密度的印制电路板，提供在线检测方案，发现在生产过程中的一些质量问题，从而提高生产效率和焊接质量，减少企业的返修成本。

# 附 录

## 附录 1 名 词 解 释

IC(Integrated Circuit):集成电路

IEC(International Electrotechnical Commission):国际电工委员会

PTC(Positive Temperature Coefficient):正温度系数

NTC(Negative Temperature Coefficient):负温度系数

FAST(Five－hundred－meter Aperture Spherical radio Telescope):500m 口径球面射电望远镜

VCD(Video Compact Disc):影音光碟

DVD(Digital Video Disc):高密度数字视频光盘

SSI(Small－Scale Integration):小规模集成电路

MSI(Middle－Scale Integration):中规模集成电路

LSI(Large－Scale Integration):大规模集成电路

VLSI(Very－Large－Scale Integration):超大规模集成电路

ULSI(Ultra－Large－Scale Integration):甚大规模集成电路

TTL(Transistor－Transistor Logic):晶体管-晶体管逻辑(电路)

ECL(Emitter－Couple Logic):发射极耦合逻辑

HTL(High Threshold Logic):高阈值逻辑

LSTTL(Low－power Schottky TTL):低功耗肖特基 TTL

STTL(Schottky Transistor－Transistor Logic):肖特基 TTL

CMOS(Complementary Metal Oxide Semiconductor):互补金属氧化物半导体

NMOS(N－Metal－Oxide－Semiconductor):N 型金属氧化物半导体

PMOS(P－channel metal－oxide－semiconductor):P 沟道金属氧化物半导体

PPTC(Polymeric Positive Temperature Coefficient):聚合物正温度系数

PCB(Printed Circuit Board):印制电路板

EDA(Electronic Design Automation):电子设计自动化

FPC(Flexible Printed Circuit):柔性印制电路板

CCL(Copper Clad Laminate):覆铜板

COD(Chemical Oxygen Demand):化学耗氧量

FPGA(Field Programmable Gate Array):现场可编辑门阵列

CAD(Computer Aided Design):计算机辅助设计

CAM(Computer Aided Manufacturing):计算机辅助制造

CAT(Computer Aided Testing):计算机辅助测试

CAE(Computer Aided Engineering):计算机辅助工程

HDL(Hardware Description Language):硬件描述语言

VHDL(Very – High – Speed Hardware Description Language):超高速集成电路硬件描述语言

CPLD(Complex Programmable Logic Device):复杂可编程逻辑器件

ISP – PLD(In System Programming – Programmable Logic Device):在系统可编程逻辑器件

ASIC(Application Specific Integrated Circuit):专用集成电路

JTAG(Joint Test Action Group):联合测试工作组

ERC (Electrical Rule Check):电气规则检查

DRC(Design Rule Check):设计规则检查

WEEE(Waste Electrical and Electric Equipment):废弃电子电气设备指令

RoHS(Restriction of Hazardous Substances):关于限制在电子电气设备中使用某些有害成分的指令

FET(Field Effect Transistor):场效应晶体管

MOSFET(Metal – Oxide – Semiconductor Field – Effect Transistor):金属-氧化物半导体场效应管

IPC(Institute of Printed Circuits):国际电子工业联接协会

IEC(International Electrotechnical Commission):国际电工委员会

ECSS(European Cooperation for Space Standardization):欧洲航天标准化合作组织

ANSI(Amerlcan National Standards Institute):美国国家标准学会

ISO(International Organization for Standardization):国际标准化组织

NASA(National Aeronautics and Space Administration):美国国家航空航天局

MIL – STD(Military Standard):美国国家军用标准

BGA(Ball Grid Array):球状矩阵排列

RTLU(Rudder Travel Limiter Unit):方向舵行程限制器

A/D:模/数信号转换

GPIB(General Purpose Interface Bus):通用接口总线

CPU(Central Processing Unit):中央处理单器

LCD (Liquid Crystal Display):液晶显示器

LAN( Local Area Network):局域网

DCV(Direct Current Voltage):直流电压

AMP(Amplifier):放大器

DSP(Digital Signal Processing):数字信号处理

ACV(Alternating Current Voltage):交流电压

AC(Alternating Current):交流

DAFS(Direct Analog frequency Synthesis)：直接模拟频率合成

PLL(Phase Locked Loop)：锁相环

DDS(Direct Digital Synthesis)：直接数字合成法

DAC(Digital to Analog Converter)：数字模拟转换器

ROM(Read – Only Memory)：只读存储器

AM(Amplitude Modulation)：调幅

FM(Frequency Modulation)：调频

PM(Phase Modulation)：调相

ASK(Amplitude Shift Keying)：振幅键控

FSK(Frequency Shift Keying)：频移键控

PSK(Phase Shift Keying)：相移键控

BPSK(Binary Phase Shift Keying)：二进制相移键控

QPSK(Quadrature Phase – Shift Keying)：正交相移键控

OSK(Oscillation Shift Keying)：振荡键控

PWM(Pulse Width Modulation)：脉冲宽度调制

DC(Direct Current)：直流

ADC(Analog – to – Digital Converter)：模/数转换器

CRT(Cathode Ray Tube)：阴极射线管

FFT(Fast Fourier Transform)：快速傅里叶变换

CSV(Comma – Separated Values)：逗号分隔值

TFT(Thin Film Transistor)：薄膜晶体管

BNC(Bayonet Nut Connector)：卡口螺母连接器

VLF(Very Low Frequency)：甚低频

LF(Low Frequency)：低频

MF(Middle Frequency)：中频

IF(Intermediate Frequency)：中高频

HF(High Frequency)：高频

VHF(Very High Frequency)：甚高频

UHF(Ultra High Frequency)：特高频

SHF(Super High Frequency)：超高频

EHF(Extremely High Frequency)：极高频

AGC(Automatic Gain Control)：自动增益控制

AFC(Automatic Frequency Control)：自动频率控制

SMT(Surface Mount Technology)：表面贴装技术

SMD (Surface Mount Device) ：表面安装器件

SMC(Surface Mount Component)：表面安装元件

THT(Through Hole Technology)：通孔插装技术

RFID(Radio Frequency Identification)：无线射频识别

MES(Manufacturing Execution System)：制造执行系统

ID(Identification)：身份

EIA(Electronic Industries Alliance)：美国电子工业协会

SOP(Small Outline Package)：小外形封装

DIP(Dual In－Line Package)：双列直插封装

SOJ(Small Outline J－Leaded Package)：J形引脚小外型封装

TSOP(Thin Small Outline Package)：薄型小尺寸封装

VSOP(Very Small Outline Package)：甚小外形封装

SSOP (Shrink Small Outline Package)：缩小外形封装

TSSOP(Thin Shrink Small Outline Package)：薄的缩小外形封装

QFP(Quad Flat Package)：方型扁平式封装

SMB(Surface Mount Printed Circuit Board)：表面安装印制电路板

RH(Relative Humidity)环境：相对湿度环境

ODS(Ozone－Depleting Substanes)：消耗臭氧层物质

AOI(Automatic Optic Inspection)：自动光学检测

AXI(Automatic X－Ray Inspection)：自动X射线检测

# 附录2　电路板雕刻机安全操作规程

（1）先打开机器右侧电源开关，再双击打开计算机上的 LPKF CircuitPro 软件。

（2）进入软件后，按操作界面（见附图2-1）上的向导，从左至右一步步进行数据处理，按顺序加工：

1）选择电路板加工方式：单面或双面。

2）导入 Gerber 数据。

3）设置好需要去除电路图形以外的铜皮（也就是剥铜）区域。

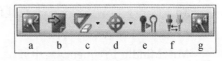

附图2-1　操作界面

4）插入定位靶标（此项只针对有摄像头功能的机型，本机不适用，无需设置）。

5）计算生成刀具加工轨迹（含外形切割、绝缘轨迹、钻孔数据）。

6）刀具配置（此项只针对自动换刀机型，本机不适用）。

7）机器加工向导。

a. 将电路板固定到工作台面上 Mount material，设置板材厚度 Material settings，将处理好的数据进行 Placement 排版定位（放置到想要加工的区域）后保存成＊CBF 文件，即可按照顺序选择加工项开始加工；

b. Marking drills 打导向标记孔；

c. Drilling Plated 钻导通孔；

d. Through－hole plating 根据需要拿到金属孔化装置上进行电镀过孔，使其导通；

e. Milling bottom layer 铣刻底层电路图形；

f. Milling top layer 铣刻顶层电路图形（取下电路板，沿 X 轴方向翻转电路板后，再固定

到加工台面上进行加工);

　　g. Contour routing 外形切割;

　　h. Finish 完成加工,此时即可以进行其他辅助的加工,如阻焊等,也可以直接进行插件焊接调试。

　　(3) 先关闭软件,确定软件完全退出后,再关闭机器右侧电源。

　　(4) 检查并清洁机台,以便于下一次的加工。

## 附录 3　贴片机操作规程及注意事项

　　1. 操作规程

　　为了正确、安全地使用本设备,必须严格遵守下述有关安全规则及指示事项:

　　(1) 设备操作人员必须接受培训,熟悉操作程序并严格按其规定操作、维护设备,学生不可未经允许进行操作。

　　(2) 设备检测、更换元器件或进行设备维修时,必须关闭电源。

　　(3) 严禁在可燃性气体或严重污染的环境条件下使用机器。

　　(4) 开机归零之前检查机器内部是否有杂物,防止损坏贴片头或卡坏其他移动部件。

　　(5) 手动放下所有吸嘴前,检查贴片头上吸嘴,对应吸嘴盒里的位置上是否有吸嘴,若有请手动取出吸嘴再做操作。

　　(6) 机器运行时应盖好防护罩操作机器,禁止取放飞达、开安全门等。

　　(7) 禁止私自绑扎感应器。

　　(8) 禁止两个或者两个以上的人员同时操作同一台机器,机器运行时严禁把头或手等伸入机器内部。

　　(9) 急停开关必须保持有效,遇紧急情况及时按急停开关停止机器运转。

　　(10) 机器突然断电重新开启后,需判断当前程序运行中所需的吸嘴是否与杆头上的吸嘴相匹配,如果不匹配,需要手动换吸嘴。

　　(11) 关闭设备时,先退出程序关闭监视器,再关总电源,后关闭气源。

　　2. 设备维护

　　(1) 确保机器所有作业已完成。

　　(2) 关闭主电源。

　　(3) 维护结束后一定要移除维护工具以及其他废弃的东西,防止撞机。

## 附录 4　回流焊机安全操作规程

　　(1) 打开炉盖时,必须将控制电源开关 OFF/ON 旋至 ON 挡。

　　(2) 若遇紧急情况,可以按下机器两端的"应急开关"。

　　(3) 机器工作时 UPS 应处于常开状态。当遇到断电时,机器会自动接通内置的 UPS,网带传送电机会继续运转,将工件从炉腔内运出,免受损失。

（4）测温插座、插头均不耐高温，因此每次测完温度后，务必迅速将测温线从炉中抽出以避免高温变形。

（5）控制用计算机只供本机专用，严禁其他用途。严禁随意删改硬盘内所配置的数据文件、系统文件和批处理文件。

（6）温度设置不得低于室温，以避免机器信号灯塔红灯常亮。

（7）机器经过移动后，须对各部件进行检查，特别是传输网带的位置，不能使其卡住或脱落。

（8）机器应保持平稳，不得有倾斜或不稳定的现象，通过调整机脚使传输网带水平，防止PCB在传送过程中由于偏重而位移。

（9）检查传输链条传动是否正常，保证链条与各链轮啮合良好，无脱落、挤压、受卡现象。

（10）检查调宽链条与各链轮啮合良好，无脱落现象。

（11）保证链条导轨自动润滑装置正常工作，并定期向其中加注高温润滑油。

（12）打开炉膛上盖进行所需要的作业时，最好加上保护措施，用实物撑住上炉体。

（13）检修机器时，请一定关机切断电源，以防触电或造成短路。

（14）检修机器时应尽量在炉体是常温状态下进行。

（15）操作时，请注意高温，避免烫伤。

# 参 考 文 献

[1]王天曦.电子技术工艺基础[M].2版.北京:清华大学出版社,2009.

[2]欧宙锋.电子产品制造工艺基础[M].西安:西安电子科技大学出版社,2014.

[3]王建花,茆姝.电子工艺实习[M].北京:清华大学出版社,2010.

[4]陈尚松,郭庆,黄新.电子测量与仪器[M].北京:电子工业出版社,2018.

[5]朱昌平,张秀平.电子工艺基础与实践训练:面向卓越工程师培养[M].北京:机械工业出版社,2016.

[6]李希文,李智奇.电子测量技术及应用[M].西安:西安电子科技大学出版社,2018.

[7]林占江,林放.电子测量仪器原理与使用[M].北京:电子工业出版社,2006.

[8]赵会兵,朱云.电子测量技术[M].北京:高等教育出版社,2011.

[9]毛琼,张玺,闫聪聪.Altium Designer 18电路设计从入门到精通[M].北京:机械工业出版社,2018.

[10]周旭.印制电路板设计制造技术[M].北京:中国电力出版社,2012.

[11]张群慧,侯小毛.Altium Designer印制电路板设计与制作教程[M].北京:中国电力出版社,2016.

[12]Altium中国技术支持中心.Altium Designer 19 PCB设计官方指南[M].北京:清华大学出版社,2019.

[13]曾峰,巩海洪,曾波.印刷电路板(PCB)设计与制作[M].北京:电子工业出版社,2005.

[14]张怀武.现代印制电路原理与工艺[M].北京:机械工业出版社,2010.

[15]COOMBS C F, HOLDEN H T.印制电路手册:设计与制造[M].陈力颖,译.北京:清华大学出版社,2019.

[16]刘延飞.电工电子技术工程实践训练教程[M].西安:西北工业大学出版社,2014.

[17]李崇伟,陈宇洁,苏海慧.Altium Designer 19设计宝典:实战操作技巧与问题解决方法[M].北京:清华大学出版社,2019.

[18]李乙翘,陈长生.印制电路[M].北京:化学工业出版社,2007.

[19]樊融融.现代电子装联波峰焊接技术基础[M].北京:电子工业出版社,2009.

[20]周德俭,吴兆华.表面组装工艺技术[M].2版.北京:国防工业出版社,2009.

[21]贾忠中.SMT工艺不良与组装可靠性[M].北京:电子工业出版社,2019.

[22]周德俭,吴兆华.表面组装工艺技术[M].北京:国防工业出版社,2002.

[23]贾忠中.SMT核心工艺解析与案例分析[M].3版.北京:电子工业出版社,2016.

[24]张文典.SMT实用指南[M].北京:电子工业出版社,2011.

[25]龙绪明.电子表面组装技术:SMT[M].北京:电子工业出版社,2008.

[26]胡斌,胡松.电子工程师必备:元器件应用宝典[M].北京:人民邮电出版社,2012.

[27]葛志凯.电工与电子技术基础[M].杭州:浙江大学出版社,2013.

[28]工业和信息化部工业文化发展中心.工匠精神:中国制造品质革命[M].北京:人民出版社,2016.

[29]中国科学院,中国工程院.百名院士谈建设科技强国[M].北京:人民出版社,2019.

[30]中共中央宣传部.习近平新时代中国特色社会主义思想学习问答[M].北京:学习出版社,人民出版社,2021.

[31]胡翌霖.电学史上的富兰克林[N].科技日报,2018-07-06(08).

[32]工业和信息化部.基础电子元器件产业发展行动计划(2021—2023年)[EB/OL].[2021-01-15]. https://www. miit. gov. cn/zwgk/zcwj/wjfb/dzxx/art/2021/art _ 4f96b993a0164e7aa79 d7a536ae82254. html.

[33]WU Z, LIU Y, GUO E, et al. Efficient and low-voltage vertical organic permeable base light-emitting transistors[J]. Nat Mater,2021(20):1007-1014.

[34]ZHAO X, YANG L, GUO J H. et al. Transistors and logic circuits based on metal nanoparticles and ionic gradients[J]. Nat Electron ,2021(4):109-115.

[35]HANSON A P. Electric cable:782391 [P]. 1905-02-14.

[36]DUCAS C. Electrical apparatus and method of manufacturing the same:1563731[P]. 1925-12-01.

[37]LIU J , YANG C , WU H , et al. Future paper based printed circuit boards for green electronics:fabrication and life cycle assessment[J]. Energy & Environmental Science, 2014, 7(11):3674-3682.

[38]TIERNEY J, RADER C, GOLDB. A digital frequency synthesizer[J]. IEEE Transactions on Audio and Electroacoustics, 1971,19(1):48-57.

[39] LONGAIRM. '... a paper... I hold to be great guns': a commentary on Maxwell (1865) 'A dynamical theory of the electromagnetic field'[J]. Philosophical Transactions of the Royal Society A: Mathematical, Physical and Engineering Sciences,2015, 373(2039):20140473.

[40] ANDERSON D A, SAPIRO R E, RAITHEL G. An atomic receiver for AM and FM radio communication[J]. IEEE Transactions on Antennas and Propagation, 2021,69 (5):2455-2462.

[41]张浩,马瑞,葛世伦,等. 物联网驱动的SMT车间制造执行系统研究[J]. 现代制造工程, 2018(2):52-60.

[42]佚名.两项印制电路板行业国际标准东莞出台[J].印制电路资讯,2010(5):59.